普通高等院校“十三五”规划教材

普通高等院校“十二五”规划教材

普通高等院校机械类精品教材

编审委员会

普通高等院校“十三五”规划教材
普通高等院校“十二五”规划教材
普通高等院校机械类精品教材
顾　问　杨叔子　李培根

机械设计基础课程设计

（第三版）

主　编　韩贤武
副主编　倪素环　徐　颖　曹丽娟
　　　　刘　敏　张世艺　刘尚坤
主　审　杨晓兰

华中科技大学出版社
http://www.hustp.com
中国·武汉

内 容 提 要

本书是根据教育部制定的高等工业学校《机械设计课程教学要求》和《机械设计基础课程教学基本要求》编写而成的。

本书以介绍减速器设计为主，主要内容包括传动装置的总体设计、传动零件的设计计算、装配图设计的三个阶段，零件工作图设计、技术文件的编写等机械设计过程，并以一、二级齿轮减速器和蜗杆减速器为例，较为详细地介绍了设计步骤及设计规范。本书还附有设计参考题目、参考图例、装配图常见错误示例及说明、常用的设计资料。

本书可供高等工业学校本科近机类及非机类各相关专业进行机械设计基础课程设计时使用，也可供相关专业技术人员参考。

图书在版编目(CIP)数据

机械设计基础课程设计/韩贤武主编. —3版. —武汉：华中科技大学出版社，2015.12 (2025.1重印)
普通高等院校“十三五”规划教材　普通高等院校“十二五”规划教材　普通高等院校机械类精品教材
ISBN 978-7-5680-1477-9

Ⅰ.①机…　Ⅱ.①韩…　Ⅲ.①机械设计-课程设计-高等学校-教材　Ⅳ.①TH122-41

中国版本图书馆CIP数据核字(2015)第305434号

机械设计基础课程设计(第三版)　　韩贤武　主编

策划编辑：俞道凯
责任编辑：刘　飞
封面设计：李　嫚
责任校对：刘　竣
责任监印：张正林
出版发行：华中科技大学出版社(中国·武汉)　　电话：(027)81321913
　　　　　武汉市东湖新技术开发区华工科技园　　邮编：430223
录　　排：华中科技大学惠友文印中心
印　　刷：广东虎彩云印刷有限公司
开　　本：787mm×1092mm　1/16
印　　张：10　插页：2
字　　数：262千字
版　　次：2012年10月第2版　2025年1月第3版第11次印刷
定　　价：32.00元

序

“爆竹一声除旧，桃符万户更新。”在新年伊始，春节伊始，“十一五规划”伊始，来为“普通高等院校机械类精品教材”这套丛书写这个“序”，我感到很有意义。

近十年来，我国高等教育取得了历史性的突破，实现了跨越式的发展，毛入学率由低于10%达到了高于20%，高等教育由精英教育而跨入了大众化教育。显然，教育观念必须与时俱进而更新，教育质量观也必须与时俱进而改变，从而教育模式也必须与时俱进而多样化。

以国家需求与社会发展为导向，走多样化人才培养之路是今后高等教育教学改革的一项重要任务。在前几年，教育部高等学校机械学科教学指导委员会对全国高校机械专业提出了机械专业人才培养模式的多样化原则，各有关高校的机械专业都在积极探索适应国家需求与社会发展的办学途径，有的已制定了新的人才培养计划，有的正在考虑深刻变革的培养方案，人才培养模式已呈现百花齐放、各得其所的繁荣局面。精英教育时代规划教材、一致模式、雷同要求的一统天下的局面，显然无法适应大众化教育形势的发展。事实上，多年来许多普通院校采用规划教材就十分勉强，而又苦于无合适教材可用。

“百年大计，教育为本；教育大计，教师为本；教师大计，教学为本；教学大计，教材为本。”有好的教材，就有章可循，有规可依，有鉴可借，有道可走。师资、设备、资料(首先是教材)是高校的三大教学基本建设。

“山不在高，有仙则名。水不在深，有龙则灵。”教材不在厚薄，内容不在深浅，能切合学生培养目标，能抓住学生应掌握的要言，能做到彼此呼应、相互配套，就行，此即教材要精、课程要精，能精则名、能精则灵、能精则行。

华中科技大学出版社主动邀请了一大批专家，联合了全国几十个应用型机械专业，在全国高校机械学科教学指导委员会的指导下，保证了当前形势下机械学科教学改革的发展方向，交流了各校的教改经验与教材建设计划，确定了一批面向普通高等院校机械学科精品课程的教材编写计划。特别要提出的，教育质量观、教材质量观必须随高等教育大众化而更新。大众化、多样化决不是降低质量，而是要面向、适应与满足人才市场的多样化需求，面向、符合、激活学生个性与能力的多样化特点。“和而不同”，才能生动活泼地繁荣与发展。脱离市场实际的、脱离学生实际的一刀切的质量不仅不是“万应灵丹”，而是“千篇一律”的桎梏。正因为如此，为了真正确保高等教育大众化时代的教学质量，教育主管部门正在对高校进行教学质量评估，各高校正在积极进行教材建设、特别是精品课程、精品教材建设。也因为如此，华中科技大学出版社组织出版普通高等院校应用型机械学科的精品教材，可谓正得其时。

我感谢参与这批精品教材编写的专家们！我感谢出版这批精品教材的华中科技大学出版社的有关同志！我感谢关心、支持与帮助这批精品教材编写与出版的单位与同志们！我深信编写者与出版者一定会同使用者沟通，听取他们的意见与建议，不断提高教材的水平！

特为之序。

中国科学院院士

教育部高等学校机械学科指导委员会主任

杨叔子

2006.1

第三版前言

“机械设计基础”是大学近机类及非机类相关专业的一门重要专业基础课程，而“机械设计基础课程设计”是该课程重要的一个实践教学环节。只有通过“机械设计基础课程设计”的实际训练，才能使学生在机械设计方面的基本能力和分析解决工程实际问题的能力得到锻炼和提高，从而真正达到教育部特别强调的高校要“注重能力培养，着力提高大学生的学习能力、实践能力和创新能力”的要求。本书正是继“机械设计基础”理论教学之后，为学生进行课程设计实践训练环节而编制的配套教材。

本书可与《机械设计基础》教材配套使用，因此本着“少而精，突出重点，强调实用”的原则，避免与教材内容重复，注重简明实用。在设计资料的选用上力求贯彻最新标准，尽量采用国家最新标准。本书以机械传动装置设计和装配图设计为重点，较为详尽地介绍了整个设计过程的设计步骤。对学生从接受设计任务到最后完成答辩的全过程进行了具体说明，具有较强的指导性和实用性。

参加本书编写的有：重庆科技学院韩贤武、华北电力大学科技学院刘尚坤（第1、2、3章，附录A、B），大连海洋大学曹丽娟（第4章，附录C），重庆科技学院刘敏（第5章，附录H、I），重庆交通大学张世艺（第6章，附录E、F），上海师范大学徐颖（第7章、附录G），河北科技大学倪素环（第8、9章、附录D）。参加编写工作的还有重庆科技学院杨晓兰、斯建钢等。全书由韩贤武担任主编，杨晓兰担任主审。

编者恳请广大读者在使用过程中，对本书的错误和欠妥之处予以批评指正。对本书的宝贵意见请寄至重庆科技学院冶金与石油装备系，收件人：韩贤武，邮编：401331。

编　者
2015年8月

目　录

第1章　概　　述

1.1　课程设计的目的

课程设计是机械设计基础课程的重要实践环节，是对学生进行的一次较为全面的机械设计训练，其主要目的是：

① 培养学生综合运用本课程及其先修课程的有关知识，进行简单的机械设计，进一步巩固、深化、扩展有关机械设计方面的理论知识；

② 培养学生分析和解决工程实际问题的能力，掌握机械零件、机械传动装置以及简单机械的一般设计方法和步骤，熟悉有关标准和规范；

③ 提高学生在计算、绘图、计算机辅助设计、运用设计资料（手册、图册）等方面的能力。

1.2　课程设计的内容及任务

课程设计一般选择本课程学过的部分通用零件所组成的机械传动装置或以简单机械为设计对象。目前，多采用以齿轮减速器为主的机械传动装置为设计题目，设计的主要内容一般有以下几个方面：

① 拟订、分析传动装置的设计方案；

② 选择电动机，计算传动装置的运动和动力参数；

③ 进行传动装置的设计计算，校核轴、轴承、联轴器、键等；

④ 绘制减速器装配图、零件工作图；

⑤ 编写设计计算说明书。

课程设计要求完成以下任务：

① 减速器装配图1张（用A1或A2图纸绘制）；

② 零件工作图2～3张；

③ 设计计算说明书1份。

1.3　课程设计的一般步骤

课程设计一般可按以下步骤进行。

（1）设计准备。

① 认真阅读任务书，明确设计内容和任务要求；

② 熟悉有关设计资料（手册、图册）；

③ 观看录像、参观实物或模型，进行减速器拆装实验，了解设计对象的结构和制造特点。

（2）传动装置总体设计。

① 拟订传动方案；

② 选择电动机；

③ 计算传动装置的总传动比并分配各级传动比；

④ 计算各轴的转速、功率和转矩。

(3) 传动零件的设计计算。

① 计算齿轮(或蜗杆)传动、带传动、链传动的主要参数和几何尺寸；

② 计算各传动件上的作用力。

(4) 绘制装配图。

① 确定减速器结构方案；

② 绘制减速器装配草图,并进行轴、轴上零件和轴承组合的结构设计；

③ 校核轴、键的强度、轴承的寿命；

④ 设计减速器附件；

⑤ 画正式装配图底线,标注尺寸,填写明细栏；

⑥ 加深线条,编写技术要求和减速器特性表等。

(5) 绘制零件工作图。

(6) 编写设计计算说明书。

(7) 答辩。

1.4 课程设计中应注意的问题

在课程设计中应注意以下几点。

(1) 正确使用标准和规范。在设计中应严格遵守并尽量采用国家标准、部颁标准、行业标准和规范。标准与规范是评价设计质量的指标之一。对于非标准的数据,也应尽量圆整成标准数列或选用优先数列。

(2) 认真设计草图是提高设计质量的关键。由于草图是正式图的依据,所以草图也应该按正式图的比例绘制,在画草图过程中应注意各零件间的相对位置,有些细部结构可以先用简化画法画出。

(3) 设计过程中应注意检查核对计算数据与实际绘图的一致性。设计过程是一个边设计、边计算、边修改的过程,应经常进行自查和互查。发现错误应及时修改,以免造成大的返工。

(4) 注意设计数据的记录和整理。数据是设计的依据,应及时记录和整理好计算数据,以供下一步设计及编写设计计算说明书之用。

(5) 处理好参考资料和创新的关系。任何设计都不可能凭空设想而不依靠任何资料,因此,充分利用各种资料,既是加快设计进度、提高设计质量的重要保证,也是设计能力的重要体现。任何新的设计任务,都是根据特定的设计要求和具体工作条件提出来的,所以必须针对具体情况进行具体分析,将参考已有资料与创新设计两者很好地结合,才能使设计质量和设计能力得到提高。

第2章　传动装置的总体设计

传动装置是用来传递运动和动力、变换运动形式，以实现工作机预定的工作要求的装置，是机器重要的组成部分。实践证明，机器的工作性能、质量及成本在很大程度上取决于传动装置设计的合理性，所以传动装置的合理设计是一个十分重要的问题。

机械传动装置总体设计包括确定传动方案、选择电动机型号、计算总传动比、合理分配各级传动比及其计算传动装置的运动和动力参数等，为设计各级传动件作准备。

2.1　传动装置的组成方案及特点分析

如图 2-1 所示为电动绞车机构简图。电动绞车主要由原动机(电动机 1)、传动装置(减速器 3)和工作机(卷筒 5)三部分组成，各部分通过联轴器 2、4 连接起来。为实现工作机预定的功能要求，可以有不同的传动方案。合理的传动方案除应满足工作机的功能要求、工作可靠性和适应客观条件外，还应力求使工作机结构简单、尺寸紧凑、加工方便、成本低廉、传动效率高和使用维修方便等。要同时满足这些要求往往是很难的，因此在设计时应优先保证主要要求。图 2-2 所示为带式运输机的四种传动方案，下面分别对它们进行简要分析和比较。

方案一，如图 2-2(a)所示，第一级为带传动装置，第二级为一级圆柱齿轮减速器。带传动能缓冲、减振，过载时有安全保护作用，因此这种方案得到了广泛应用。但带传动在结构上的宽度和长度尺寸都较大，且不适用于大功率的机械传动和恶劣的工作环境。

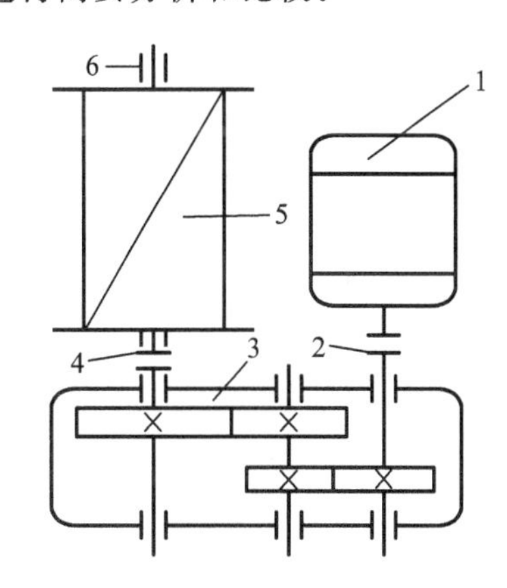

图 2-1　电动绞车机构简图

1—电动机；2、4—联轴器；3—减速器；5—卷筒；6—轴承

方案二，如图 2-2(b)所示，电动机直接与圆柱齿轮减速器相连接，此减速器宽度尺寸较大，但由于圆柱齿轮易于制造、传动比准确，因而应用较广。

方案三，如图 2-2(c)所示，电动机直接接在蜗杆减速器上，该结构最紧凑，但蜗杆传动效率低，功率损失大，且成本较高。

方案四，如图 2-2(d)所示，电动机直接与圆锥-圆柱齿轮减速器相连接，该结构的宽度尺寸比方案二的小，但锥齿轮加工比圆柱齿轮困难。

以上四种传动形式各有所长，设计时应根据不同的性能要求和工作特点，选取合理的传动方案。

在分析传动方案时，应根据常用机械传动方式的特点及其在布局上的要求，注意考虑以下几点。

① 带传动平稳性好，能缓冲减振，但承载能力小，宜布置在高速级。

② 链传动平稳性差，且有冲击、振动，宜布置在低速级。

③ 锥齿轮越大加工越困难，斜齿轮传动的平稳性较好，因此都宜放在高速级。

④ 蜗杆传动能实现大的传动比，传动平稳，但效率低、成本高。当放在高速级时，蜗轮材

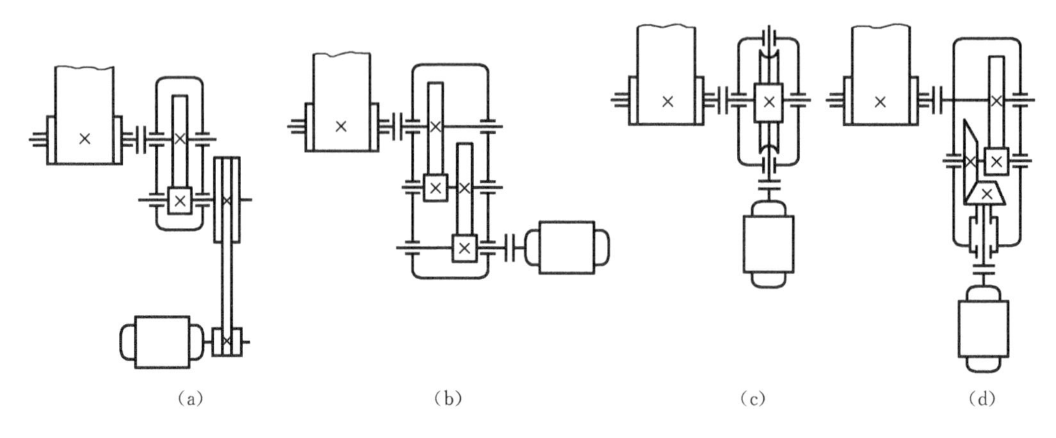

图 2-2 带式运输机的四种传动方案

料应选用锡青铜；布置在低速级时可采用铝铁青铜或灰铸铁。

⑤ 开式齿轮传动的工作条件较差，润滑条件不好，磨损严重，应布置在低速级。

⑥ 为简化传动系统，一般总是将改变运动形式的机构（如连杆机构、凸轮机构等）布置在传动系统的末端。

常用减速器的主要类型和特点见表 2-1，常用传动机构的性能及适用范围见表 2-2。

表 2-1 常用减速器的主要类型和特点

类型	简图及特点
一级圆柱齿轮减速器	水平轴　立轴 其传动比一般小于 5。可用直齿、斜齿或人字齿齿轮，传递功率可达数万千瓦，效率较高。工艺简单，精度易于保证，一般工厂均能制造，应用广泛。轴线水平布置、上下布置或铅垂布置
二级圆柱齿轮减速器	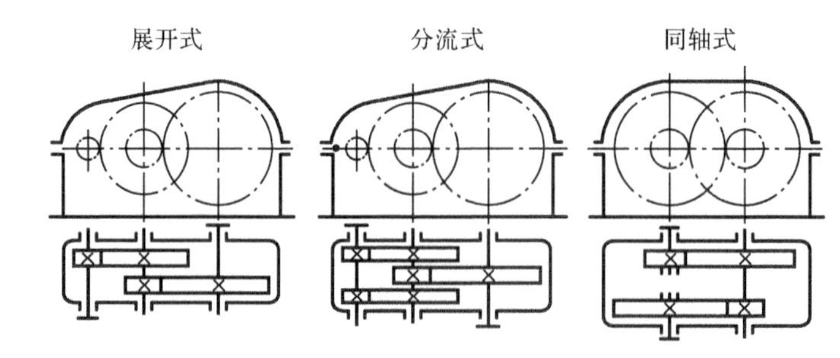 其传动比一般为 8～40，用斜齿、直齿或人字齿齿轮。结构简单，应用广泛。展开式由于齿轮相对于轴承为不对称布置，因而沿齿向载荷分布不均，要求轴有较大刚度。分流式则齿轮相对于轴承对称布置，常用于较大功率、变载荷场合。同轴式减速器长度方向尺寸较小，但轴向尺寸较大，中间轴较长，刚度较差，两级大齿轮直径接近，有利于浸油润滑。轴线可以水平、上下或铅垂布置

续表

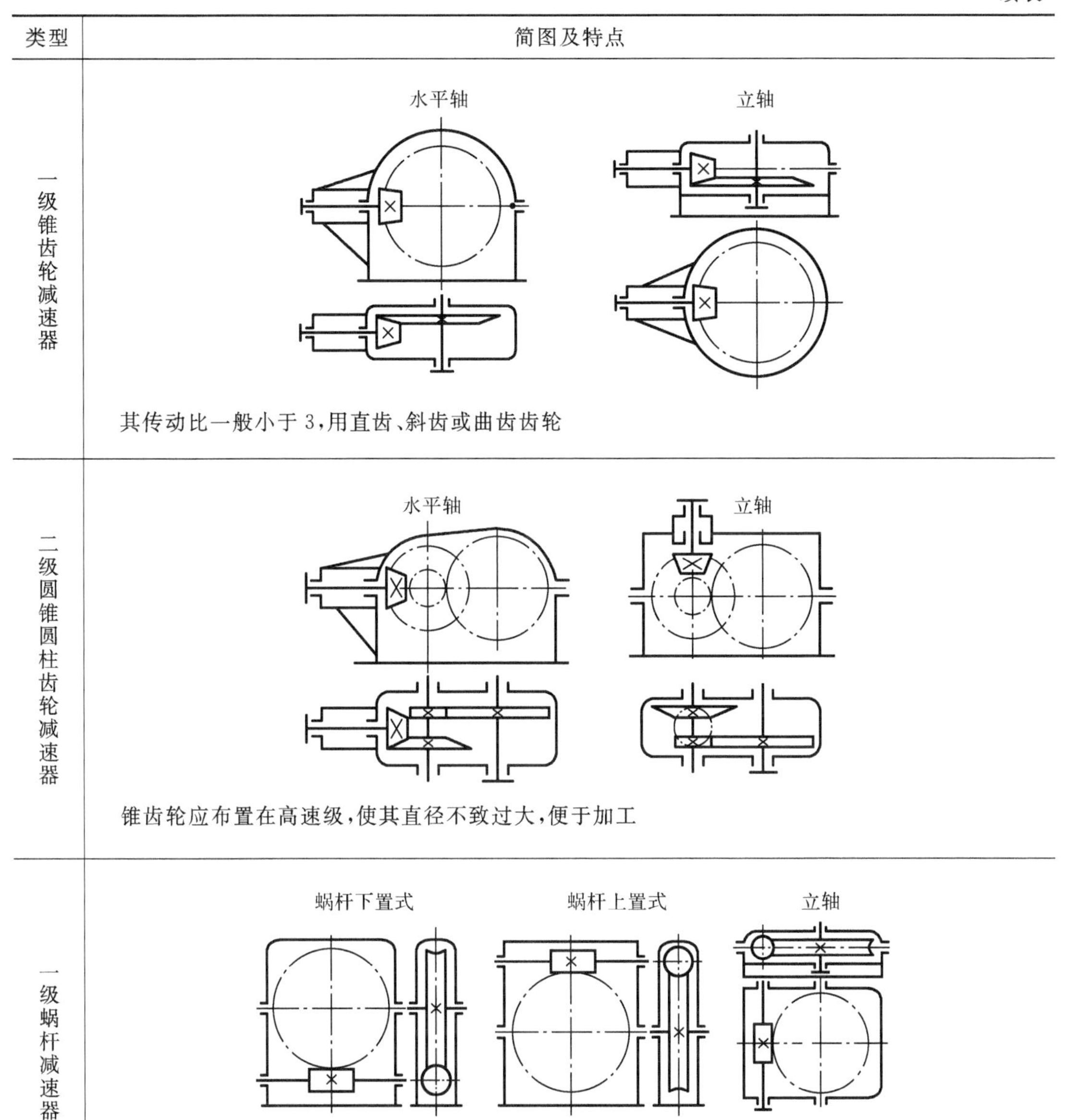

类型	简图及特点
一级锥齿轮减速器	其传动比一般小于 3,用直齿、斜齿或曲齿齿轮
二级圆锥圆柱齿轮减速器	锥齿轮应布置在高速级,使其直径不致过大,便于加工
一级蜗杆减速器	结构简单,尺寸紧凑,但效率较低,适用于载荷较小、间歇工作的场合。蜗杆圆周速度 $v\leqslant 4\sim 5$ m/s时用蜗杆下置式,$v>4\sim 5$ m/s 时用蜗杆上置式,采用立轴布置时密封条件要求高

表 2-2　常用传动机构的性能及适用范围

选用指标		传动机构					
		平带传动	V 带传动	链传动	齿轮传动		蜗杆传动
功率(常用值)/kW		小(≤20)	中(≤100)	中(≤100)	大(最大达 50000)		小(≤50)
单级传动比	常用值	2～4	2～4	2～5	圆柱 3～5	圆锥 2～3	10～40
	最大值	5	7	6	8	5	80
传动效率		查表 2-3					

续表

选用指标	传动机构					
	平带传动	V带传动	链传动	齿轮传动		蜗杆传动
许用的线速度/(m/s)(一般精度等级)	≤25	≤25～30	≤40	≤15～30	≤5～15	≤15～35
外廓尺寸	大	大	大	小		小
传动精度	低	低	中等	高		高
工作平稳性	好	好	较差	一般		好
自锁能力	无	无	无	无		可有
过载保护作用	有	有	无	无		无
使用寿命	短	短	中等	长		中等
缓冲吸振能力	好	好	中等	差		差
要求制造及安装精度	低	低	中等	高		高
要求润滑条件	不需	不需	中等	高		高
环境适应性	不能接触酸、碱、油类物质以及爆炸性气体		好	一般		一般

2.2 电动机的选择

电动机已经标准化、系列化，设计时只需根据工作载荷、工作机的特性和工作环境等条件，选择电动机的类型、结构形式、容量(功率)和转速，并在产品目录中查出其型号及有关尺寸。

2.2.1 电动机类型的选择

电动机有交流电动机和直流电动机之分，工程上大都采用三相交流电，因此一般都采用交流电动机。交流电动机又分为异步电动机和同步电动机两类，异步电动机又分为笼型和绕线型两种，其中以普通笼型异步电动机应用最多。目前应用最广的是Y系列自扇冷式笼型三相异步电动机，它结构简单，工作可靠，启动性能好，价格低廉，维护方便，适用于不易燃、不易爆、无腐蚀性气体、无特殊要求的场合，如用在机床、风机、运输机、搅拌机、农业机械和食品机械等中。

2.2.2 电动机功率的确定

在连续运转的条件下，电动机发热不超过许可温升的最大功率称为额定功率。当负荷达到额定功率时的电动机转速称为满载转速。电动机的铭牌上都标有额定功率和满载转速。Y系列电动机的结构及技术数据可查阅有关机械设计手册或电动机产品目录。

电动机功率的大小应根据工作机所需功率的大小和中间传动装置的效率以及机器的工作条件等因素来确定。如所选电动机功率小于工作要求功率，则不能保证工作机正常工作，且电动机在长期过载下工作易过早损坏；如所选电动机功率过大，电动机由于不能满载运行，功率因素和效率较低，将使能量得不到充分利用而造成浪费。因此，在设计中一定要选择合适的电动机功率。

课程设计一般选择长期连续运转，载荷不变或很少变化的机械为设计对象。确定电动机功率的原则是，电动机的额定功率 P_{ed} 应是工作机要求的功率 P_d 的 1～1.3 倍，即 $P_{ed}=(1\sim1.3)P_d$，这样，电动机在工作时就不会过热，因此，一般情况下可以不校验电动机的转矩和发热量。

如图 2-3 所示的带式运输机，其工作机所需要的电动机输出功率为

$$P_d=\frac{P_w}{\eta} \tag{2-1}$$

式中：P_w 为工作机所需输入功率，单位为 kW；η 为电动机至工作机之间的总效率。

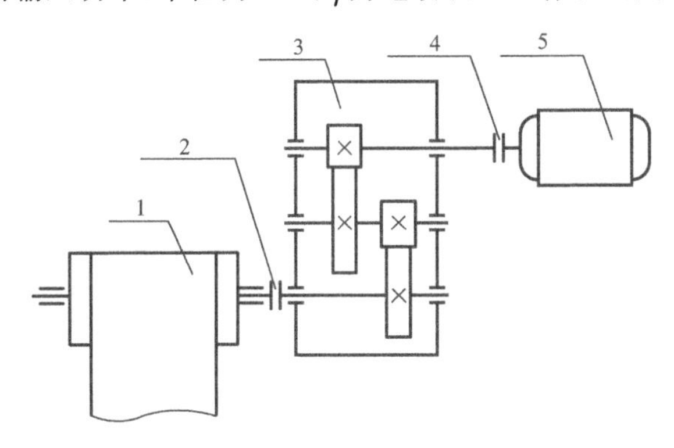

图 2-3　带式运输机传动简图

1—滚筒；2，4—联轴器；3—减速器；5—电动机

工作机所需功率 P_w 由机器的工作阻力和运动参数（线速度或转速）求得，可由设计任务书给定的工作机参数（F、v 或 T、n）按下式计算：

$$P_w=\frac{Fv}{1000\eta_w}=\frac{F}{1000\eta_w}\times\frac{\pi Dn_w}{60\times1000} \tag{2-2}$$

或

$$P_w=\frac{Tn_w}{9550\eta_w} \tag{2-3}$$

式中：F 为工作机的工作阻力，单位为 N；v 为工作机滚筒的线速度，单位为 m/s；D 为工作机滚筒的直径，单位为 mm；n_w 为工作机滚筒的转速，单位为 r/min；T 为工作机的阻力矩，单位为 N·m；η_w 为工作机的效率，对于滚筒，一般取 $\eta_w=0.96$。

由电动机至工作机的总效率 η 为

$$\eta=\eta_1\eta_2\eta_3\cdots\eta_n \tag{2-4}$$

式中：$\eta_1,\eta_2,\eta_3,\cdots,\eta_n$ 分别为传动装置中各传动副（如齿轮、蜗杆、带或链传动副等）、轴承、联轴器的效率，其概略值可按表 2-3 选取。

表 2-3　机械传动副、轴承及联轴器效率的概略值

类型		开式	闭式
齿轮传动副	圆柱齿轮传动	0.94～0.96	0.96～0.99
	锥齿轮传动	0.92～0.95	0.94～0.98
	单级 NGW 行星齿轮传动	—	0.97～0.99
蜗杆传动副	自锁蜗杆	0.30	0.40
	单头蜗杆	0.50～0.60	0.70～0.75
	双头蜗杆	0.60～0.70	0.75～0.82
	四头蜗杆	—	0.82～0.92
	圆弧面蜗杆	—	0.85～0.95

续表

类型		开式	闭式
链传动副 与带传动副	链传动	0.90～0.93	0.95～0.97
	摩擦轮传动	0.70～0.88	0.90～0.96
	平带传动	0.97～0.98	—
	V 带传动	0.94～0.97	—
轴承	滚动轴承(每对)	0.98～0.995	
	滑动轴承(每对)	0.97～0.99	
联轴器	具有中间可动元件的联轴器	0.97～0.99	
	万向联轴器	0.97～0.98	
	齿轮联轴器	0.99	
	弹性联轴器	0.99～0.995	

计算总效率时要注意以下几点:①轴承的效率指的是一对轴承的效率;②同类型的几对传动副、轴承或联轴器,要分别单独计入总效率;③当表中所给出的效率为一范围值时,一般可取中间值;④蜗杆传动效率与蜗杆头数及材料有关,设计时应先选蜗杆头数,并估计其效率,待设计出蜗杆传动的参数后再确定效率,并校核电动机所需功率。

2.2.3 确定电动机转速

具有相同额定功率的同类型电动机有几种不同的同步转速。低转速电动机的级数多、外廓尺寸较大、质量较大、价格较高,但可使总传动比及传动装置的尺寸减小,高转速电动机则与其相反。设计时应综合考虑各方面因素,再最后选取适当的电动机转速。三相异步电动机有四种常用的同步转速,即 3000 r/min、1500 r/min、1000 r/min、750 r/min。一般多选同步转速为 1500 r/min 或 1000 r/min 的电动机。为使传动装置设计合理,可以根据工作机的转速要求和各级传动机构的合理传动比范围(见表 2-2),推算电动机转速的可选范围,即

$$n_d=(i_1 i_2 \cdots i_n) n_w \tag{2-5}$$

式中:n_d为电动机可选转速范围;$i_1, i_2, \cdots, i_n$分别为各级传动机构的合理传动比范围。

电动机的类型、结构、功率和转速确定以后,可由附录 B 查出电动机型号,并根据型号将其额定功率、满载转速、中心高、轴伸尺寸、键连接尺寸等一并查出(见表 2-4)。

设计传动装置时,电动机的输出功率一般按工作机实际需要的电动机输出功率 P_d 计算,电动机的转速则取满载转速。

2.3 总传动比计算和各级传动比的分配

电动机选定以后,由电动机的满载转速 n_m 和工作机的转速 n_w,可算出传动装置的总传动比为

$$i=\frac{n_m}{n_w} \tag{2-6}$$

对于多级传动,总传动比 i 为

$$i=i_1 i_2 i_3 \cdots i_n \tag{2-7}$$

计算出总传动比后,即可分配各级传动装置的传动比。传动比分配的合理与否,将直接影

响传动装置的结构尺寸、质量、润滑方式以及整个机器的工作能力等。所以,合理分配传动比是一个十分重要的问题,分配各级传动比时主要应考虑以下几个方面。

(1) 各级传动比都应在推荐的合理范围以内,以充分发挥各级传动的承载能力,并使各级传动件的尺寸协调、结构合理,避免相互干涉碰撞。例如,由带传动装置和齿轮减速器组成的传动中,一般应使带传动装置的传动比小于齿轮传动装置的传动比。若带传动装置的传动比过大,将使大带轮过大,则可能出现大带轮轮缘与安装基面相碰,如图 2-4 所示。

(2) 应使各级传动件具有较小的结构尺寸和最小中心距。如图 2-5 所示,当二级圆柱齿轮减速器的总中心距、总传动比相同时,传动比分配方案不同,减速器的外廓尺寸也不相同。

(3) 对于两级或多级齿轮减速器,应尽可能使各级齿轮传动大齿轮的浸油高度大致相等,以利于油池润滑。

(4) 对于由带(或链)传动装置和圆柱齿轮减速器组成的传动系统,应先确定带(或链)传动装置的传动比 $i_{带}$(或 $i_{链}$),再通过计算求得齿轮传动装置的传动比 $i_{齿}$。若齿轮传动装置为展开式二级圆柱齿轮减速器,推荐高速级传动比 $i_{高}=(1.3\sim1.5)i_{低}$,根据 $i_{齿}=i_{高}\cdot i_{低}=(1.3\sim1.5)i_{低}^2$,可先求出低速级齿轮传动装置的传动比,然后再求出高速级齿轮传动装置的传动比;若齿轮传动装置为同轴式减速器,取 $i_{高}=i_{低}$,根据 $i_{齿}=i_{高}\cdot i_{低}=i_{低}^2$,可求出低速级和高速级齿轮传动装置的传动比。最后确定所得的各级传动比均应在表 2-2 所示的常用值范围内。

传动装置的准确传动比,需由选定的齿轮参数或带轮直径计算得到。因此传动件的参数确定以后,应验算工作机的实际转速。一般允许工作机实际转速与给定转速之间的相对误差在±(3～5)%以内。

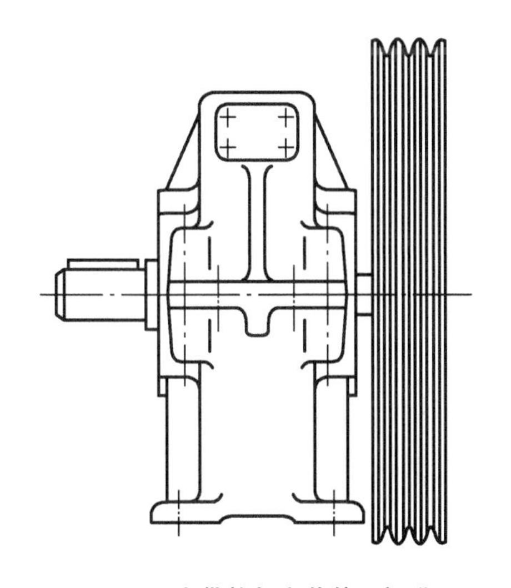

图 2-4　大带轮与安装基面相碰

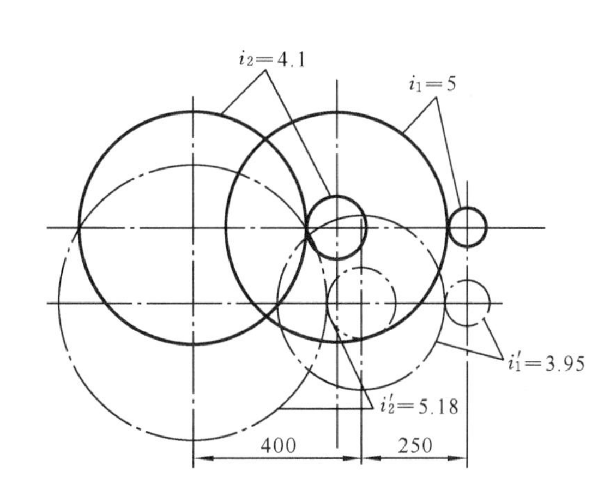

图 2-5　两种传动比分配方案的外廓尺寸比较

2.4　传动装置的运动和动力参数计算

机械传动装置的运动和动力参数,主要是指各轴的转速、功率和转矩,它是设计计算传动件的重要依据。为进行传动件的设计计算,须先推算出各轴的转速、功率和转矩。一般按电动机至工作机之间运动传递的路线推算各轴的参数。

若将各轴由高至低依次定为Ⅰ轴、Ⅱ轴……(电动机轴除外),设 i_0、i_1……为相邻两轴间的传动比；η_{01}、η_{12}……为相邻两轴间的传动效率；$P_{\rm I}$、$P_{\rm II}$……为各轴的输入功率(kW)；$n_{\rm I}$、$n_{\rm II}$……为各轴的转速(r/min)；$T_{\rm I}$、$T_{\rm II}$……为各轴转矩(N·m)。

2.4.1　各轴转速

$$n_{\rm I} = \frac{n_{\rm m}}{i_0} \tag{2-8}$$

$$n_{\rm II} = \frac{n_{\rm I}}{i_1} \tag{2-9}$$

$$n_{\rm III} = \frac{n_{\rm II}}{i_2} \tag{2-10}$$

其余类推。

2.4.2　各轴的输入功率

$$P_{\rm I} = P_{\rm d}\eta_{01} \tag{2-11}$$

$$P_{\rm II} = P_{\rm I}\eta_{12} \tag{2-12}$$

$$P_{\rm III} = P_{\rm II}\eta_{23} \tag{2-13}$$

其余类推。

2.4.3　各轴的转矩

$$T_{\rm d} = 9550\,\frac{P_{\rm d}}{n_{\rm m}} \tag{2-14}$$

$$T_{\rm I} = 9550\,\frac{P_{\rm I}}{n_{\rm I}} \tag{2-15}$$

$$T_{\rm II} = 9550\,\frac{P_{\rm II}}{n_{\rm II}} \tag{2-16}$$

$$T_{\rm III} = 9550\,\frac{P_{\rm III}}{n_{\rm III}} \tag{2-17}$$

其余类推。

由以上公式计算得到的各轴运动和动力参数可以表格的形式整理备用。

【例 2-1】 图 2-6 所示为带式运输机的传动方案。已知滚筒直径 D=450 mm，运输带的有效拉力 F=1800 N，运输带速度 v=1.7 m/s，滚筒效率为 0.96，长期连续工作。试选择合适的电动机并计算传动装置各轴的运动和动力参数。

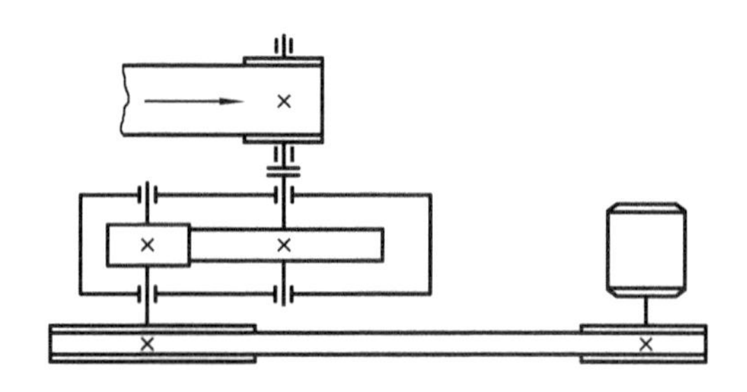

图 2-6　带式运输机的传动方案

解

<table>
<tr><th>计算项目</th><th>计算过程及说明</th><th>计算结果</th></tr>
<tr><td rowspan="4">一、选择电动机</td><td>1.选择电动机类型
按已知的工作要求和条件，选用 Y 系列全封闭笼型三相异步电动机</td><td></td></tr>
<tr><td>2.选择电动机功率
工作机所需功率为 $P_w = \frac{Fv}{1000\eta_w}$
电动机输出功率为 $P_d = \frac{P_w}{\eta} = \frac{Fv}{1000\eta\eta_w}$
由电动机至工作机之间的总效率为
$$\eta = \eta_1 \eta_2^2 \eta_3 \eta_4 \eta_5$$
式中：η_1、η_2、η_3、η_4、η_5分别为带传动、齿轮传动的轴承(2 对)、齿轮传动、联轴器及滚筒轴承的效率。查表 2-3 可取
$\eta_1=0.96$、$\eta_2=0.99$、$\eta_3=0.98$、$\eta_4=0.98$、$\eta_5=0.98$、$\eta_w=0.96$
则　$\eta\eta_w = 0.96 \times 0.99^2 \times 0.98 \times 0.98 \times 0.98 \times 0.96 = 0.85$
所以　$P_d = \frac{1800 \times 1.7}{1000 \times 0.85}\ \text{kW} = 3.6\ \text{kW}$</td><td>$\eta\eta_w = 0.85$
$P_d=3.6$ kW</td></tr>
<tr><td>3.确定电动机转速
滚筒的工作转速为
$n_w = \frac{60 \times 1000v}{\pi D} = \frac{60 \times 1000 \times 1.7}{\pi \times 450}\ \text{r/min} = 72.15\ \text{r/min}$
因为由表 2-2 知，带传动装置的传动比 $i'_0=2\sim4$，单级齿轮传动装置的传动比 $i'_1=3\sim5$，则总传动比 i' 的合理范围为
$$i' = i'_0 i'_1 = 6 \sim 20$$
因此，电动机转速的可选范围为
$n'_d = i' n_w = (6 \sim 20) \times 72.15\ \text{r/min} = (433 \sim 1443)\ \text{r/min}$</td><td>$n_w = 72.15$ r/min

$i' = 6 \sim 20$
$n'_d = (433 \sim 1443)$ r/min</td></tr>
<tr><td>4.确定电动机型号
由附录 B 可查出符合这一范围的电动机同步转速有 750 r/min、1000 r/min、1500 r/min。根据工作机所需要的电动机输出功率 P_d和电动机的同步转速，由附录 B 可查出适用的电动机型号分别为 Y160 M1-8、Y132 M1-6 和 Y112 M-4。相应的技术参数及传动比的比较情况见下表：
<table>
<tr><th rowspan="2">电动机型号</th><th rowspan="2">额定功率 P_{ed}/kW</th><th colspan="2">电动机转速(r/min)</th><th colspan="3">传动装置的传动比</th></tr>
<tr><th>同步转速</th><th>满载转速</th><th>总传动比</th><th>带</th><th>齿轮</th></tr>
<tr><td>Y160 M1-8</td><td>4</td><td>750</td><td>720</td><td>9.98</td><td>3</td><td>3.33</td></tr>
<tr><td>Y132 M1-6</td><td>4</td><td>1000</td><td>960</td><td>13.3</td><td>3.1</td><td>4.29</td></tr>
<tr><td>Y112 M-4</td><td>4</td><td>1500</td><td>1440</td><td>19.96</td><td>3.4</td><td>5.87</td></tr>
</table>
综合考虑电动机和传动装置的尺寸、质量以及带传动和齿轮传动的传动比，选择 Y132 M1-6 型电动机较合适，即电动机的额定功率 $P_{ed}=4$ kW，满载转速 $n_m=960$ r/min，总传动比适中，传动装置结构较紧凑。
Y132 M1-6 型电动机的主要尺寸和安装尺寸见表 2-4</td><td>电动机型号：Y132 M1-6</td></tr>
</table>

续表

<table>
<tr><th>计算项目</th><th>计算过程及说明</th><th>计算结果</th></tr>
<tr><td>二、计算总传动比和分配各级传动比</td><td>由已确定的电动机的型号可知：
总传动比 $i=13.3$；
带传动的传动比 $i_0=3.1$；
齿轮传动的传动比 $i_1=4.29$</td><td>$i=13.3$
$i_0=3.1$
$i_1=4.29$</td></tr>
<tr><td rowspan="3">三、计算传动装置各轴的运动和动力参数</td><td>1. 各轴的转速
由式(2-8)至式(2-10)得
Ⅰ轴 $n_{\mathrm{I}}=\dfrac{n_m}{i_0}=\dfrac{960}{3.1}\ \mathrm{r/min}=309.68\ \mathrm{r/min}$
Ⅱ轴 $n_{\mathrm{II}}=\dfrac{n_{\mathrm{I}}}{i_1}=\dfrac{309.68}{4.29}\ \mathrm{r/min}=72.19\ \mathrm{r/min}$
滚筒轴 $n_w=n_{\mathrm{II}}=72.19\ \mathrm{r/min}$</td><td>$n_{\mathrm{I}}=309.68\ \mathrm{r/min}$
$n_{\mathrm{II}}=72.19\ \mathrm{r/min}$
$n_w=72.19\ \mathrm{r/min}$</td></tr>
<tr><td>2. 各轴的输入功率
由式(2-11)至式(2-13)得
Ⅰ轴 $P_{\mathrm{I}}=P_d\eta_{01}=3.6\times0.96\ \mathrm{kW}=3.456\ \mathrm{kW}$
Ⅱ轴 $P_{\mathrm{II}}=P_{\mathrm{I}}\eta_{12}=P_{\mathrm{I}}\eta_2\eta_3=3.456\times0.99\times0.98\ \mathrm{kW}=3.35\ \mathrm{kW}$
滚筒轴 $P_w=P_{\mathrm{II}}\eta_{23}=P_{\mathrm{II}}\eta_2\eta_4=3.35\times0.99\times0.98\ \mathrm{kW}=3.25\ \mathrm{kW}$</td><td>$P_{\mathrm{I}}=3.456\ \mathrm{kW}$
$P_{\mathrm{II}}=3.35\ \mathrm{kW}$
$P_w=3.25\ \mathrm{kW}$</td></tr>
<tr><td>3. 各轴的输入转矩
由式(2-14)至式(2-17)得
电动机轴 $T_d=9550\dfrac{P_d}{n_d}=9550\times\dfrac{3.6}{960}\ \mathrm{N\cdot m}=35.81\ \mathrm{N\cdot m}$
Ⅰ轴 $T_{\mathrm{I}}=9550\dfrac{P_{\mathrm{I}}}{n_{\mathrm{I}}}=9550\times\dfrac{3.456}{309.68}\ \mathrm{N\cdot m}=106.58\ \mathrm{N\cdot m}$
Ⅱ轴 $T_{\mathrm{II}}=9550\dfrac{P_{\mathrm{II}}}{n_{\mathrm{II}}}=9550\times\dfrac{3.35}{72.19}\ \mathrm{N\cdot m}=443.17\ \mathrm{N\cdot m}$
滚筒轴 $T_{\mathrm{III}}=9550\dfrac{P_{\mathrm{III}}}{n_{\mathrm{III}}}=9550\times\dfrac{3.25}{72.19}\ \mathrm{N\cdot m}=429.94\ \mathrm{N\cdot m}$</td><td>$T_d=35.81\ \mathrm{N\cdot m}$
$T_{\mathrm{I}}=106.58\ \mathrm{N\cdot m}$
$T_{\mathrm{II}}=443.17\ \mathrm{N\cdot m}$
$T_{\mathrm{III}}=429.94\ \mathrm{N\cdot m}$</td></tr>
</table>

表 2-4 Y132 M1-6 型电动机的主要尺寸和安装尺寸列表

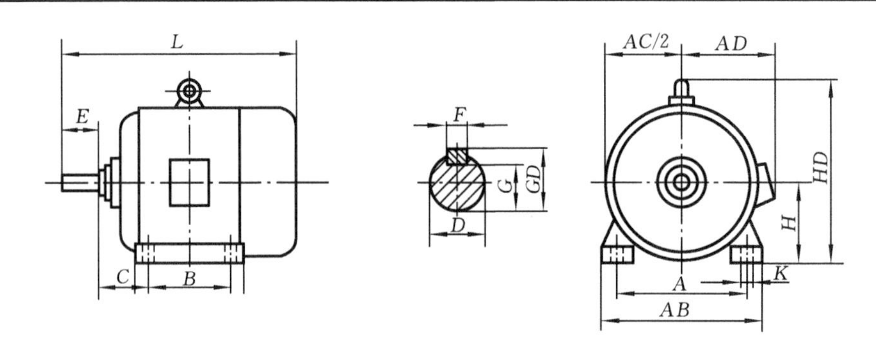

中心高 H	外形尺寸 $L\times(AC/2+AD)\times HD$	地脚安装尺寸 $A\times B$	地脚螺栓孔直径 K	轴伸尺寸 $D\times E$	装键部位尺寸 $F\times GD$
132	515×345×315	216×178	12	38×80	10×41

传动装置各轴的运动和动力参数见表2-5。

表2-5 运动和动力参数的计算结果列表

参数	轴名			
	电动机轴	Ⅰ轴	Ⅱ轴	滚筒轴
转速 n/(r/min)	960	309.68	72.19	72.19
输入功率 P/kW	3.6	3.456	3.35	3.25
输入转矩 T/(N·m)	35.81	106.58	443.17	429.94
传动比 i	3.1		4.29	1
效率 η	0.96		0.97	0.97

第3章 传动零件的设计计算

减速器是独立、完整的传动部件，主要由传动件、支承件和连接件等组成。由于主要由传动零件决定减速器的工作性能、结构布置和尺寸大小，因此，一般应先设计计算传动零件。

传动零件的设计包括确定传动零件的材料、热处理方法、参数、尺寸和主要结构，这些工作主要是为装配草图的设计做准备的。由传动装置的各轴运动及动力参数计算得出的数据及设计任务书给定的工作条件，即为各级传动零件设计计算的原始数据。

为了使设计减速器的原始条件比较准确，通常应先设计计算减速器外的传动零件，如带传动、链传动和开式齿轮传动零件等，在这些传动零件的参数确定后，外部传动的实际传动比便可确定。然后修改减速器内部的传动比，再进行减速器内部传动零件的设计。这样，会使整个传动装置的传动比累积误差更小。

传动零件的设计计算顺序应该由高速级向低速级依次计算，在进行轴的结构设计时选好连接两轴之间的联轴器，各级传动零件的设计计算方法已经在“机械设计基础”课程中学过，可以按照教材和设计参考资料进行计算。需要注意的是：因受齿轮齿数、带轮标准直径等因素的影响，传动装置各级的实际传动比与最初分配的传动比常有一定的误差，致使总传动比也会产生误差。一般情况下，应该使工作机的实际转速与要求转速的相对误差在±(3～5)%的范围之内。

3.1 减速器箱体外传动零件设计

减速器箱体外传动零件的设计计算按《机械设计基础》教材所述方法进行计算，下面分别就应注意的问题作简要提示。

3.1.1 带传动设计计算

(1) 应注意小带轮直径不要选得过小。带轮直径小会使带的弯曲应力增大，从而降低带的使用寿命，而且由于带的根数增多会使得各根带受力不均，一般应该限制根数 $z=3\sim6$。因此，在外廓尺寸允许的条件下，应该使 $d_{d1}\geqslant d_{dmin}$，并使带速 $v=5\sim25$ m/s，同时大、小带轮直径均符合标准系列。

(2) 应注意带轮尺寸与传动装置外廓尺寸及安装尺寸的关系。装在电动机轴上的小带轮外圆半径应小于电动机的中心高，如图 3-1 所示；装在减速器输入轴上的大带轮外圆半径应小于减速器的中心高，如图 2-4 所示。

(3) 带轮的直径确定后，应验算实际传动比和大带轮的转速，并以此修正减速器的传动比和减速器各轴的转速、功率和转矩。

3.1.2 链传动设计计算

(1) 应使小链轮的轴孔直径和长度与减速器输出轴轴伸的直径和长度相对应，而大链轮的外圆半径和轴孔尺寸与工作机安装尺寸相适应。应由所选链轮的齿数计算实际传动比，并考虑是否需要修正减速器的传动比。

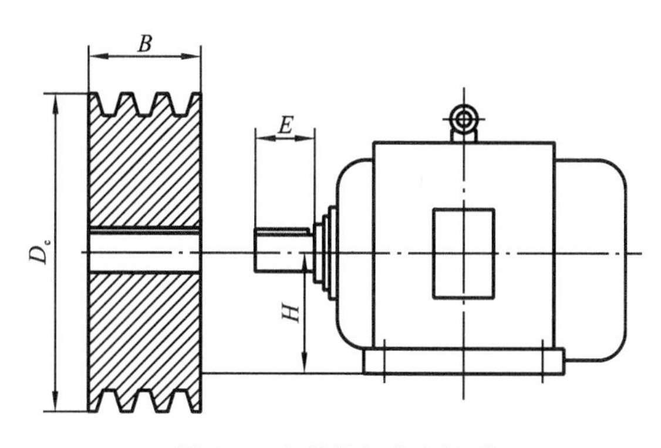

图 3-1 小带轮与底座相碰

(2) 如果选用的单排链尺寸过大，则应该选双排链。画链轮结构图时只需画其轴向齿形图。

(3) 设计链传动时还应考虑润滑和维护，选定润滑方式和润滑油牌号。

3.1.3 开式齿轮传动设计计算

(1) 开式齿轮传动一般布置在低速级，常采用直齿轮。因开式齿轮传动润滑条件差、磨损严重，因此一般按轮齿的弯曲强度进行设计计算，再将计算所得模数增大 10%～20%。

(2) 应选用耐磨性好的材料作为齿轮材料。选择大齿轮的材料时应考虑其毛坯尺寸和制造方法，例如当齿轮直径超过 500 mm 时，应采用铸造毛坯。

(3) 由于开式齿轮的支承刚度一般较小，应选择较小齿宽系数，以减轻轮齿上的载荷集中程度。

(4) 应检查齿轮的尺寸与工作机是否相称，有无碰撞、干涉等现象；应按齿轮的齿数计算实际传动比，校验是否需要修改减速器的传动比。

3.2 减速器箱体内传动零件设计计算

减速器箱体内传动零件的设计计算及结构设计方法均可依据《机械设计基础》教材的有关内容进行，这里只讨论应注意的事项。

(1) 齿轮材料的选择，一般选用锻钢，尺寸过大(d_a>400～600 mm)或者结构形状复杂时选用铸钢或铸铁，对于直径很小的钢制齿轮，当需采用齿轮轴结构时，齿轮的材料应兼顾轴的材料的要求。同一减速器的各级小齿轮(或大齿轮)的材料应尽可能一致，以减少材料的种类，降低加工的工艺要求。

(2) 计算齿轮的啮合几何尺寸时应精确到小数点后 2～3 位，角度应精确到“″”(秒)，中心距、齿宽和结构尺寸应尽量圆整为整数，而模数应取标准值。斜齿轮传动的中心距应通过改变螺旋角 β 的方法圆整为以 0 或 5 结尾的整数。

齿轮传动的几何参数和尺寸应分别标准化、圆整或计算其精确值。例如，模数必须标准化，中心距和齿宽尽量圆整，分度圆、齿顶圆、齿根圆直径、变位系数等精确到小数点后 2～3 位，螺旋角精确到“″”。

(3) 传递动力的齿轮，其模数应大于 1.5 mm。

(4) 各齿轮的参数和几何尺寸的计算结果应及时整理并列表备用。

(5) 锥齿轮的分度圆锥角 δ_1、δ_2 可由传动比 i 算出，i 值的计算应精确到小数点后 4 位，δ 值的计算应精确到“″”。

(6) 蜗杆传动的中心距应尽量圆整成尾数为 0 或 5 的整数。蜗杆的螺旋方向应尽量选用右旋，以便于加工。蜗杆传动的啮合几何尺寸也应精确计算。

(7) 当蜗杆的圆周速度 $v \leqslant 4 \sim 5$ m/s 时，一般采用蜗杆下置式；当 $v > 4 \sim 5$ m/s 时，则采用蜗杆上置式。

(8) 蜗杆的强度和刚度验算，以及蜗杆传动的热平衡计算都应在装配草图的设计中进行。

第4章 装配图设计的第一阶段

装配图是表示机器(或部件)中各零部件的装配关系、工作原理、传递路线、零部件主要结构形状与相互位置的技术图样。装配图中应给出机器(或部件)在装配、检查以及安装时所需的尺寸数据和有关的技术要求。它是绘制零部件工作图及零部件生产(或外购),机器组装、调试、检验、维护的主要依据。机器的设计一般从装配图开始。

设计装配图时,要综合考虑所设计的机器的工作条件,零件的强度、刚度要求,各零部件的装、拆要求,运动部件的润滑、冷却要求以及调整、维护和经济性等方面的要求。因此,要合理地选择视图和合适的布局,将以上各项要求表达清楚。

减速器装配图可按以下步骤进行设计:

(1) 减速器装配图设计的准备;

(2) 绘制装配草图,画出传动零件及箱体内壁线的位置,进行轴的结构设计,校核轴、键的强度和计算轴承的寿命;

(3) 进行传动件的结构设计、轴承端盖的结构设计,选择轴承的润滑及密封方式;

(4) 设计减速器的箱体和附件;

(5) 检查装配草图;

(6) 完成装配图。

应当注意的是,设计减速器装配图的步骤(2)和步骤(3)有时可能需要交叉进行,因为轴的结构不仅与轴的强度有关,还与装在轴上的传动件的轮毂长度、轴承的宽度有关。装配图设计内容既多又复杂,且各部分内容相互制约、互为因果,有些地方不能一次确定,要相互兼顾,需要边画、边算、边改。因此,为保证设计能顺利完成,减速器装配图的设计一般分为三个阶段。第一阶段为减速器装配草图的设计,第二阶段为传动件和轴上其他零件的结构设计,第三阶段为减速器箱体和附件的设计,并完成装配图。

4.1 装配图的设计准备

在进行装配图的设计前,必须做好以下工作。

1. 必要的感性与理性知识

(1) 做好减速器拆装实验,观察减速器结构。有条件的应观看减速器的加工及装配工艺视频,初步了解减速器加工、装配工艺过程,了解减速器各零部件的相互关系、位置及功用。

(2) 阅读有关资料。读懂一些典型减速器装配工作图,分析并初步考虑减速器的结构设计方案,包括传动件结构、轴系结构、轴承类型、轴承组合结构、轴承端盖结构、箱体及其附件结构、润滑和密封方案等,并注意各零件的材料、加工和装配方法。

2. 准备有关设计数据

(1) 确定电动机的安装尺寸,如电动机中心高、外伸轴径和长度等。

(2) 确定传动的主要参数及尺寸,如中心距及齿轮的分度圆直径、齿顶圆直径、轮缘宽度和轮毂长度等。

(3) 确定联轴器轴孔直径和长度,带轮轴孔直径和轮毂长度。

(4) 根据减速器中传动件的圆周速度,确定滚动轴承的润滑方式。

(5) 确定减速器的结构尺寸。设计各种螺栓、壁厚等尺寸,计算减速器内各零部件的位置尺寸。

3. 选择绘图比例和视图布置

1) 选择绘图比例

根据图纸幅面尺寸和主要的传动尺寸初步确定绘图比例尺。一般优先采用 1∶1 的比例尺以便于绘图,如果减速器尺寸过大或过小,也可采用 1∶2(或 2∶1)的比例尺。

2) 选择视图

一般应有三个视图才能将结构和装配关系表达清楚。必要时,还应有局部剖视图、向视图和局部放大图。

3) 合理布置视图

根据减速器传动零件的尺寸,参考类似结构的减速器,估计、设计减速器的轮廓尺寸(三个视图的尺寸),合理布置图面。同时考虑标题栏、明细栏、技术特性、技术要求等需要的图面空间,做到图面布置合理,具体的视图布置可根据实际情况而定,如图 4-1 所示。

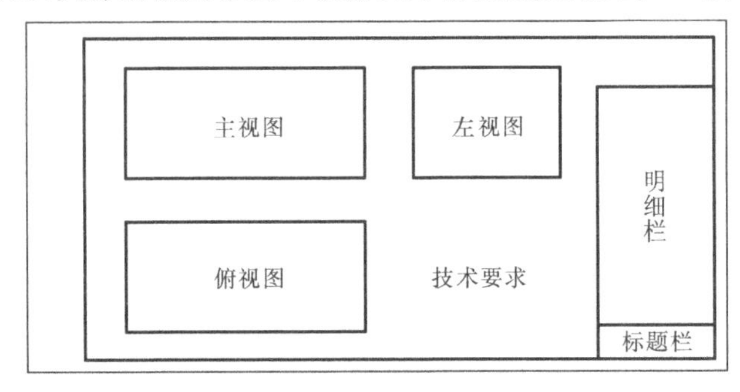

图 4-1 视图布置

4.2 减速器的结构尺寸

减速器一般由箱体、轴系部件和附件三大部分组成,图 4-2 至图 4-4 所示为常见的减速器(铸造箱体)结构图,其箱体的主要结构尺寸按表 4-1 所列公式确定,所需零件的位置尺寸参考表 4-2 至表 4-4 确定。一般用途减速器箱体采用铸铁(HT150 或 HT200)制造,受较大冲击载荷的重型减速器可采用铸钢(ZG 200-400 或 ZG 230-450)制造,单件生产的减速器可采用钢板(Q215 或 Q235)焊接而成。通常,齿轮减速器箱体都采用沿齿轮轴线水平剖分式的结构。

表 4-1 铸造减速器箱体的主要结构尺寸

名 称	符号	减速器类型及尺寸关系/mm		
		圆柱齿轮减速器	锥齿轮减速器	蜗杆减速器
箱座壁厚	δ	一级 $0.025a+1\geqslant 8$ a 为两齿轮中心距 二级 $0.025a+3\geqslant 8$ a 为低速级两齿轮中心距	$0.0125(d_{1m}+d_{2m})+1\geqslant 8$ 或 $0.01(d_1+d_2)+1\geqslant 8$ d_1、d_2—小、大锥齿轮的大端直径;$d_{1m}+d_{2m}$—小、大锥齿轮的平均直径	$0.04a+3\geqslant 8$

续表

名　　称	符号	减速器类型及尺寸关系/mm		
		圆柱齿轮减速器	锥齿轮减速器	蜗杆减速器
箱盖壁厚	δ_1	一级 $0.02a+1\geqslant 8$ a 为两齿轮中心距 二级 $0.02a+3\geqslant 8$ a 为低速级两齿轮中心距	$0.01(d_{1m}+d_{2m})+1\geqslant 8$ 或 $0.0085(d_1+d_2)+1\geqslant 8$	蜗杆在上： $\delta_1\approx\delta$ 蜗杆在下： $\delta_1=0.85\delta\geqslant 8$
箱盖凸缘厚度	b_1	$1.5\delta_1$		
箱座凸缘厚度	b	1.5δ		
箱座底凸缘厚度	b_2	2.5δ		
地脚螺栓直径	d_f	$0.036a+12$	$0.018(d_{1m}+d_{2m})+1\geqslant 12$ 或 $0.015(d_1+d_2)+1\geqslant 8$	$0.036a+12$
地脚螺栓数目	n	$a\leqslant 250$ 时，$n=4$ $a>250\sim 500$ 时，$n=6$ $a>500$ 时，$n=8$	$n=\dfrac{\text{底凸缘周长之半}}{200\sim 300}\geqslant 4$	4
轴承旁连接螺栓直径	d_1	$0.75d_f$		
盖与座连接螺栓直径	d_2	$(0.5\sim 0.6)d_f$		
Md_2连接螺栓的间距	l	150～200		
轴承端盖螺钉直径	d_3	见表 4-4		
视孔盖螺钉直径	d_4	M6～M8 的螺钉，数目 4～6 个		
定位销直径	d	$(0.7\sim 0.8)d_2$		
Md_f、Md_1、Md_2螺栓至外箱壁距离	C_1	见表 4-3		
Md_f、Md_1、Md_2螺栓至凸缘边缘距离	C_2			
轴承旁凸台半径	R_1	C_2		
凸台高度	h	根据低速轴轴承座外径确定，以便于扳手操作为准		
外箱壁至轴承座端面距离	l_1	$C_1+C_2+(5\sim 10)$		
箱盖、箱座肋厚	m_1、m_2	$m_1\approx 0.85\delta_1$，$m_2\approx 0.85\delta$		
轴承端盖外径	D_2	$D+5d_3$，D—轴承外径		
轴承旁连接螺栓距离	s	尽量靠近，以 Md_1螺栓和 Md_3螺栓互不干涉为准，一般 $s\approx D_2$		

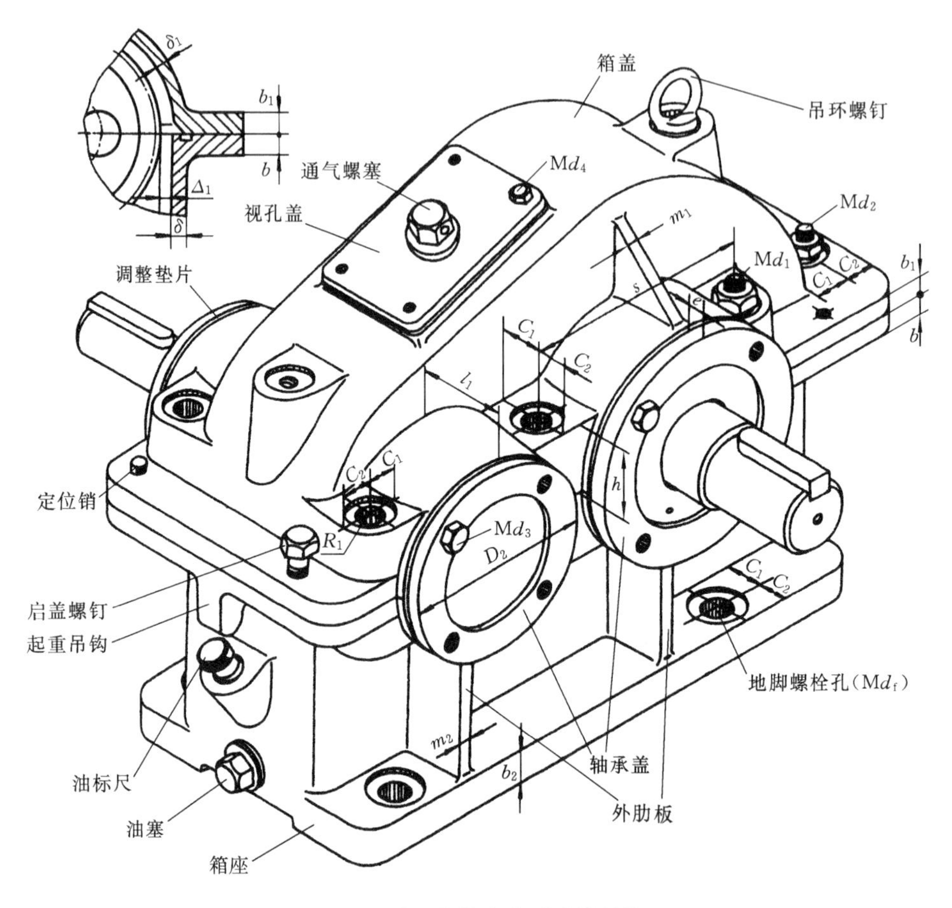

图 4-2　常见圆柱齿轮减速器结构

表 4-2　减速器零件的位置尺寸

代号	名　　称	荐用值/mm	代号	名　　称	荐用值/mm
Δ_1	齿顶圆至箱体内壁距离	$\geqslant 1.2\delta$	Δ_7	箱底至箱底内壁的距离	≈ 20
Δ_2	齿轮端面至箱体内壁距离	$>\delta$,一般取$\geqslant 10$	H	减速器中心高	$\geqslant R_a+\Delta_6+\Delta_7$
Δ_3	轴承端面至箱体内壁距离 轴承用脂润滑时 轴承用油润滑时	 8～12 3～5	L_1	箱体内壁至轴承座孔外端面的距离	$l_1+\delta$
Δ_4	旋转零件间的轴向距离	10～15	L_2	箱体内壁轴向间距	由图确定
Δ_5	齿轮齿顶圆至轴表面的距离	$\geqslant 10$	L_3	轴承座孔外端面间距	由图确定
Δ_6	大齿轮齿顶圆至箱体底面内壁的距离	>30～50	e	轴承端盖凸缘厚度	见表 4-4

表 4-3　C_1、C_2 值　(mm)

螺栓直径	M8	M10	M12	M16	M20	M24	M30
$C_{1\min}$	13	16	18	22	26	34	40
$C_{2\min}$	11	14	16	20	24	28	34
沉头座直径	20	24	26	32	40	48	60

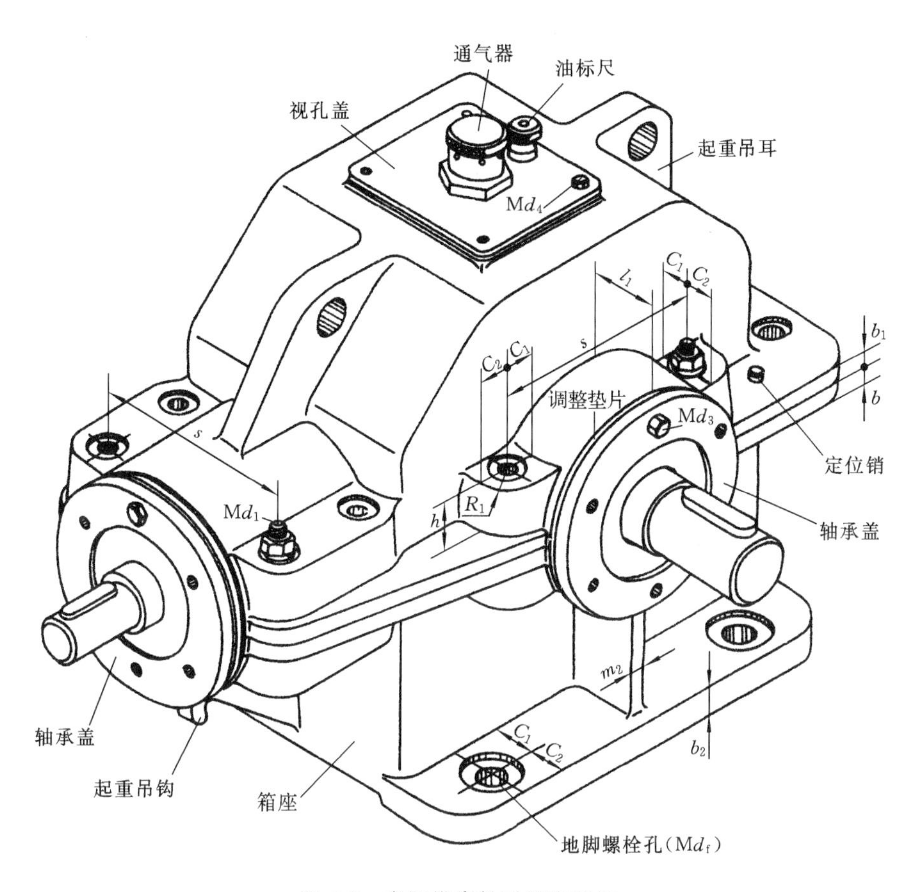

图 4-3 常见锥齿轮减速器结构

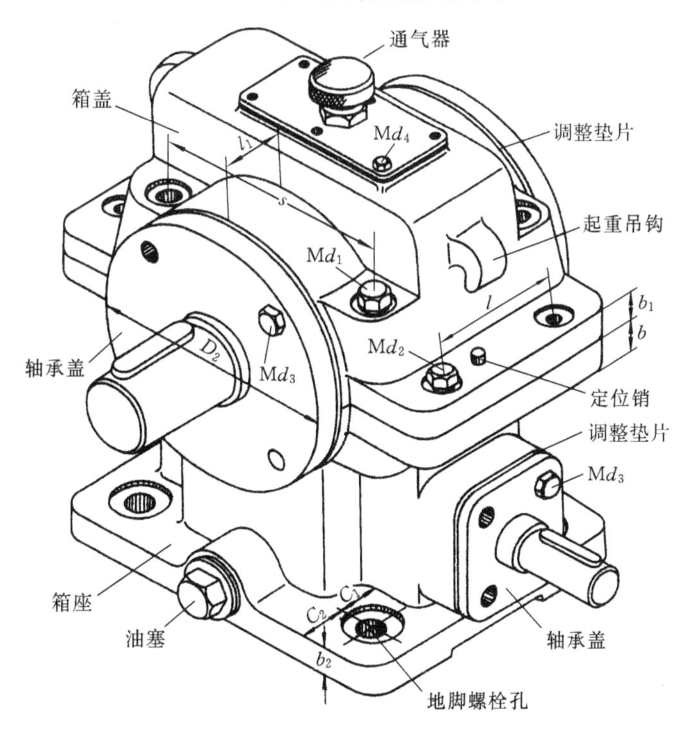

图 4-4 常见蜗杆减速器结构

表 4-4　减速器轴承端盖与轴承套杯结构尺寸

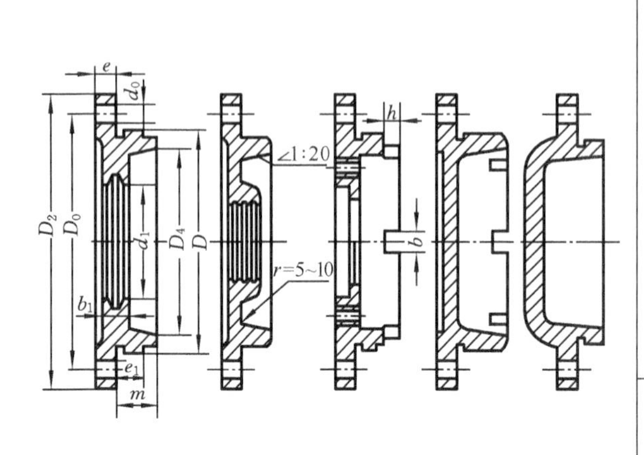

螺钉连接外装式轴承盖

$d_0=d_3+1$ mm

d_3—轴承盖连接螺栓直径

$D_0=D+2.5d_3$

$D_2=D+5d_3$

$e=1.2d_3$

$e_1\geqslant e$

m 由结构确定

$D_4=D-(10\sim15)$mm

d_1、b_1 由密封件尺寸(见附录 I)确定

$b=5\sim10$,$h=(0.8\sim1)b$

轴承外径 D	螺钉直径 d_3	螺钉数
45～65	6	4
70～100	8	4
110～140	10	6
150～230	12～16	6

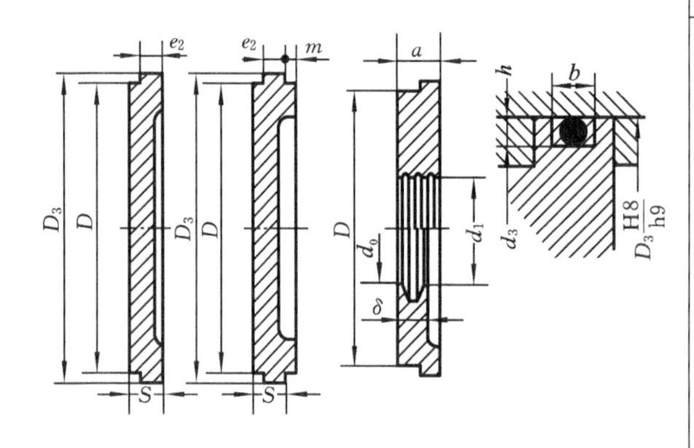

嵌入式轴承盖

$e_2=5\sim8$ mm

$S=10\sim15$ mm

m 由结构确定

$D_3=D+e_2$,装有 O 形橡胶密封圈的,按 O 形橡胶密封圈外径取 d_1、d_0、a、δ 由密封件尺寸(见附录 I)确定

装有 O 形橡胶密封圈的沟槽尺寸(b、h 等)见附录表 I-2

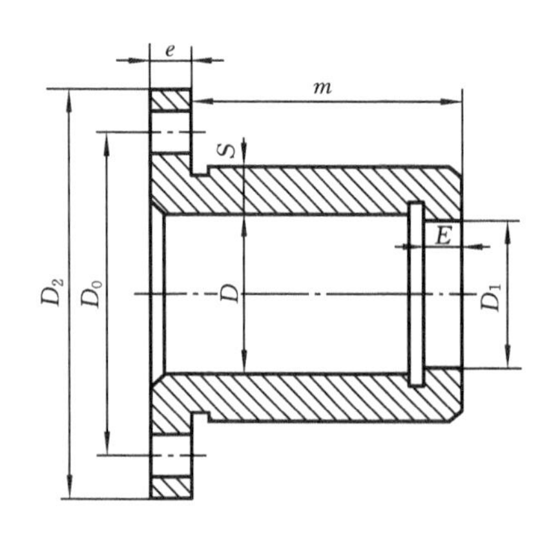

轴承套杯(一般在锥齿轮减速器中使用)

$S=7\sim12$ mm

$E\approx e\approx S$

$D_0=D+2S+2.5d_3$

$D_2=D_0+2.5d_3$

m 由结构确定

D_a 由轴承安装尺寸确定(见附录 G)

D—轴承外径

注:材料为 HT150。

4.3 减速器装配图设计的第一阶段

这一阶段的主要工作：确定减速器内各传动零件的轮廓位置，进行轴的结构设计，确定轴承型号和位置，确定轴承的支点距离和轴系上作用力的作用点，并校核轴、键的强度和计算轴承的寿命。

画图时从箱体内的传动零件画起，由内向外，内外兼顾。下面分别以圆柱齿轮减速器、圆锥-圆柱齿轮减速器和蜗杆减速器为例，说明减速器装配图设计第一阶段的绘制步骤。

4.3.1 圆柱齿轮减速器

圆柱齿轮设计时，根据传动装置的运动简图和计算得到的齿轮直径、中心距等尺寸，参考同类设计图样，估计出减速器外形尺寸以及标题栏、明细栏、技术要求、尺寸标注等所需要的图面大小，合理布置视图，如图 4-1 所示。绘图先从主视图和俯视图入手，确定箱体结构时再补齐三个视图，必要时可增加局部视图。

1. 画出传动零件的中心线

根据视图布置，先画主视图的各级传动零件的中心线(即各轴的轴线)，然后画俯视图的各中心线(见图 4-5、图 4-6)。

2. 画出齿轮的轮廓

先在主视图上画出各齿轮的分度圆和大齿轮的齿顶圆，然后在俯视图上画出各齿轮的分度圆大齿轮的齿顶圆和齿宽。为了确保啮合宽度和降低安装精确度的要求，通常小齿轮比大齿轮宽 5～10 mm。其他详细结构可暂时不画出(见图 4-5、图 4-6)。双级圆柱齿轮减速器可以从中间轴开始画，中间轴上的两个齿轮端面间距为 Δ_4。若中间轴上的小齿轮是齿轮轴，则可在小齿轮设计宽度的基础上再加宽 Δ_4，作为中间轴上大齿轮的轴向定位用的轴肩。

3. 画出箱体的内壁线

箱体内壁与传动件应有一定的间距，以防止传动件在装配和工作时与箱体碰触。考虑到铸造箱体有铸造斜度等原因，齿轮的齿顶圆和小齿轮端面至箱体内壁应留有适当的间隙 Δ_1、Δ_2(Δ_1、Δ_2的值见表 4-2)。

先在主视图上，距大齿轮齿顶圆 Δ_1的距离处画出箱盖的部分内壁线(若表 4-1 中箱座壁厚 δ 和箱盖壁厚 δ_1 不等，为保证箱盖和箱座的外壁在同一平面上，则此处的 Δ_1 值应为 $\Delta_1+(\delta-\delta_1)$)，以内壁线为基准加上箱盖壁厚 δ_1画出箱盖的部分外壁线。然后在俯视图上，按小齿轮端面与箱体内壁间的距离 Δ_2的值画出沿箱体长度方向的两条内壁线，沿箱体宽度方向画出距低速级大齿轮齿顶圆为 Δ_1值的一侧内壁线。而高速级小齿轮一侧的内壁涉及轴承旁连接螺栓的布置和凸台的尺寸等因素的影响，其位置须在主视图上确定出轴承旁连接螺栓的布置和凸台的尺寸后再按投影关系确定。

4. 确定箱体轴承座孔端面位置

根据表 4-1、表 4-2 和表 4-3 确定出的箱体内壁至轴承座孔外端面的距离 L_1即可画出箱体轴承座孔外端面线，如图 4-5 和图 4-6 所示。

5. 轴的结构设计

轴的结构主要取决于轴上零件、轴承的布置，润滑和密封等要求，同时要满足轴上零件有

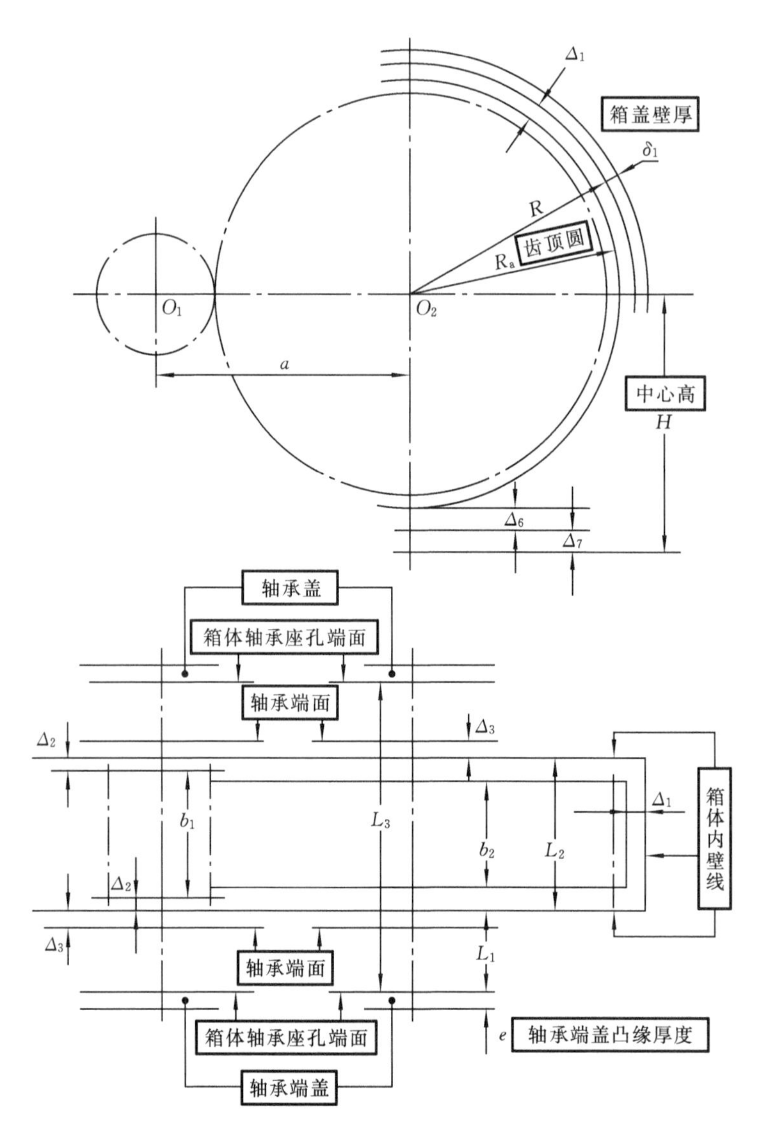

图 4-5　一级圆柱齿轮减速器草图设计第一阶段

准确的定位和可靠的固定、装拆方便、加工容易等条件。一般将轴设计成阶梯轴，如图 4-7 所示。轴的结构设计主要是根据轴上零件的装配方案确定出轴的形状、轴的径向尺寸和轴向尺寸。

1）**拟订轴上零件的装配方案**

拟订轴上零件的装配方案是进行轴的结构设计的前提，它决定着轴的结构形式。拟订轴上零件的装配方案就是预定出轴上主要零件的装配方向、顺序和相互关系。例如，图 4-7 所示的轴上零件的装配方案：齿轮、左侧挡油环、轴承、轴承端盖、带轮依次从轴的左端向右安装；右侧挡油环、轴承、轴承端盖依次从轴的右端向左安装。这样就初步确定了各轴段的轴径大小关系。拟订装配方案时，一般应考虑几个方案，进行分析比较与选择。

2）**确定轴的径向尺寸**

以初步确定的轴径为最小轴径，根据轴上零件的受力、安装、固定及加工要求，考虑联轴器选择、轴承选择、轴的强度、轴上零件定位和固定，以及便于加工和装配等条件，确定轴的各段径向尺寸。

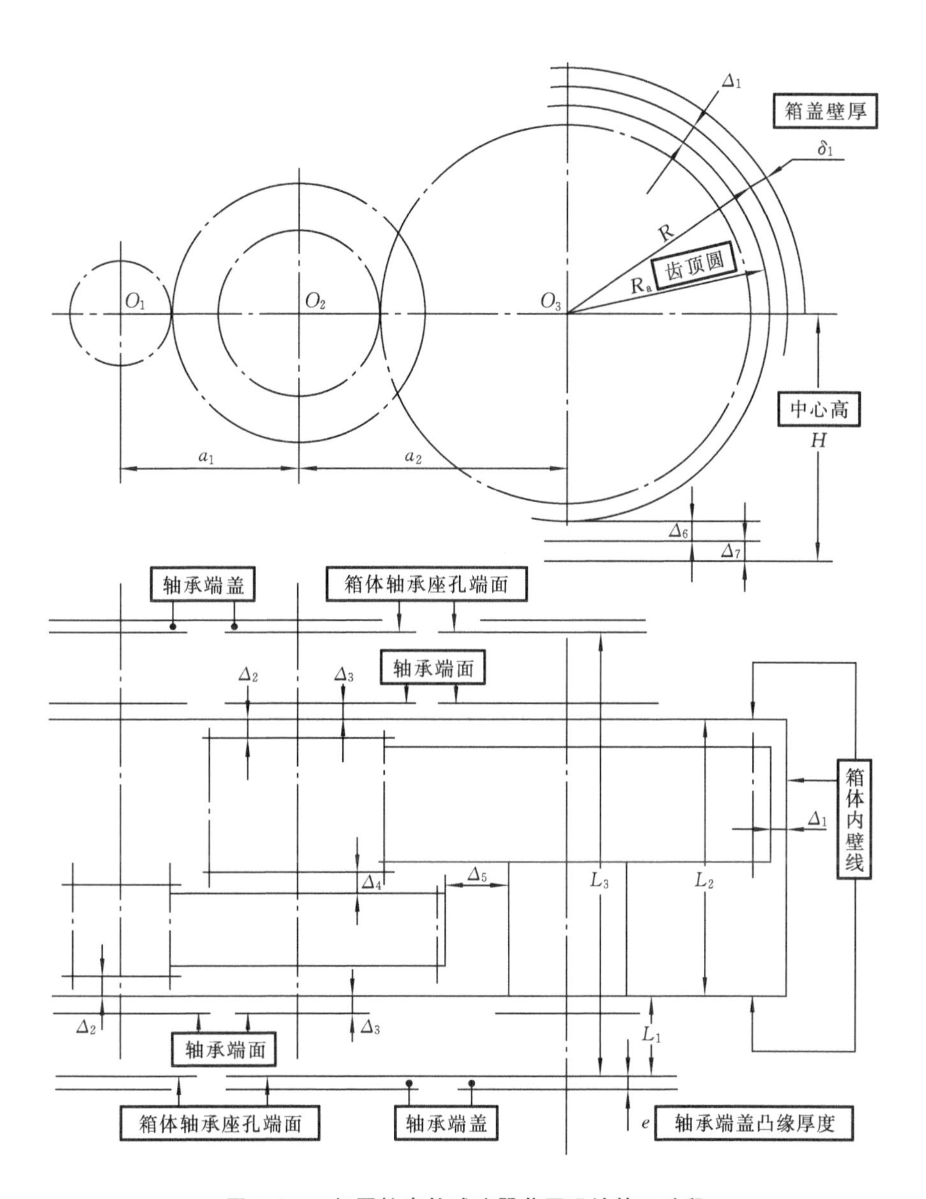

图 4-6　二级圆柱齿轮减速器草图设计第一阶段

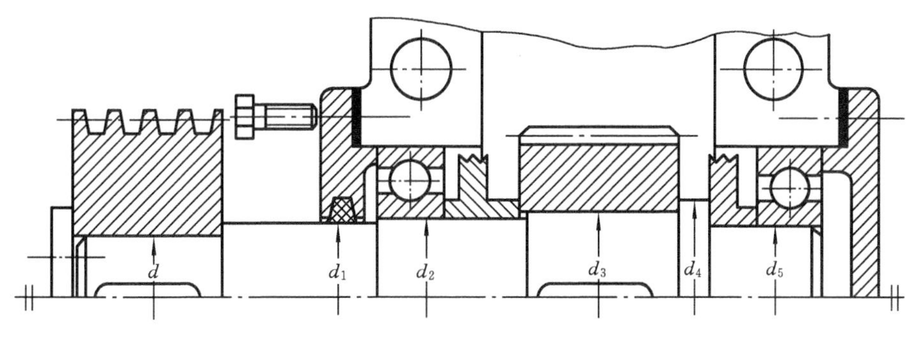

图 4-7　轴的结构

(1) 初选最小轴径。首先可按满足扭转强度的计算方法初估最小轴径,若最小轴径的轴段上有键槽,考虑键槽将削弱轴的强度,在初估轴径的基础上将轴径加大5%~10%,再按GB/T 2822—2005(表A-4)圆整后作为最小轴径。但最小轴径轴段若与联轴器、滚动轴承等标准件相配时,则需要与其配合的标准件的孔径相适应。

① 滚动轴承的选择　选择滚动轴承主要是确定滚动轴承的基本代号。

首先按照载荷的大小、方向、性质及轴的转速选择轴承的类型。直齿圆柱齿轮减速器优先选用深沟球轴承;斜齿圆柱齿轮或圆锥齿轮优先选用角接触球轴承,当载荷不平稳或载荷较大时宜选用圆锥滚子轴承;蜗杆减速器一般选用角接触球轴承或圆锥滚子轴承。

直径和宽度系列一般可先按中等宽度选取。

轴承内径根据计算轴径并考虑轴承的标准孔径后确定,经过轴承计算,可确定轴颈处的直径。

同一轴上的一对轴承应尽量选用同一型号的轴承,以便两个轴承孔能一次加工出来,以保证两孔的同轴度要求。

② 联轴器的选择　常用联轴器已标准化,选择联轴器主要是确定联轴器的类型和型号。

联轴器的类型应根据使用要求和性能要求来选择。通常,在转速较高或有振动、冲击时,可选弹性联轴器,如连接电动机轴与减速器高速轴之间的联轴器。对于转速较高的轴,为减小启动载荷、缓和冲击,宜选用弹性套柱销联轴器或弹性柱销联轴器;对于低速、刚度大的短轴,可选用固定式刚性联轴器;对于低速、刚度小的长轴,要求有较大的轴线偏移补偿时,可选用可移式刚性联轴器。在选择连接减速器输出轴与工作机之间的联轴器时,由于轴的转速较低,传递转矩较大,同时因为减速器与工作机常不在同一机座上,要求有较大的轴线偏移补偿,因此常选用承载能力较高的鼓形齿式联轴器、十字滑块联轴器等。

由于类型选择涉及因素较多,一般可按类比法进行选择。

联轴器的型号按计算转矩、轴的转速和轴径来选择。要求所选联轴器的许用转矩大于计算转矩、许用转速大于轴的转速;联轴器的轴孔直径应与所连接两轴的直径大小相适应,若不适应,则应重新选择联轴器的型号或改变轴径。

(2) 轴肩尺寸。为了满足各轴段不同的使用要求,轴一般制成阶梯状,其径向尺寸逐段变化。轴上零件的定位和固定以及减少轴的应力集中等要求是决定相邻轴径大小变化的重要因素。轴肩分为定位轴肩和非定位轴肩。定位轴肩是为了固定轴上零件和承受轴向力而设置的,当配合处轴径小于80 mm时,定位轴肩的定位面高度一般应比零件孔的倒角C_1或圆角半径R_1(见表A-5)大1~2 mm,即相邻轴径的直径一般相差6~10 mm。滚动轴承的定位轴肩高度必须低于轴承内圈端面的高度,以便于滚动轴承的拆装,滚动轴承定位轴肩的高度可查滚动轴承标准中的安装尺寸(见表G-1至表G-5)。非定位轴肩是为了加工和装配方便而设置的,其高度没有严格的规定,一般取为1~2 mm,主要由结构需要确定。

(3) 配合轴段的尺寸。与轴上零件相配的各段轴径,应尽量取标准直径系列值(见表A-4),如安装齿轮、带轮等处的轴段;轴上装标准件处的轴段直径应根据标准件取相应的标准值,如安装联轴器、滚动轴承、密封件等处的轴段。

轴的外伸端可为圆柱形,圆柱形轴端制造简单,适用于单件和小批生产。当生产批量较大时,轴的外伸端可采用圆锥形。圆锥形轴端装拆零件方便,定位精度高,且用锥形即可实现轴上零件的轴向定位而不需轴肩。

3) 确定轴的轴向尺寸

选择轴的轴向尺寸时,应考虑轴上传动零件的轴向尺寸和轴向位置,并应有利于提高轴的强度和刚度，一般应注意以下几点。

(1) 保证传动件在轴上定位可靠。与传动件配合的轴段长度，应由与其配合的轮毂宽度确定。为使轴上零件的固定可靠，该轴段的配合长度应比其上的零件的轮毂宽度稍短，即轴段长度小于轮毂宽度 2～3 mm。当轴的外伸段上安装联轴器、带轮、链轮或齿轮时，也需同样处理。当轴上传动件采用平键连接做周向固定时，平键的长度应短于该轴段长度 5～10 mm，键长要圆整为标准值(见表 E-1 中 L 的系列)。为便于安装时轮毂上的键槽与轴上的键对准，键端距传动件装入一侧轴端的距离一般为 2～5 mm。

(2) 轴承的位置应适当。为减少轴的弯矩，提高轴的强度和刚度，轴承应尽量靠近传动件。当轴上传动件都在两轴承之间时，应尽量减小两轴承支点跨距。若轴上传动件采用的是悬臂布置形式(见图 4-8(a)、(b)、(c))，则应有一侧轴承尽量靠近传动件以减小悬臂长度，如图 4-8(b)所示。还可把力的作用点移到两轴承之间，如图 4-8(d)所示，这样轴的受力相当于简支梁结构。

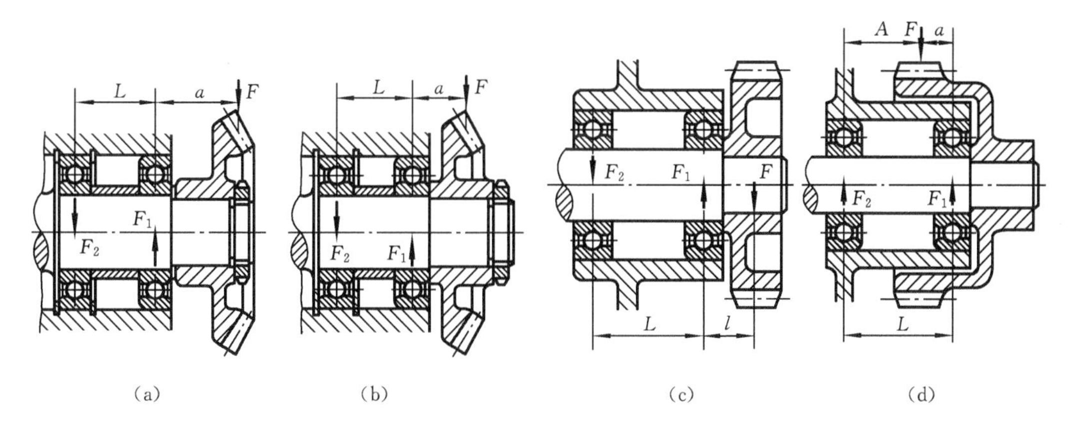

图 4-8　轴承和传动件的布置形式

轴承的位置还与润滑方式有关。当轴承依靠箱内润滑油飞溅润滑时，轴承应尽可能靠近箱体内壁，如图 4-9(a)所示。当轴承采用脂润滑时，为了防止箱内润滑油飞溅与轴承中的润滑脂混合，需要在轴承前端设置挡油环，如图 4-9(b)所示。轴承内侧距箱体内壁应符合 Δ_3 的尺寸要求。

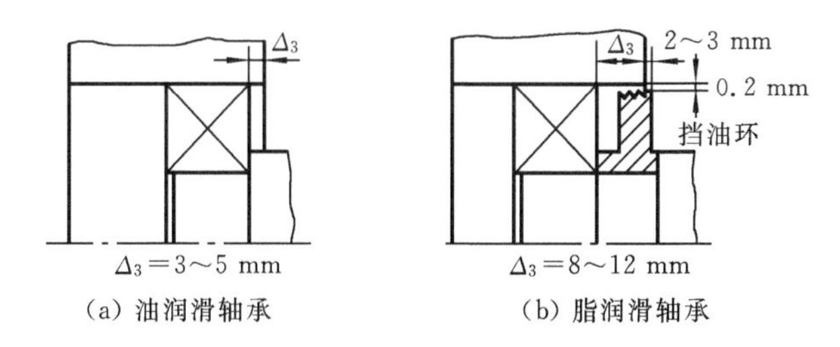

图 4-9　轴承的位置

(3) 轴在箱体轴承座孔中长度的确定。轴在箱体轴承座孔中的长度等于轴承座孔的宽度 L_1，轴承座孔的宽度 L_1 取决于箱座壁厚 δ、轴承旁连接螺栓(Md_1)所需的扳手空间尺寸 C_1、C_2(对中间剖分式箱体)和为减少轴承座孔外端面加工面形成的凸台高度 5～10 mm，如图 4-10 所示。轴承座孔的宽度 $L_1=\delta+C_1+C_2+(5\sim10)$mm(见图 4-5 和图 4-6)。

(4) 外伸轴的轴向定位端面至轴承盖的距离 L' 的确定。如图 4-11 所示，L' 与外伸轴段上的零件和轴承端盖的结构有关。外伸轴段上的零件端面距轴承端盖的距离为 B，如外伸轴段上安装弹性套柱销联轴器，为了避免更换弹性套时拆移机器，确定 L' 时，B 应满足弹性套柱销的装拆条件（见图 4-11(b)，其值可参考表 C-9）；如采用凸缘式轴承端盖，则 B 值应不小于轴承端盖连接螺钉的长度（见图 4-11(a)）。对于中小型减速器，一般可取 $L'\geqslant(15\sim20)$ mm。如果轴端零件的轮廓外径小于轴承端盖螺钉布置直径或用嵌入式轴承盖时，因不涉及螺钉的拆卸空间问题，为防止发生运动干涉，则 L' 可取 5～10 mm。

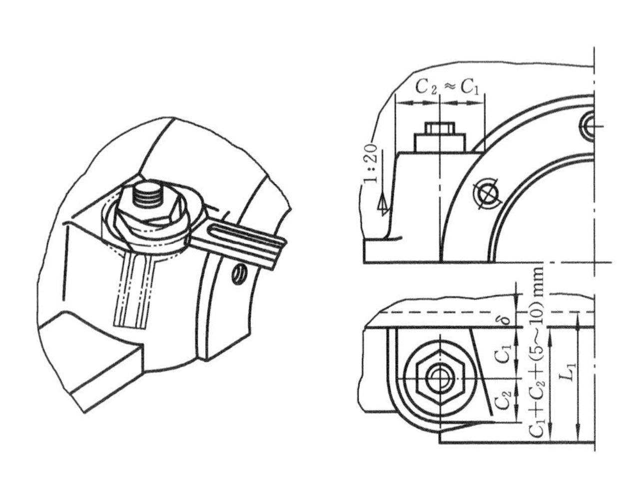

图 4-10　轴承座端面位置的确定

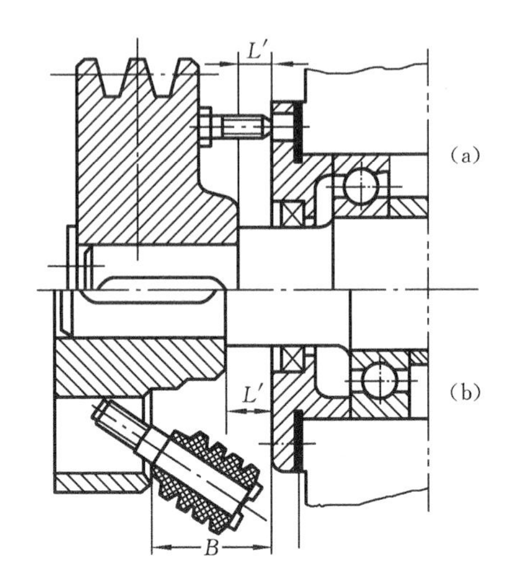

图 4-11　外伸轴的轴向定位端面至轴承盖的距离

6. 画出轴、滚动轴承和轴承端盖的外轮廓

按以上步骤可以初步绘出减速器装配草图（见图 4-12）。所谓草图，是指只画出各零件的主要轮廓，而不需要表示出零件的细节，但图中各部分尺寸一定要准确（严格按比例尺绘制）的图样。在减速器装配草图上，可表达出轴的结构和尺寸，为轴、键的强度校核和轴承的寿命计

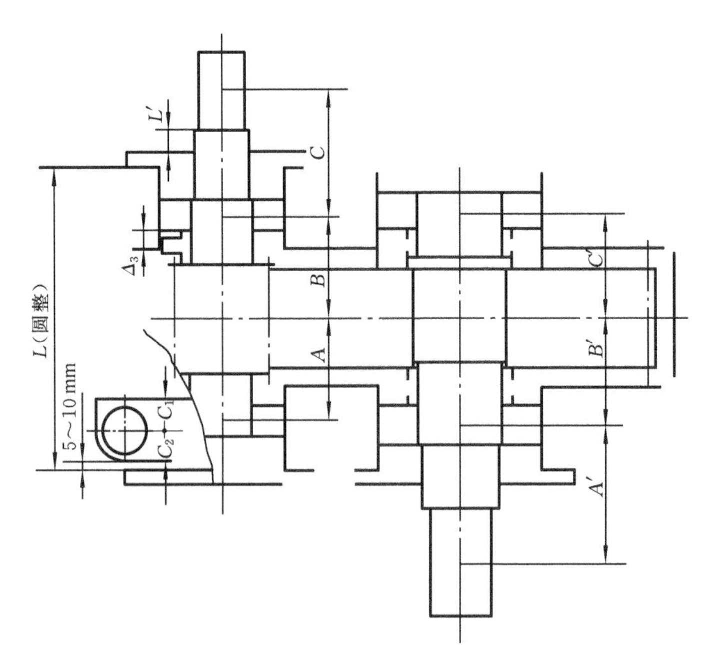

图 4-12　一级圆柱齿轮减速器装配草图第一阶段俯视图

算等提供数据。图 4-12 中的 A、B、C(A'、B'、C')为轴上各受力点之间的距离。轴上传动零件受力可当做集中力作用于零件轮缘的中部。同样,轴承反力也可当做集中力,其反力作用点的位置可近似取在轴承宽度的中点(如需精确计算,圆锥滚子轴承、角接触球轴承的反力作用点可查表 G-2、表 G-3,或查轴承手册)。

4.3.2 圆锥-圆柱齿轮减速器

圆锥-圆柱齿轮减速器中的小锥齿轮安装在高速级轴上,中间轴上为大锥齿轮和圆柱小齿轮,低速级轴上是圆柱大齿轮。由于中间轴上的大锥齿轮有轴向力,中间轴上的另一圆柱小齿轮通常选用斜齿轮,通过选用斜齿轮的螺旋线旋向使斜齿轮的轴向力与锥齿轮的轴向力的方向相反,用以抵消两齿轮的部分轴向力。

圆锥-圆柱齿轮减速器装配图的设计内容及绘图步骤与圆柱齿轮减速器大致相同,但也有些不同之处。因此,设计前除需要了解圆柱齿轮减速器装配图设计的要求外,还应掌握圆锥-圆柱齿轮减速器的设计特点。

有关锥齿轮减速器、圆锥-圆柱齿轮减速器的箱体的结构与尺寸,可参考图 4-3、图 4-13 和表 4-1。现以圆锥-圆柱齿轮减速器装配图设计为例,着重介绍这类减速器设计特点。

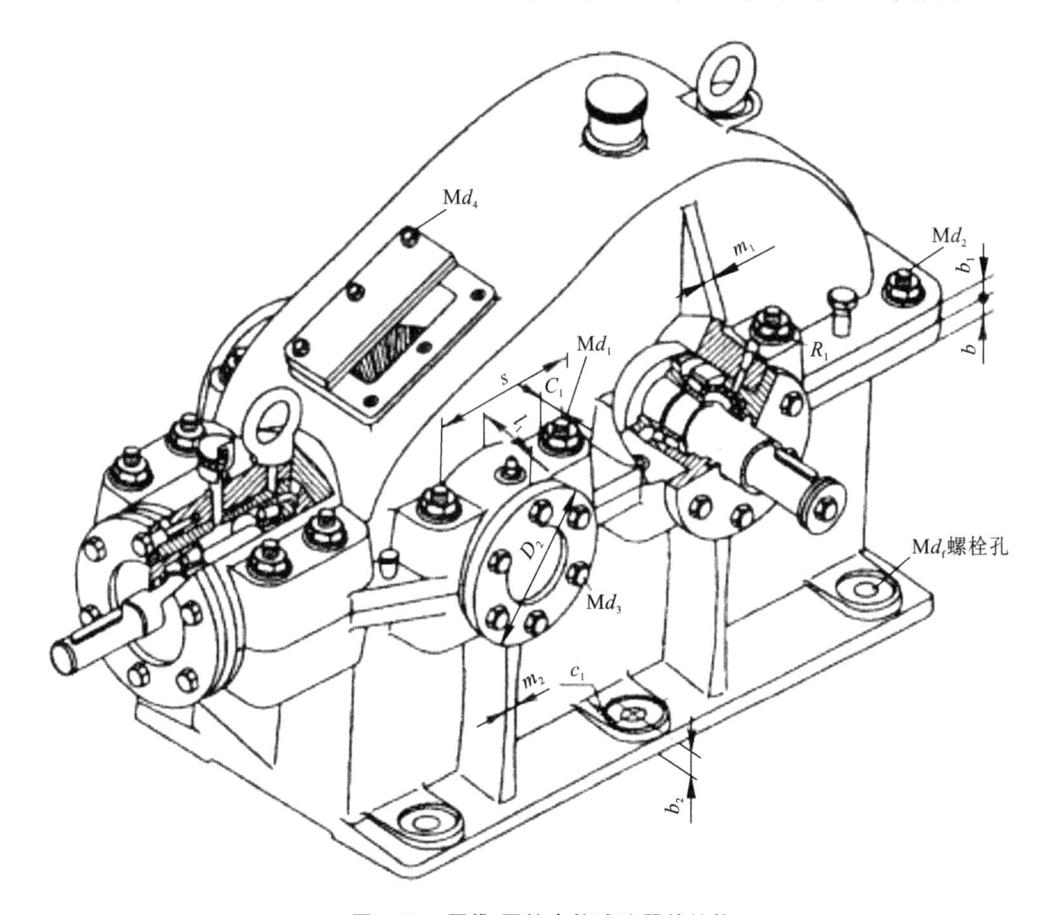

图 4-13 圆锥-圆柱齿轮减速器的结构

1. 确定齿轮、箱体内壁和轴承座外端面位置

(1) 画出齿轮的中心线。如图 4-14 所示,在相应视图上,首先画出小锥齿轮的轴线(整个减速器箱体要关于小锥齿轮轴线对称),根据计算所得锥齿轮传动的锥距和分度圆锥角得到

大、小锥齿轮啮合的锥顶点 O_1，过 O_1 作小锥齿轮轴线的垂线，即得到大锥齿轮的轴线(即小圆柱齿轮的轴线)，再根据圆柱齿轮传动的中心距画出大圆柱齿轮的轴线。

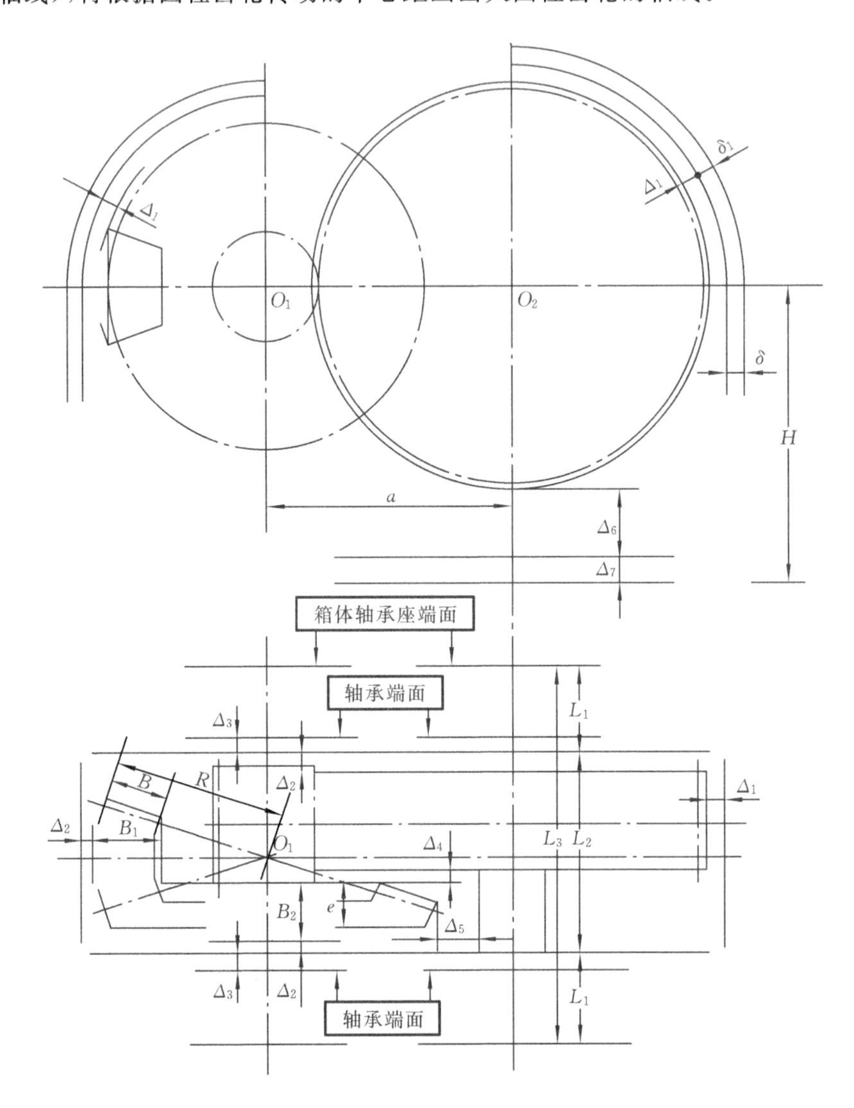

图 4-14　圆锥-圆柱齿轮减速器草图设计第一阶段(开始)

(2) 画出锥齿轮的轮廓。根据传动件强度计算所得的几何尺寸，画出锥齿轮的轮廓。初估大锥齿轮的轮毂宽度，取 $B_2 \approx (1\sim1.2)d$(确定轴径后，必要时再对 B_2 加以调整)。画图确定锥齿轮轮廓时，根据计算得到的分度圆锥角，通过点 O_1 画出两锥齿轮的分度圆锥母线，在两锥齿轮的分度母线上，自点 O_1 量取锥距 R，所得到的点即为两锥齿轮的大端所在位置，通过大端所在位置作分度圆锥母线的垂线，在垂线上截取齿顶高 h_a 和齿根高 h_f，作出齿顶圆锥和齿根圆锥母线，然后从大端沿分度圆锥母线向两锥齿轮轴线交点方向截取齿宽 B，最后画出两锥齿轮的初估轮毂宽度。锥齿轮传动设计时要注意的是:不等顶隙锥齿轮的齿顶圆锥、齿根圆锥和分度圆锥具有同一锥顶点;等顶隙锥齿轮的齿根圆锥和分度圆锥共锥顶，但齿顶圆锥(其母线与另一轮的齿根圆锥母线平行)并不与分度圆锥共锥顶。

(3) 画出箱体内壁线和圆柱齿轮的轮廓。锥齿轮的轮廓确定后，可按表 4-2 推荐的 Δ_2 值，画出两锥齿轮大端一侧的箱体内壁线。为了能使中间轴和低速轴掉头安装以改变输出轴位置，一般将圆锥-圆柱齿轮减速器设计成关于小锥齿轮轴对称的结构。因此，当大锥齿轮一侧内壁线确定后，可以小锥齿轮轴线为对称轴画出另一侧内壁线，再根据此内壁线和Δ_2确定中间轴上小圆柱齿轮端面位置，然后画出低速级圆柱齿轮的轮廓（注意，小圆柱齿轮的齿宽较大圆柱齿轮的齿宽大 5～10 mm）。最后画出距大圆柱齿轮齿顶圆距离为Δ_1一侧的内壁线。

需要注意的是，在画大圆柱齿轮轮廓时，应使大圆柱齿轮端面和大锥齿轮端面间有一定的距离Δ_4。若间距太小，可适当加宽箱体，但必须两侧同时加宽以保证箱体对称于小锥齿轮轴线。同时，应注意大锥齿轮与低速轴间要保证一定的间距Δ_5以防止发生运动干涉。

(4) 确定箱体轴承座外端面位置和轴承内端面位置。可参照表 4-1、表 4-2 和表 4-3 确定，但对小锥齿轮轴承座的结构需要在设计该轴系结构部件时再具体考虑。

2. 设计轴的结构

确定了齿轮和箱体内壁线、轴承座端面位置后，即可进行各轴的结构设计，具体设计方法与圆柱齿轮减速器轴系结构设计基本相同。

3. 小锥齿轮轴系部件设计

为了保证锥齿轮传动的啮合精度，装配时需要调整大、小锥齿轮的轴向位置，使两轮锥顶重合。因此，小锥齿轮轴和轴承通常安装在套杯内，用套杯凸缘内端面与轴承座外端面之间的一组垫片调整小锥齿轮的轴向位置，如图 4-15 所示。小锥齿轮轴系部件设计时应注意以下几个方面。

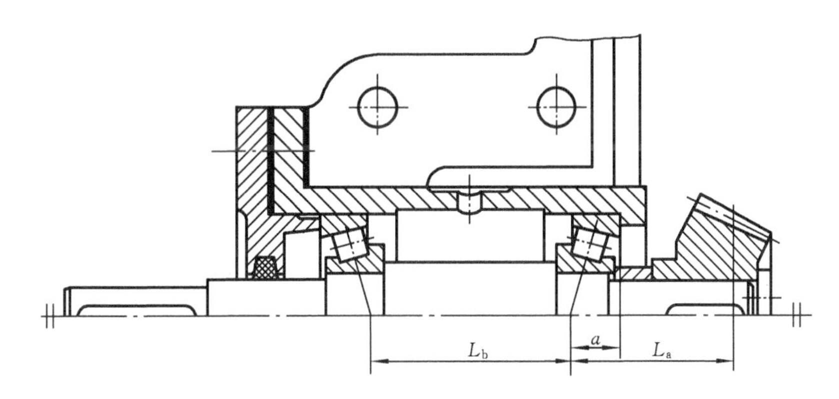

图 4-15　锥齿轮的轴系结构之一

1) 小锥齿轮的悬臂长度和轴的支承跨距

相啮合的一对锥齿轮一般有一个齿轮需悬臂布置，通常将小锥齿轮做成悬臂结构，如图 4-15 所示（图中 a 为轴承压力中心，见附表 G-2、G-3 或轴承手册）。为了使悬臂轴系具有较大的刚度，轴承支点的距离不宜过小，一般取轴承跨距$L_b \approx 2L_a$或$L_b \approx 2.5d$（L_a为锥齿轮齿宽中点到轴承压力中心的距离，即悬臂长度；d 为轴承内径）。为使轴系轴向尺寸紧凑，设计时应尽量减小悬臂长度L_a。

2) 轴的支承结构

小锥齿轮轴较短，常采用两端固定式支承结构。对于圆锥滚子轴承或角接触球轴承，轴承有正装和反装两种不同的固定方法。轴承的固定方法不同，轴的刚度也不同。与轴承正装相比，轴承反装时轴的刚度较大。

轴承外圈窄边相对安装即称为正装，如图 4-15、图 4-16 所示。轴承的固定方法随小圆锥齿轮与轴的结构关系而异。图 4-15 所示为锥齿轮与轴分开制造时轴承的固定方法，轴承的内、外圈都只固定一个端面，即轴承内圈靠轴肩固定，外圈靠轴承盖的端面和套杯凸肩固定。

采用这种结构时,轴承拆装方便。该结构适用于小锥齿轮齿顶圆直径大于套杯凸肩孔径的场合。图 4-16 所示为小锥齿轮与轴一体,制成齿轮轴的结构,适用于小锥齿轮齿顶圆直径小于套杯凸肩孔径的场合,这种结构便于轴承在套杯外进行安装。轴承游隙用轴承端盖与套杯间的垫片来调整。

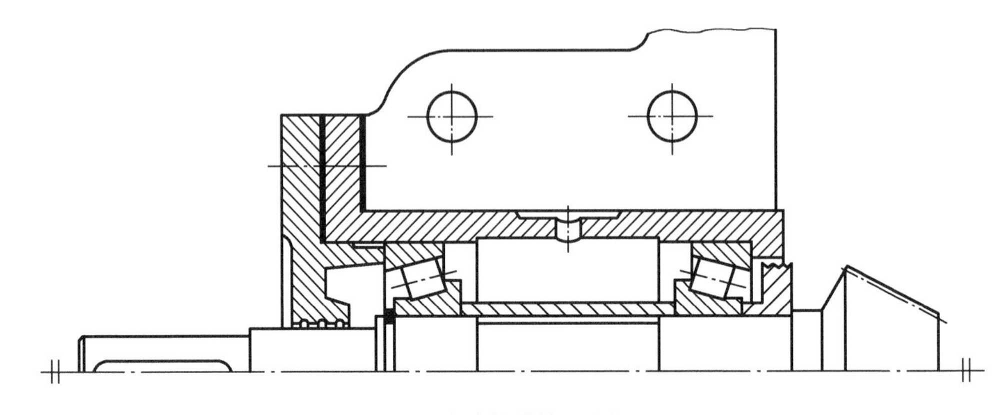

图 4-16 锥齿轮的轴系结构之二

两轴承宽边相对的安装称为反装,如图 4-17 所示。采用轴承反装结构可使轴承支点跨距 L_b增大,而齿轮的悬臂长度 L_a减小。因此,反装方案能提高悬臂轴系的刚度,但反装结构中靠近锥齿轮的轴承除了要承受锥齿轮的轴向力,还要受较大的径向力,同时反装结构轴承安装不方便,轴承游隙靠圆螺母调整也不方便,故应用较少。

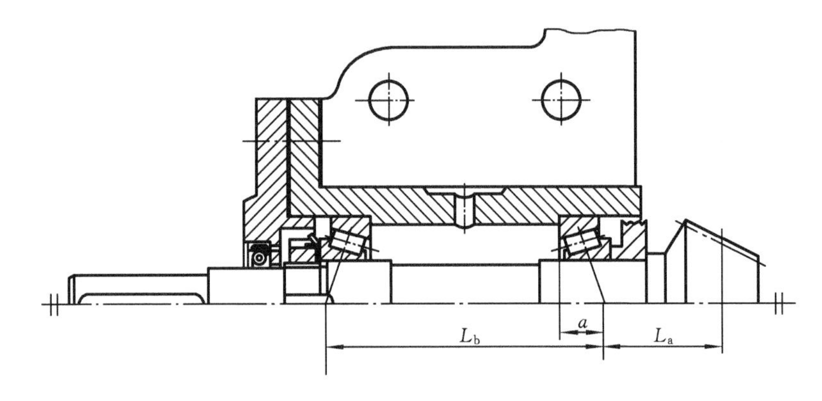

图 4-17 锥齿轮的轴系结构之三

3) 轴承套杯结构

如前所述,为便于调整小锥齿轮的轴向位置和固定轴承外圈,一般将小锥齿轮轴系部件做成一个独立的单元,即套杯结构。具体的轴承套杯结构可根据轴承配置方案及锥齿轮与轴是否一体等确定。套杯常用铸铁制造,设计套杯时,结构尺寸可参考表 4-4。

图 4-15 至图 4-21 所示为各种常见小锥齿轮套杯结构。其中,图 4-18 所示为轴承承受较大径向载荷时,用短圆柱滚子轴承承受径向力、用向心球轴承承受轴向力(向心球轴承的外圈不应与套杯的孔接触,以免承受径向力)的结构。

图 4-19 所示为短套杯结构,轴承一端固定、一端游动,结构简单,装配方便。

图 4-20 所示为将套杯与箱体的一部分制成一体,成为独立部件的结构,可以减小箱体长度,简化箱体结构。采用这种结构时应注意套杯刚度,可取套杯上轴承座处厚度不小于 1.5 倍箱体壁厚 δ,并增加支承肋。

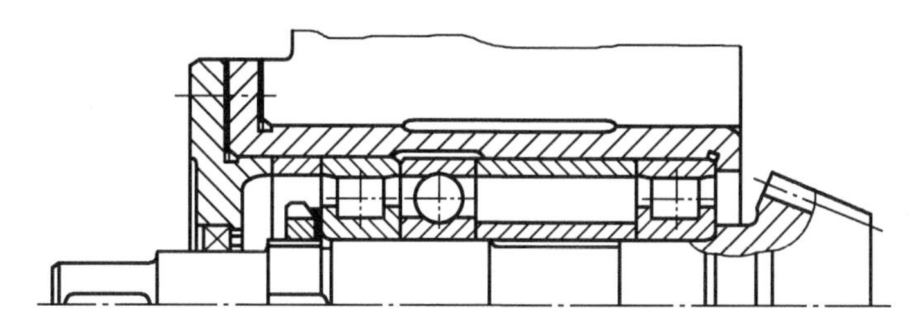

图 4-18　锥齿轮的轴系结构之四

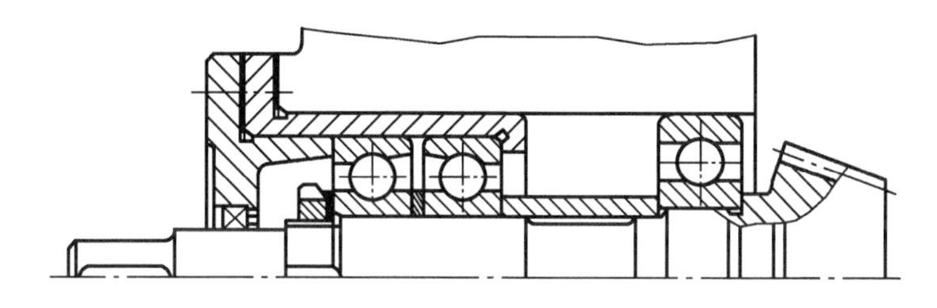

图 4-19　锥齿轮的轴系结构之五

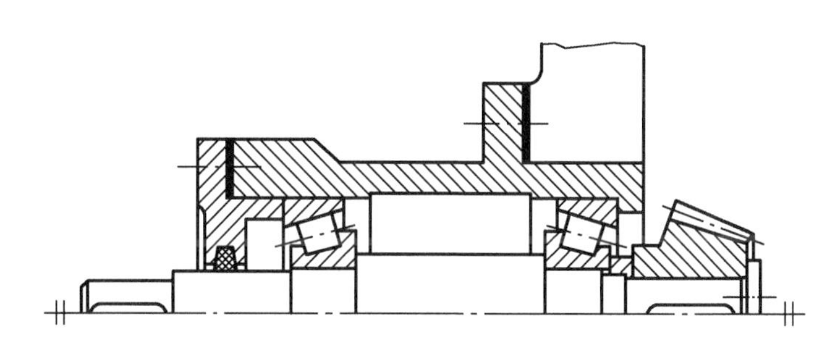

图 4-20　锥齿轮的轴系结构之六

为了改善锥齿轮的啮合性能,可将小锥齿轮轴设计成双支点结构,如图 4-21 所示。在箱体内设计一个轴承座,以提高小锥齿轮轴的刚度。这种结构缩短了箱体外伸长度,但制造较复杂,设计时还应注意不能使箱体内部轴承座与大锥齿轮发生干涉。

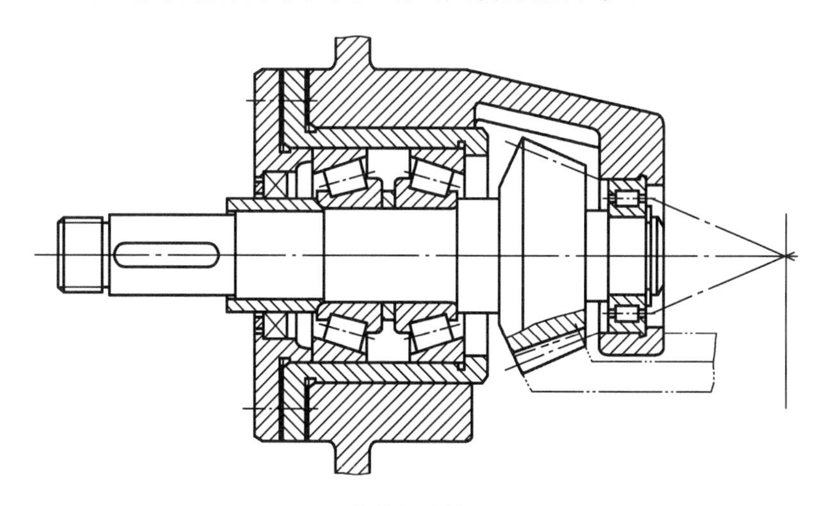

图 4-21　锥齿轮的轴系结构之七

图 4-22 所示为圆锥-圆柱齿轮减速器装配草图设计的基本内容，结合主视图和俯视图，按照与双级圆柱齿轮减速器相同的方法，即可确定箱体细部结构和附件结构。

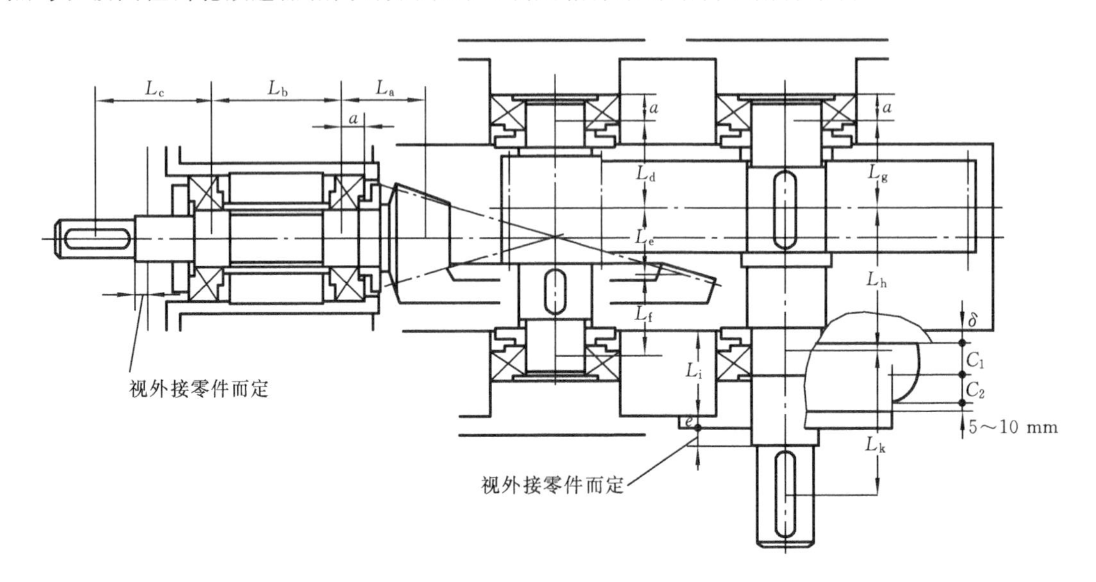

图 4-22　圆锥-圆柱齿轮减速器装配草图设计第一阶段(完成)

4.3.3　蜗杆减速器

蜗杆减速器装配草图的设计方法和步骤与圆柱齿轮减速器的基本相同。由于蜗杆与蜗轮的轴线呈空间交错，画装配草图时需要同时绘制主视图和左视图，以表达出蜗杆轴和蜗轮轴的结构。

蜗杆减速器有蜗杆上置式和蜗杆下置式两种布置方式。一般由蜗杆的圆周速度确定蜗杆传动的布置方式，布置方式将影响其轴承的润滑。当蜗杆圆周速度小于等于 5 m/s 时，通常将蜗杆布置在蜗轮的下方(称为蜗杆下置式)，这时蜗杆轴承靠油池中的润滑油润滑，比较方便。当蜗杆圆周速度大于 5 m/s 时，为减小搅油损失，常将蜗杆置于蜗轮的上方(称为蜗杆上置式)，蜗轮顶圆至箱底距离为 30～50 mm，此时蜗杆及轴承润滑较麻烦。因此，为了润滑方便，一般限制蜗杆减速器电动机转速以保证蜗杆的圆周速度，满足蜗杆下置条件。

现以下置式蜗杆减速器为例，简述蜗杆减速器装配图设计特点。

1. 按蜗轮外圆确定箱体外壁和蜗杆轴承座内端面位置

(1) 确定传动件的中心线及轮廓和箱体内、外壁位置。在主视图、左视图上画出蜗杆、蜗轮中心线后按计算所得的传动件尺寸数据画出蜗杆和蜗轮的轮廓，如图 4-23 所示。再按表 4-1、表 4-2 推荐的 δ 和 Δ_1、Δ_2 值，在主视图和左视图上根据蜗轮尺寸确定箱体内壁和外壁位置。

(2) 布置轴承位置。为了提高蜗杆轴的刚度，应使轴承支承跨距尽量小。因此，蜗杆轴承座常伸到箱体内。在主视图上取蜗杆轴承座外凸台的凸出高度为 5～10 mm(凸出是为了减少轴承座外端面的加工面)，定出蜗杆轴承外端面位置，如图 4-23 所示。轴承座的外径与轴承盖外径 D_2 相同(D_2 值按表 4-1 确定)。设计时应使轴承座内伸端与蜗轮外圆之间保持适当距离 Δ_1。为使轴承座尽量内伸，可将轴承座内伸端沿蜗轮外圆制成斜面，并使斜面端部保持一定厚度，一般取其厚度约为内伸轴承座壁厚的 40%，即可确定轴承座内端面位置。为提高轴承座刚度，在轴承座内伸端面的下面还应加支承肋。

2. 按蜗杆轴承座尺寸确定箱体宽度及蜗轮轴承座位置

根据初选的蜗杆轴承，可确定蜗杆轴承座外端面外径，如图 4-23 所示。通常取蜗杆减速器箱体宽度 B_2 等于蜗杆轴承座外端面外径，即 $B_2 \approx D_2$。由此可确定蜗轮蜗杆减速器箱体宽度方向的外壁和内壁线的位置，再按表 4-2 取蜗轮轴承座宽度 L_1，即可确定蜗轮轴承座外端面位置。由箱体内壁间距 L_2 可确定蜗轮轮毂宽度，进而确定蜗轮安装处轴径，即可进行蜗轮结构设计。有时为了缩小蜗轮轴支点距离和提高刚度，也可以使箱体内壁间距 L_2 略小于 D_2。

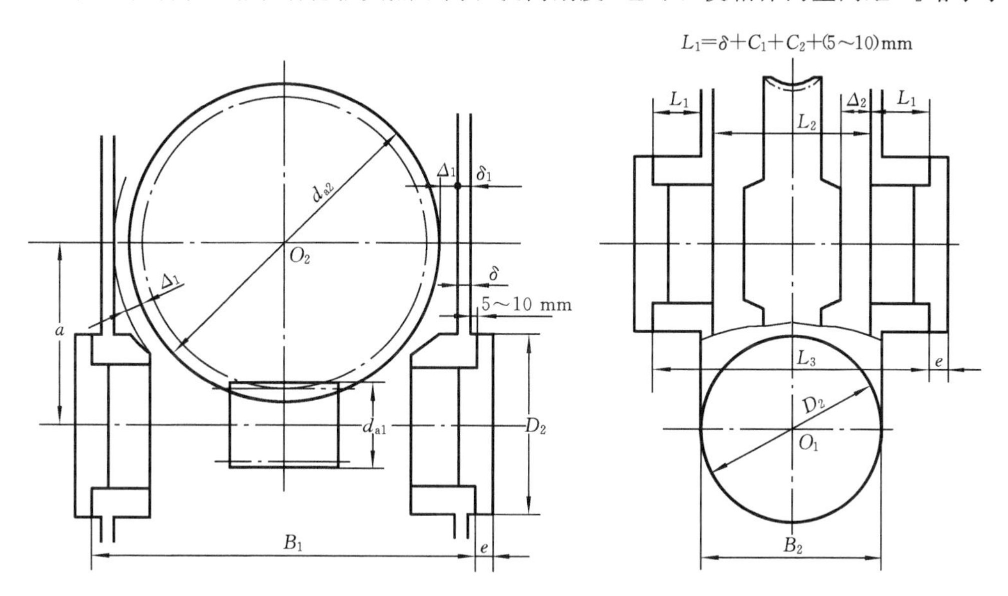

图 4-23 蜗杆减速器草图设计第一阶段

3. 设计轴的结构

根据轴的初估直径和所确定的箱体轴承座位置，即可进行蜗杆轴和蜗轮轴的结构设计，确定轴的各部分尺寸。初选轴承型号，确定轴上力的作用点和支承点，然后进行轴、键的强度校核和轴承的寿命计算。设计过程参见圆柱齿轮减速器部分。

选择蜗杆轴承时应注意，因蜗杆轴承所承受的轴向载荷较大，所以一般选用圆锥滚子轴承或角接触球轴承。当轴向力很大时，可考虑选用双向推力球轴承承受轴向力。

4. 蜗杆轴系结构确定

蜗杆轴系结构设计时应使蜗杆两轴承座孔直径相同，以便在箱体上一次加工并防止两轴承座孔同轴度偏差过大影响轴承工作和蜗杆传动啮合精度。另外，轴承座孔直径还应大于蜗杆外径，以便于蜗杆轴的拆装。

蜗杆轴承的布置方式，应根据蜗杆轴的长短、轴向力的大小及转速高低来确定。当蜗杆轴较短（支点距离小于 300 mm）、温升又不大时，或蜗杆轴虽然较长，但间歇工作、温升较小时，常采用两端轴承固定的结构，如图 4-24 所示。当蜗杆轴较长、温升又较大时，热膨胀量大，为避免轴承承受附加轴向力，需采用一端固定、一端游动的结构，如图 4-25 所示，固定端一般设计在轴的非外伸端处，并采用套杯结构，以便固定和调整轴承及蜗杆轴的轴向位置。为便于加工并保证两座孔同轴，同一轴上的两轴承座孔的直径尺寸最好相等，因此，游动端也可采用外径与固定端轴承套杯外径相等的套杯或选用外径与固定端座孔尺寸相同的轴承。

轴承间隙靠调整箱体轴承座与轴承盖之间的垫片或套杯与轴承盖之间的垫片厚度来实现。轴系部件轴向位置的调整，则靠调整箱体轴承座与固定端套杯之间的垫片厚度来实现。

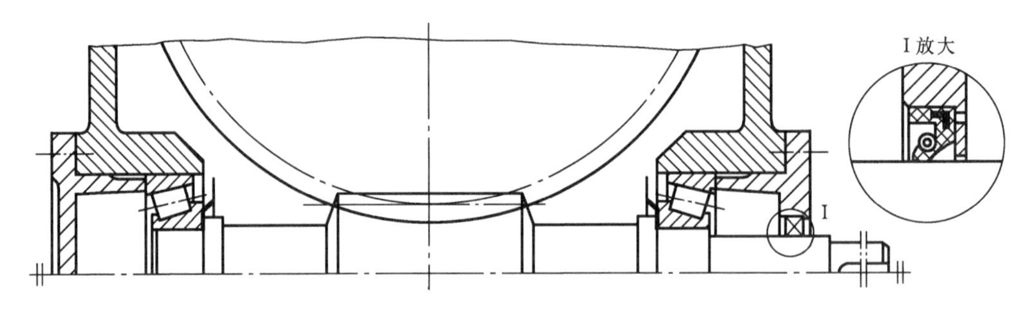

图 4-24　蜗杆的轴系结构之一

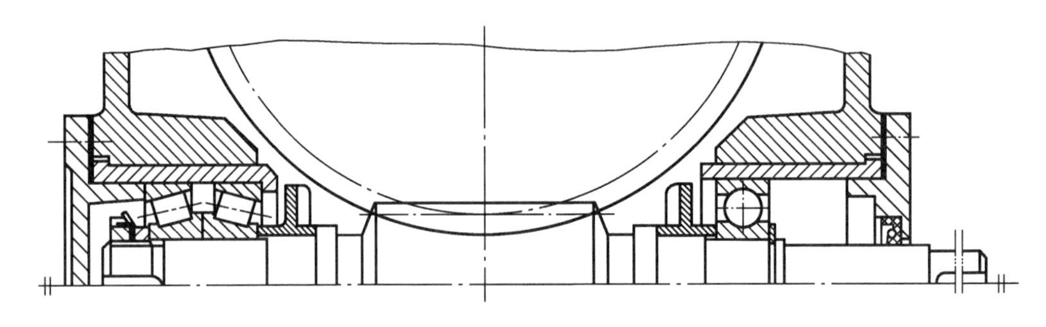

图 4-25　蜗杆的轴系结构之二

4.4　轴、键的强度校核和轴承的寿命计算

完成装配草图第一阶段后，需要选择键，并校核轴、键的强度和计算轴承的寿命。

1. 轴的强度校核

根据初绘装配草图中轴的结构，确定传动件力的作用点和轴承支反力作用点后，可绘出轴的受力计算简图，并绘制弯矩图、转矩图及当量弯矩图，然后对危险截面进行强度校核。

校核后，如果轴的强度不满足要求，则应增加轴径，对轴的结构进行修改或改变轴的材料。如果强度满足要求，而且算出的安全系数或计算应力与许用值相差不大，则初步设计的轴的结构合理，可以不再修改。如果安全系数很大或计算应力远小于许用应力，则不要马上减小轴径，因为轴的直径不是仅由轴的强度确定，还与联轴器对轴的直径要求及轴承寿命、连接强度等要求有关。因此，轴径大小应该在考虑其他条件后才能确定。

课程设计中轴的强度校核一般按弯扭合成强度条件计算。

2. 轴承的寿命计算

在轴的结构尺寸确定后，轴承的型号即可确定，就可进行轴承寿命计算。轴承的寿命最好与减速器的寿命大致相等或至少应达到减速器的检修期限。如果寿命不够，可先考虑选用基本额定动载荷较大的宽度系列或直径系列的轴承，或改选轴承的类型。如果计算寿命太大，可考虑选用较小宽度系列或直径系列的轴承，或改选轴承的类型。

3. 键连接的强度校核

键连接强度校核，应校核轮毂、轴、键三者中挤压强度较弱者。若强度不够，可增加键的长度，或改用双键、花键，甚至可考虑增加轴径来满足强度要求。

第 5 章 装配图设计的第二阶段

这一阶段的工作主要是进行传动零件的结构设计，并确定轴上其他零件的具体结构。

5.1 传动零件的结构设计

5.1.1 V 带轮结构设计

V 带轮结构类型主要由带轮直径大小而定，其具体结构如图 5-1 所示。V 带轮一般由轮

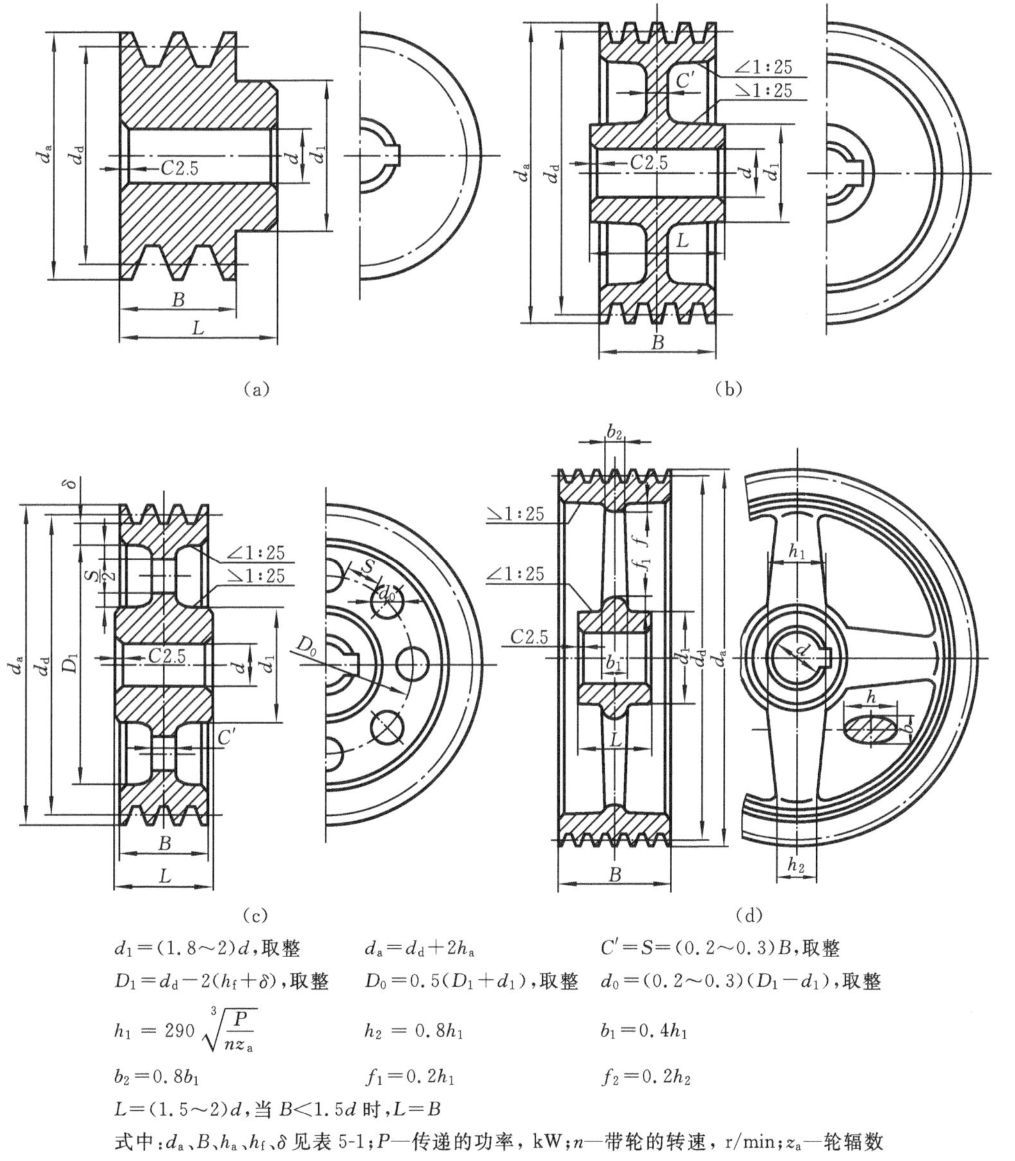

$d_1=(1.8\sim2)d$，取整　　$d_a=d_d+2h_a$　　$C'=S=(0.2\sim0.3)B$，取整

$D_1=d_d-2(h_f+\delta)$，取整　　$D_0=0.5(D_1+d_1)$，取整　　$d_0=(0.2\sim0.3)(D_1-d_1)$，取整

$h_1=290\sqrt[3]{\dfrac{P}{nz_a}}$　　$h_2=0.8h_1$　　$b_1=0.4h_1$

$b_2=0.8b_1$　　$f_1=0.2h_1$　　$f_2=0.2h_2$

$L=(1.5\sim2)d$，当 $B<1.5d$ 时，$L=B$

式中：d_a、B、h_a、h_f、δ 见表 5-1；P—传递的功率，kW；n—带轮的转速，r/min；z_a—轮辐数

图 5-1　V 带轮的结构及尺寸

缘、轮毂和轮辐三部分所组成。根据轮辐的结构不同,V带轮可分为四种类型。

当带轮基准直径 $d_d \leqslant (2.5 \sim 3)d$($d$ 为安装带轮的轴的直径)时,可采用图 5-1(a)所示的实心式结构;当 $d_d \leqslant 300$ mm 时,可采用图 5-1(b)所示的腹板式结构;当 $d_d \leqslant 300$ mm,同时 $D_1 - d_1 \geqslant 100$ mm 时,可采用图 5-1(c)所示的孔板式结构;当 $d_d > 300$ mm 时,可制成图 5-1(d)所示的轮辐式结构。

轮毂和轮辐的尺寸参见图 5-1 中的经验公式,轮缘尺寸参见表 5-1。

表 5-1　V 带轮轮缘横截面的尺寸(GB/T 13575.1—2008 摘录)　(mm)

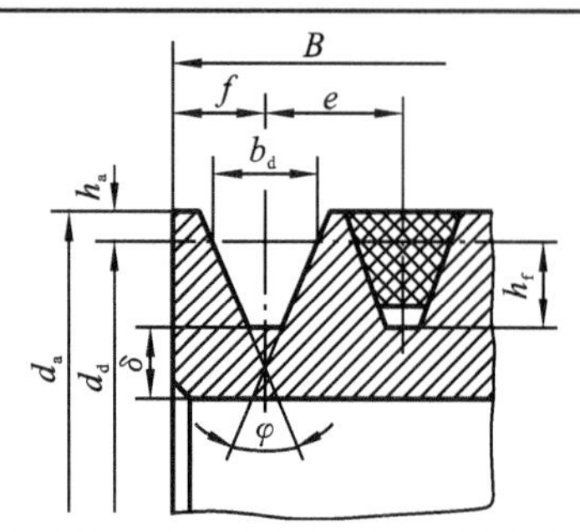

项　目		符　号	槽型 Y	Z　SPZ	A　SPA	B　SPB	C　SPC	D	E
基准宽度		b_d	5.3	8.5	11.0	14.0	19.0	27.0	32.0
基准线上槽深		h_{amin}	1.6	2.0	2.75	3.5	4.8	8.1	9.6
基准线下槽深		h_{fmin}	4.7	7.0　9.0	8.7　11.0	10.8　14.0	14.3　19.0	19.9	23.4
槽间距		e	8±0.3	12±0.3	15±0.3	19±0.4	25.5±0.5	37±0.6	44.5±0.7
槽边距		f_{min}	6	7	9	11.5	16	23	28
最小轮缘厚		δ_{min}	5	5.5	6	7.5	10	12	15
带轮宽		B	$B=(z-1)e+2f$,z—轮槽数						
外径		d_a	$d_a=d_d+2h_a$						
轮槽角 φ	32°	相应的基准直径 d_d	≤60	—	—	—	—	—	—
	34°		—	≤80	≤118	≤190	≤315	—	—
	36°		>60	—	—	—	—	≤475	≤600
	38°		—	>80	>118	>190	>315	>475	>600
	极限偏差		±0.5°						

5.1.2　齿轮结构设计

1. 圆柱齿轮

齿轮的结构类型与齿轮的尺寸大小、毛坯、材料、加工方法、使用要求和经济性等因素有关。进行齿轮结构设计时,一般是先按齿轮直径的大小选定合适的结构类型,然后再根据荐用的经验数据进行结构设计,齿轮的结构类型主要有以下几种。

对于直径较小的钢制齿轮,当齿轮的齿顶圆直径 $d_a < 2d$(d 为安装齿轮的轴的直径)或齿轮的齿根至键槽底部的距离 $x < 2.5m_t$ 时,应将齿轮和轴制成一体,称为齿轮轴,如图 5-2(a)所示;否则应把齿轮和轴分开制造。

当 $d_a \leqslant 200$ mm 时，可采用图 5-2(b)所示的实心式结构；当 200 mm$<d_a\leqslant$500 mm 时，可采用腹板式结构，如图 5-2(c)所示，当 $D_2-D_1\geqslant 100$ mm 时，为了减轻重量、节省材料，在腹板上常制出圆孔，圆孔的数目及尺寸按结构尺寸大小及需要确定；当 400 mm$<d_a<$1000 mm 时，常用铸铁或铸钢制成，可采用图 5-2(d)所示的轮辐式结构。

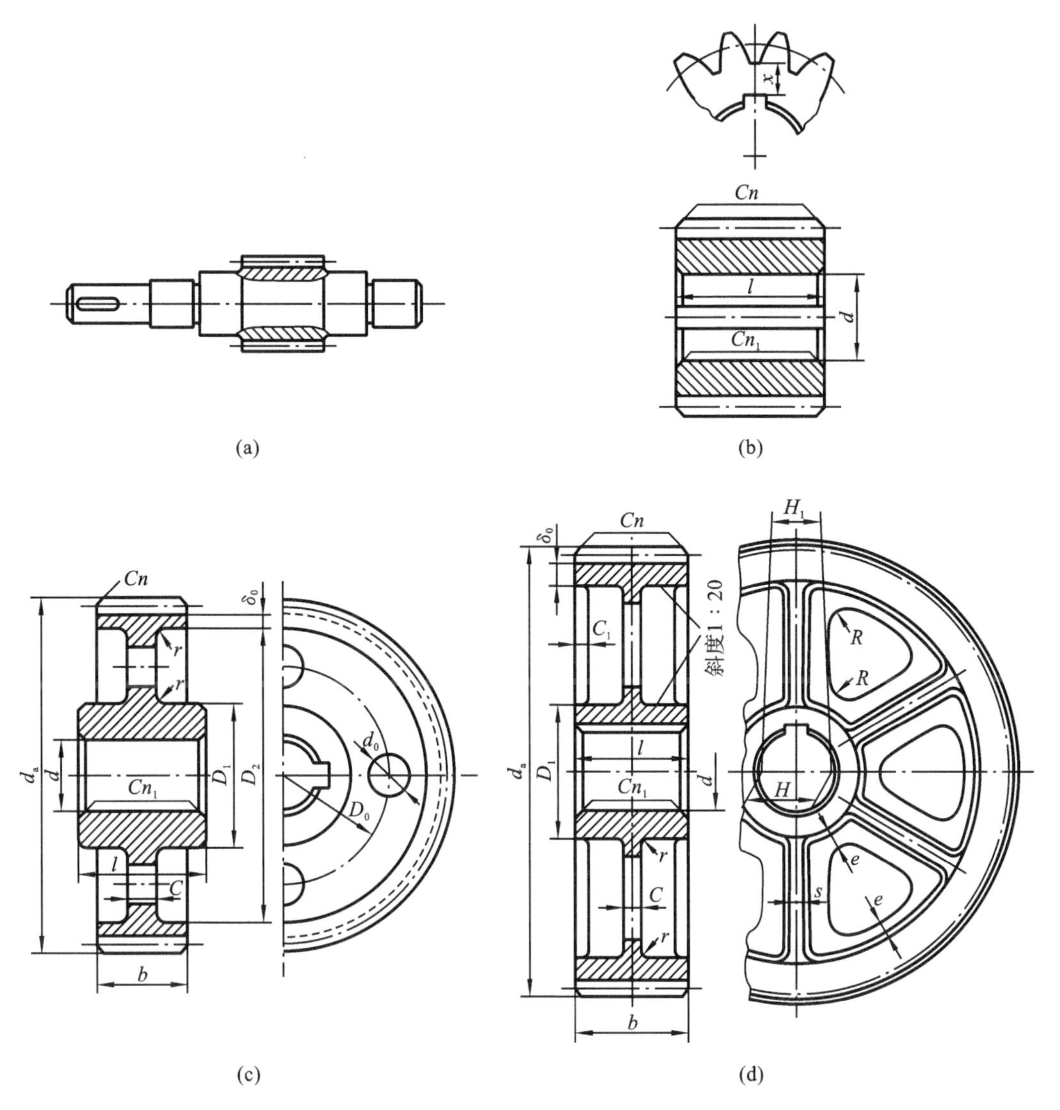

$\delta_0=(2.5\sim4)m_n\geqslant 8\sim10$ mm；$D_1\approx 1.6d$(取整)；$D_2=d_f-2\delta_0$(取整)；$D_0=0.5(D_1+D_2)$(取整)；

$d_0=0.25(D_2-D_1)\geqslant 10$ mm(取整)；$l=(1.2\sim1.5)d\geqslant b$(取整)；$C=0.3b$；$r=5$ mm；$n=n_1=0.5\ m_n$；

$C_1=(0.2\sim0.3)B$；$H=0.8d$；$H_1=0.8H$；$R=0.8H$；$e=0.8\delta_0$；$s=0.15H$

图 5-2　圆柱齿轮的结构

2. 锥齿轮

锥齿轮结构设计原则与圆柱齿轮的相同，选择锥齿轮结构类型时，除考虑分度圆直径大小外，还要注意分度圆锥角的大小。大、小锥齿轮的齿宽应相等，按齿宽系数 $\phi_R=b/R$ 计算的齿宽数值应圆整。

当锥齿轮的小端齿根圆到键槽底部的距离 $\delta\leqslant 1.6m$(m 为大端模数)时，为了保证强度，应将锥齿轮和轴制成一体，称为锥齿轮轴，如图 5-3(a)所示；当 $\delta>1.6m$ 时，为便于制造，应将齿轮和轴分开制造,可采用图 5-3(b)所示的实心式结构;当齿顶圆直径 $d_a \leqslant 500$ mm 时,常用锻造毛坯制成,可采用图 5-3(c)所示的腹板式结构;当 $d_a > 300$ mm 时,常用铸造毛坯制成,可采用图 5-3(d)所示的带加强肋的腹板式结构。

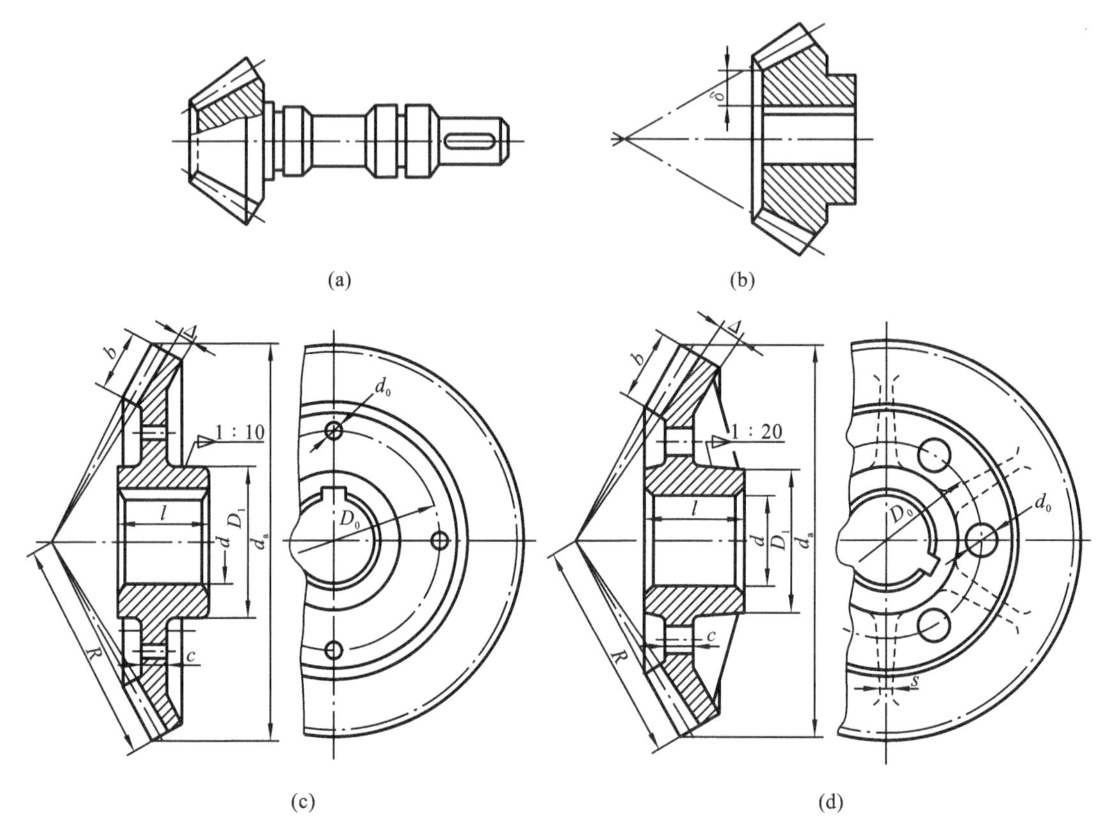

$D_1=(1.6\sim1.8)d$,d 为安装锥齿轮的轴的直径;$l=(1.2\sim1.5)d$;$c=(0.2\sim0.3)b$;$\Delta=(2.5\sim4)m$,但不小于 10 mm;$s=0.8c$;D_0 和 d_0 按结构取定

图 5-3 锥齿轮的结构

5.1.3 蜗杆、蜗轮结构设计

蜗杆常与轴制成一体,有如图 5-4(a)所示的车制蜗杆和如图 5-4(b)所示的铣制蜗杆两种。

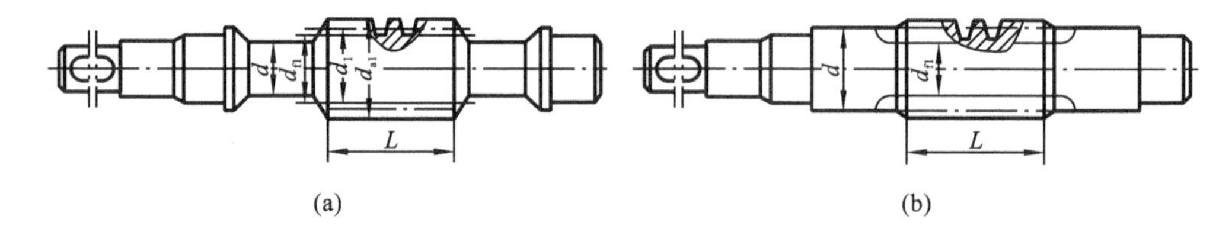

图 5-4 蜗杆的结构

对直径较小的蜗轮和铸铁蜗轮,常采用如图 5-5(a)所示的整体式结构;对直径较大的蜗轮,为了节约有色金属,常采用如图 5-5(b)所示的齿圈压配式结构,齿圈与轮芯的配合可用 H7/r6 或 H7/m6,为了增加连接的可靠性,在接缝处再拧入 4~6 个螺钉;对直径再大些的蜗轮,可采用如图 5-5(c)所示的铰制孔用螺栓连接式结构。

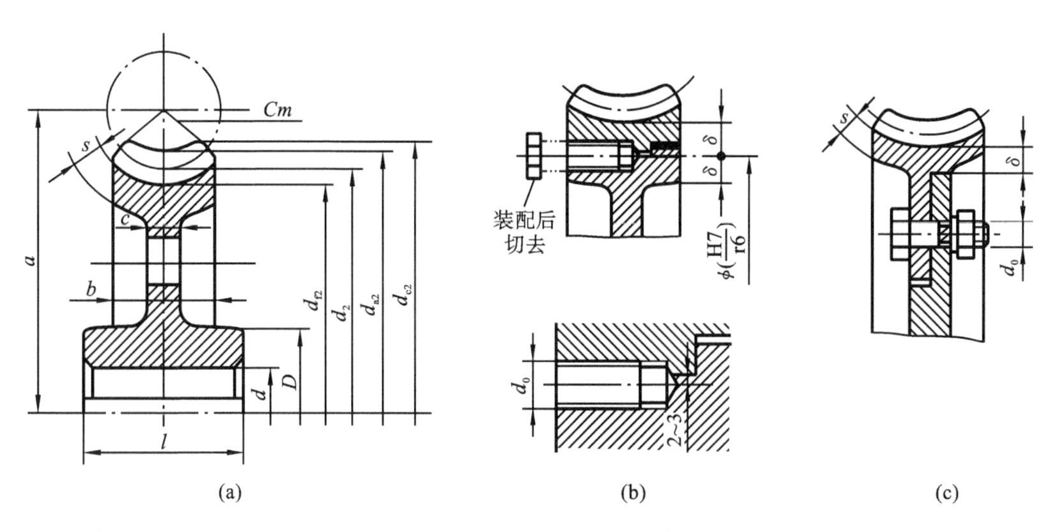

$s=1.7m\geqslant10$ mm；$c=0.3b$；$l=(1.2\sim1.8)d$；$D=(1.6\sim1.8)d$；$d_{e2}=d_{a2}+m$；$\delta=2m\geqslant10$ mm；$d_0=(0.075\sim0.12)d$

图 5-5　蜗轮的结构

5.2　滚动轴承的润滑与密封

5.2.1　滚动轴承的润滑

1. 润滑剂的选择

减速器中滚动轴承的润滑，可根据轴承内径 d 和转速 n 的乘积 dn 值，来选用润滑油或润滑脂进行润滑。当 $dn<(1.5\sim2.0)\times10^5$ mm · r/min 或浸油齿轮的圆周速度 $v\leqslant2$ m/s 时，一般滚动轴承可采用润滑脂润滑，超过这一范围宜采用润滑油润滑。若采用润滑脂润滑，润滑脂的牌号，根据工作条件可参阅附录 H(见表 H-2)进行选择；若采用润滑油润滑，可直接用减速器油池内的润滑油进行润滑。

2. 润滑方式及润滑结构设计

当浸油齿轮的圆周速度 $v\leqslant2$ m/s 时，滚动轴承可采用润滑脂润滑。采用润滑脂润滑时，通常在装配时将润滑脂填入轴承座内，每工作 3～6 个月需补充更换润滑脂一次，每过一年，需拆开清洗更换润滑脂。为防止箱内油进入轴承，使润滑脂稀释流出或变质，在轴承内侧需安装挡油盘(见图 5-6)封油。填入轴承座内的润滑脂量一般为：对于低、中速(300～1500 r/min)轴承，不超过轴承座空间的 2/3；对于高速(1500～3000 r/min)轴承，则不超过轴承座空间的1/3。

当浸油齿轮的圆周速度 $v>2$ m/s 时，滚动轴承可以靠从减速器箱体内飞溅来的油进行润滑。飞溅的油一部分直接溅入轴承进行润滑，一部分先溅到箱盖内壁上，然后再沿着箱盖的内壁坡口流入箱体剖分面上的输油沟，沿输油沟经轴承端盖上的缺口进入轴承进行润滑，如图 5-7(a)所示。为防止装配时轴承端盖上的缺口没有对准输油沟而将油路堵塞，可使轴承端盖的端部直径小于轴承座孔的孔径。

当 $v>5$ m/s 时，可不设置油沟，因为齿轮转动速度高，飞溅起来的润滑油所形成的油雾可直接进入滚动轴承进行润滑，但应将轴承尽量靠近箱体内壁布置。

输油沟的结构和尺寸如图 5-7(b)所示，机械加工油沟容易制造、工艺性好，故常用，而铸造油沟则很少采用。小型单级减速器最好采用机械加工油沟。

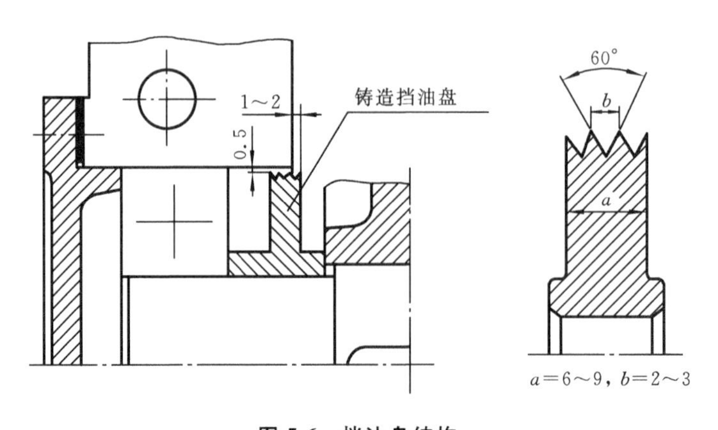

图 5-6 挡油盘结构

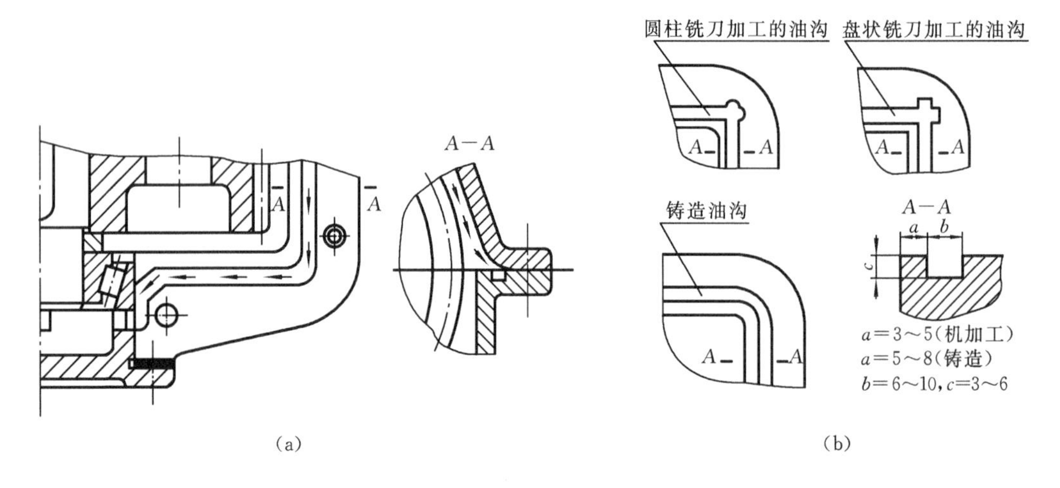

图 5-7 输油沟

对于高速运转的蜗杆和斜齿轮，当斜齿轮直径小于轴承外径时，由于齿的螺旋线作用，润滑油有沿齿轮轴向甩出的现象，使过多的润滑油冲向轴承，带有杂质还会增加轴承阻力，所以应在轴承前面加装挡油板。但挡油板不应封死轴承孔，以利于油进入润滑轴承。

挡油板可用薄钢板冲压或用圆钢车制，也可以铸造成形(见图 5-8)。

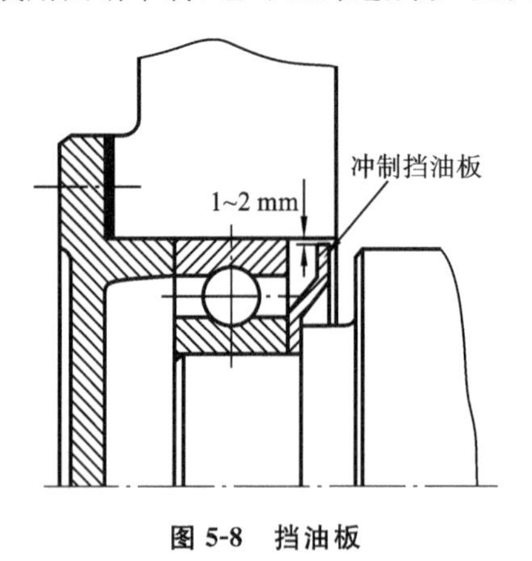

图 5-8 挡油板

5.2.2　滚动轴承的密封

为了防止外界的灰尘、水汽、杂质进入轴承并防止轴承内的润滑油外泄，应在外伸轴端轴承盖孔内设置密封件。密封方式有接触式密封和非接触式密封两种。

1. 接触式密封

在轴承盖内放置软材料(如毛毡、橡胶圈或皮碗等)，软材料与转动轴直接接触而起密封作用。这种密封多用于转速不高的情况下，同时要求与密封件接触的轴表面的粗糙度 $Ra<0.8\sim1.6\ \mu m$。

1) **毡圈密封**

如图 5-9 所示，在轴承盖上开出梯形槽，将矩形剖面的细毛毡放置在梯形槽内与轴接触。这种密封结构简单，但磨损快、密封效果差，多用于脂润滑且外界灰尘较小处，适用于轴的圆周速度 $v<3\sim5$ m/s 的工作场合。

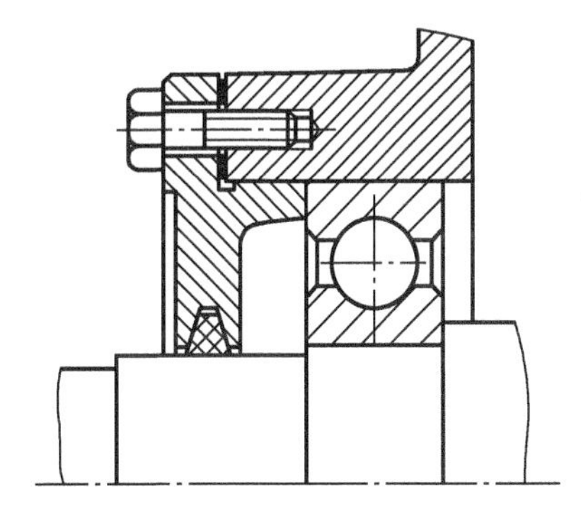

图 5-9　毡圈密封

2) **橡胶油封**

在轴承盖内放置一个密封皮碗，它是用耐油橡胶等材料制成的，皮碗与轴紧密接触而起密封作用，适用于脂润滑和油润滑。为增强密封效果，用一环形螺旋弹簧压在皮碗的唇部。唇的方向朝向密封部位，唇朝外的主要目的是防灰尘(见图 5-10(a))，唇朝里的主要目的是防漏油(见图 5-10(b))。当采用两个皮碗密封相背放置时(见图 5-10(c))，则上述两个目的均可达到。皮碗密封安装方便，使用可靠，一般适用于轴表面线速度 $v<7$ m/s 的场合。

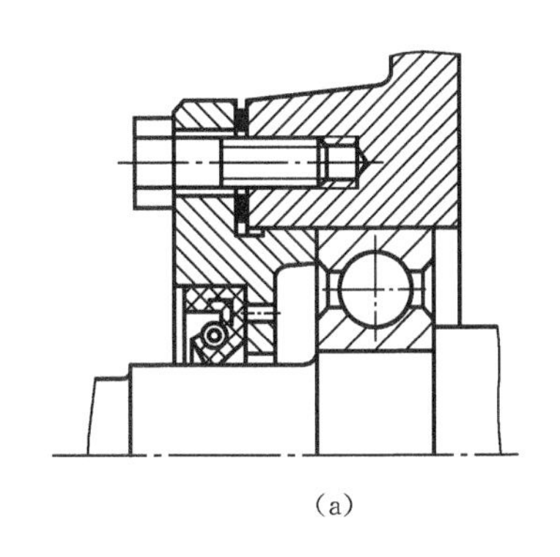

(a)

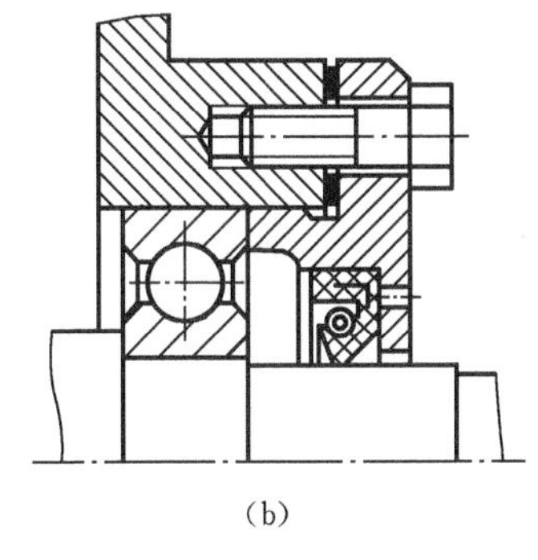

(b)

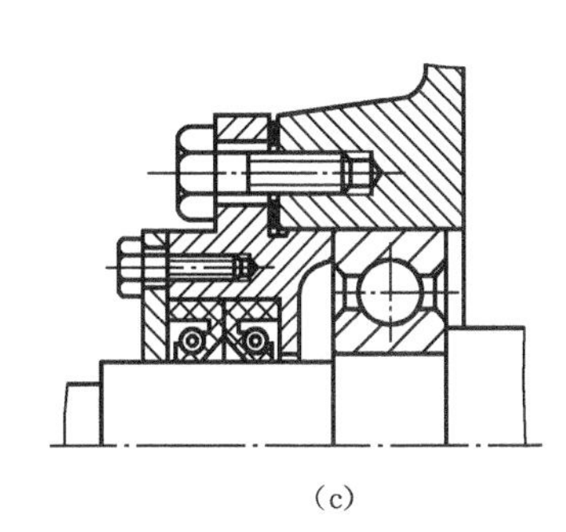

(c)

图 5-10　橡胶油封

2. 非接触式密封

当轴颈圆周速度较高时，接触式密封的摩擦、磨损和发热比较严重，会使密封件的寿命大大缩短，这时应采用不与轴直接接触的非接触式密封。

1) **油沟式密封**

这种密封是在轴承盖的内孔上车制几条环形沟槽并与轴间保持 0.1～0.3 mm 的缝隙，如图 5-11(a)所示。沟槽内填满润滑脂，以起密封作用。这种密封结构简单，多用于 $v<5\sim6$ m/s和工作温度不高的场合，以免润滑脂融化流失。

2）甩油环式与油沟式组合密封

这种组合密封装置的特征是在油沟密封区内的轴上装一个甩油环，如图 5-11(b)所示，向外流经甩油环的润滑油先被甩油环的离心力甩到端盖上，再通过导油槽流回油箱。这种组合密封形式在高速时密封效果好。

3）迷宫式密封

这种密封是将旋转的和固定的密封零件间制成迷宫形式，如图 5-11(c)所示，缝隙间填入润滑脂以加强密封效果。这种方式对脂润滑和油润滑都很有效。环境比较脏时，采用这种形式密封效果相当可靠。

联合采用两种以上密封方法，防漏防尘效果更好，多适用于密封要求较高的场合。

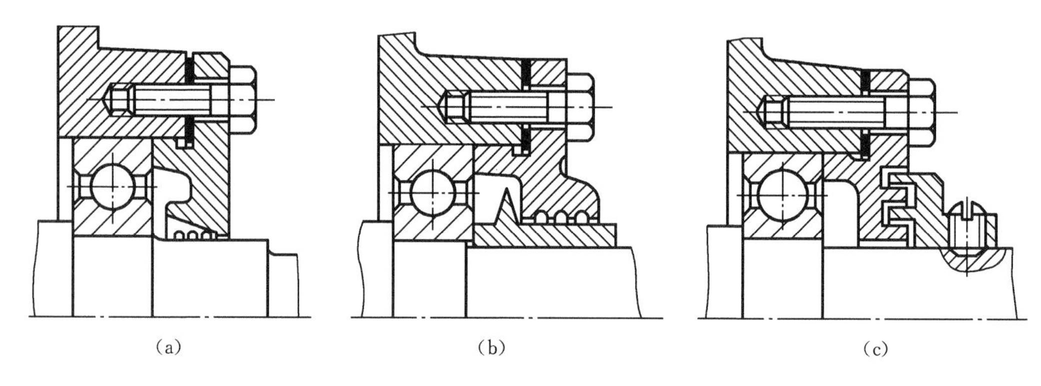

图 5-11　非接触式密封

第 6 章　装配图设计的第三阶段

这一阶段的工作主要是进行减速器箱体设计和附件设计，并完成装配图。

6.1　箱体结构设计

减速器箱体起着支承和固定轴系零件、保证传动零件的啮合精度和良好润滑，以及轴系的可靠密封等重要作用，其质量占减速器总质量的 30%～50%。设计箱体结构时应综合考虑传动质量、加工工艺及成本等因素。减速器箱体可采用剖分式和整体式结构。剖分式结构安装方便，因此被广泛采用，具体使用时应使剖分面通过轴心线。以下主要介绍剖分式减速器箱体结构的设计要点。

6.1.1　箱体壁厚及其结构尺寸的确定

由于箱体零件复杂，一般采用铸铁铸造而成。铸造箱体的侧壁、轴承座腔、凸缘、肋板等结构尺寸由表 4-1 确定。而焊接箱体壁厚为铸造箱体壁厚的 0.7～0.8 倍，且不小于 4 mm；其他各部分的结构尺寸可参考表 4-1 确定。

6.1.2　箱体上、下盖连接螺栓凸台结构尺寸的确定

（1）确定轴承旁连接螺栓的位置。为了保证箱体具有足够的刚度，轴承旁连接螺栓距离 s 应尽量小，但是不能与轴承盖连接螺钉和回油沟相干涉，一般取 $s \approx D_2$（见图 6-1），D_2 为轴承盖外径。使用嵌入式轴承盖时，D_2 为轴承座凸缘的外径。两轴承座孔之间装不下两个螺栓时，可在两个轴承座孔间距的中间装一个螺栓。连接螺栓的间距也不应过大（应小于 200 mm），以保证足够的压紧力。

（2）确定凸台高度 h。在最大的轴承座孔的那个轴承旁连接螺栓的中心线确定后，根据轴承旁连接螺栓直径 d_1 确定所需的扳手空间 C_1 和 C_2 值，用作图法确定凸台高度 h（见图 6-1）。h 值不一定是整数，可以 R20 的标准数列值圆整（见附表 A-4）。为了制造方便，其他较小的轴承座孔凸台高度均设计成等高度。另外，为了铸造起模的需要，凸台侧面的斜度一般取 1∶20。

6.1.3　箱盖顶部外表面轮廓确定

对于铸造箱体，为了造型和起模的方便，箱盖顶部应力求平坦和光滑过渡，一般为圆弧形。大齿轮一侧，以安装大齿轮的轴的轴心为圆心，以 $R_2 = R_a + \Delta_1 + \delta_1$（$R_a$ 为大齿轮的齿顶圆半径，见图 4-5、图 4-6，Δ_1 的值见表 4-2，δ_1 的值见表 4-1）为半径画出圆弧作为大齿轮一侧箱盖顶部的部分轮廓（见图 4-5、图 4-6）。在一般情况下，大齿轮轴承座孔凸台均在此圆弧以内。对于小齿轮一侧，一般使小齿轮轴承座孔凸台在圆弧以内，这时圆弧半径 R_1 应大于 R'（见图 6-2）。以 R_1 为半径画出小齿轮一侧箱盖顶部的部分轮廓（见图 6-2）。画出小齿轮一侧和大齿轮一侧的箱盖顶部圆弧后，作两圆弧切线，这样，整个箱盖顶部轮廓就确定了。

另外，在初绘装配底图时，在长度方向小齿轮一侧的内壁线还未确定，这时可根据主视图上的内圆弧投影，画出小齿轮侧的内壁线。

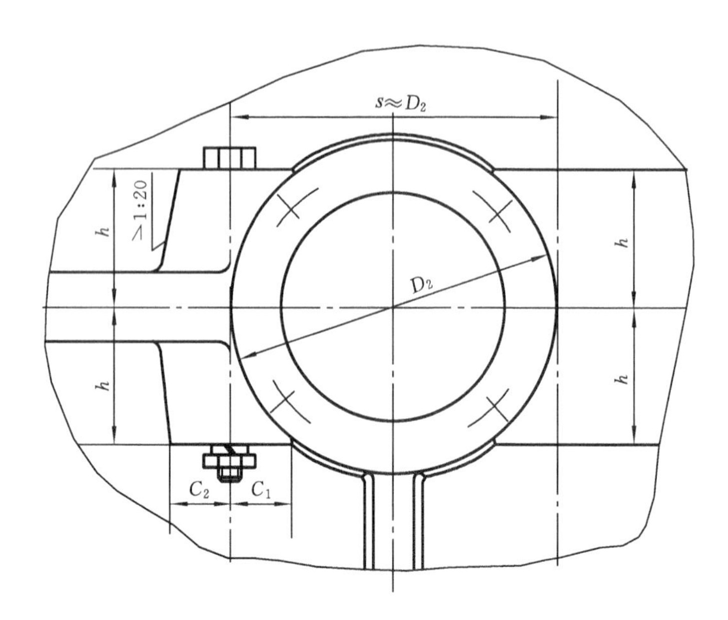

图 6-1　箱体上、下盖连接螺栓及凸台设计

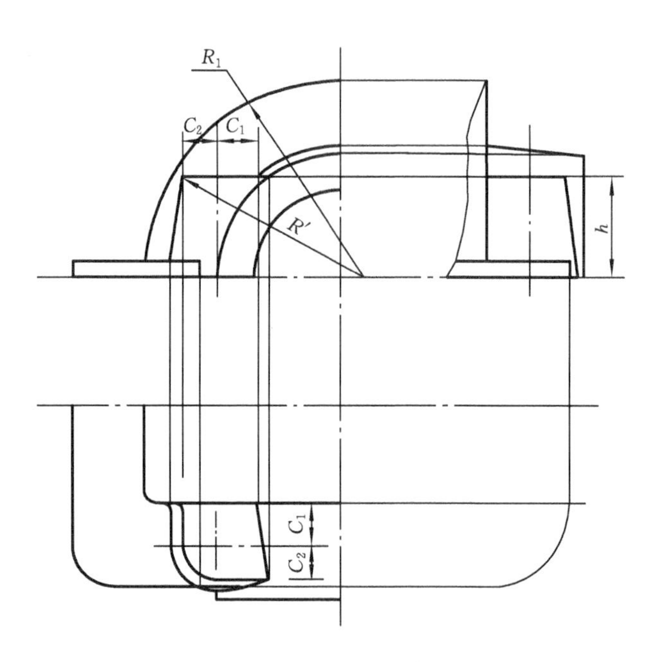

图 6-2　小齿轮一侧箱盖顶部外表面轮廓的设计

6.1.4　箱体的密封与油面高度的确定

当传动件的圆周速度小于 12 m/s 时，传动件常采用浸油润滑。因此，箱体内应装有足够的润滑油，并且循环的润滑油还起着散热、带走磨损微粒的作用。

减速器工作时，为了避免齿轮搅油时沉积的金属微粒泛起，一般要求大齿轮齿顶圆到油池底面的距离为 $H_2 \geqslant 30 \sim 50$ mm（见图 6-3）。

对于圆柱齿轮、蜗轮和蜗杆，传动件的浸油深度 H_1 至少应为一个齿高；对于锥齿轮，H_1 至少应为 0.7 个齿宽，但都不得小于 10 mm，这样就能确定最低油面。考虑到油的损耗，还应

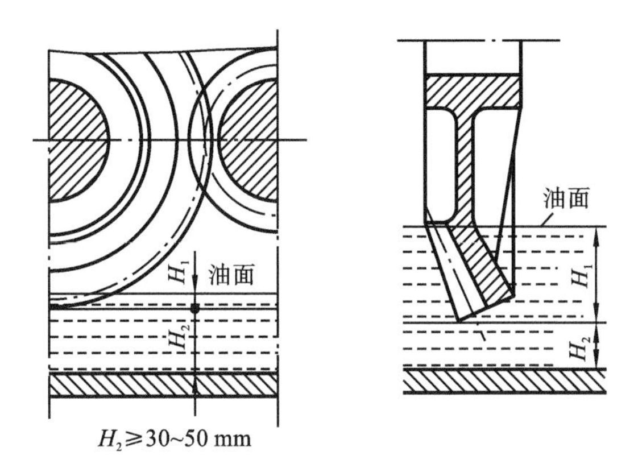

图 6-3　油池深度与浸油深度的确定

给出一个最高油面，一般中小型减速器至少要高出最低油面 5～10 mm。为避免搅油损失过大，传动件的浸油深度不应超过其分度圆半径的 1/3。

为了保证箱体密封，箱体剖分面连接凸缘应有足够宽度，同时考虑在装拆连接螺栓时有足够的扳手活动空间，并要经过精铣或刮研。为了保证轴承孔的精度，剖分面间不得加垫片。为了提高密封性，可在剖分面上设置回油沟，使渗出的油可沿回油沟的斜槽流回箱内（见图6-4），油沟尺寸可参考图 5-7(b)，也允许在剖分面间涂密封胶。

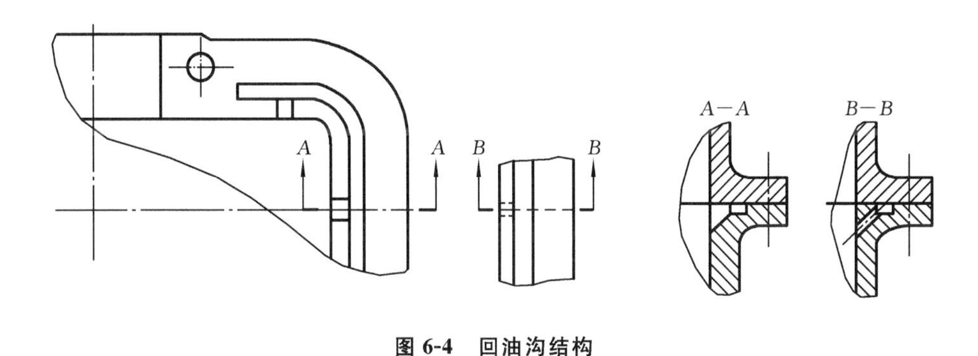

图 6-4　回油沟结构

6.1.5　其他注意要点

(1) 箱体应具有足够的刚度。箱体除了具备足够的强度外，还需有一定的刚度。若刚度不够，会使轴和轴承在外力作用下产生偏斜，影响传动精度，严重时导致减速器不能正常工作。因此，设计箱体时首先要保证轴承座的刚度，使轴承座有足够的壁厚，在轴承座孔凸台上、下处，设计刚性加强肋。

(2) 箱体结构应具有良好的结构工艺性。结构工艺性主要包括毛坯制造、机械加工及热处理等工艺性。

① 箱体的铸造工艺性。设计铸造箱体时，首先考虑铸件壁厚及变化，然后确定外形与内腔的结构，力求外形简单、壁厚均匀、过渡平缓。在采用砂型铸造时，箱体铸造圆角半径一般可取 $R \geqslant 5$ mm。为使液态金属流动畅通，壁厚应大于最小铸造壁厚。还应注意铸件应有 1∶10～1∶20 的起模斜度。

② 箱体的机加工工艺性。在保证零件精度、位置精度及表面粗糙度的前提下，应尽量减少机械加工面。箱体上加工表面与非加工表面要有一定的距离，以保证加工精度和装配精度。

同时,采用凸出还是凹入结构应视加工方法而定。轴承座孔端面、窥视孔、通气器、吊环螺钉、油塞等处一般均采用 3～8 mm 的凸台。支承螺栓头部或螺母的支承面,一般多采用凹入结构,即沉头座。锪平沉头座时,深度不限,锪平为止,在图上可画出 2～3 mm 刨平深度。箱座底面也应铸出凸出部分,以减少加工面,如图 6-5 所示。

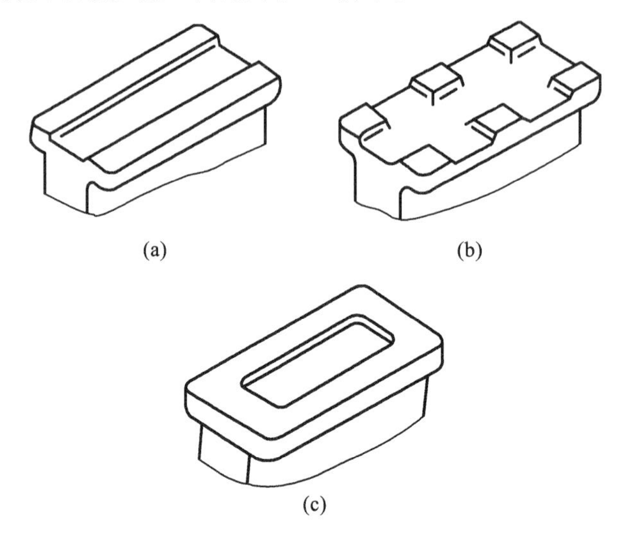

图 6-5　箱座底面结构

另外,为保证加工质量及缩短加工工时,应尽量减少加工时工件和刀具的调整次数。因此,同一轴线上的轴承座孔的直径、精度和表面粗糙度应尽量一致,以便一次镗孔成形。各轴承座的外端应在同一平面上。

6.2　减速器附件设计

为了观测传动零件的啮合情况,以及注油、放油的油面高度,通气、吊装状况等,减速器附件设计应包括以下内容。

1. 窥视孔盖

窥视孔的位置应开在箱体顶部,便于观测齿轮的啮合情况、润滑状态,并向箱体内注入润滑油。因此,窥视孔应开在恰当的位置,并有足够的大小,以便手能伸入进行操作。

窥视孔盖可用铸铁、钢板或有机玻璃制成。它与窥视孔之间应加密封垫片。盖板与箱盖用螺钉连接。窥视孔及其盖板的结构尺寸见表 6-1。

表 6-1　窥视孔及窥视孔盖的结构尺寸　(mm)

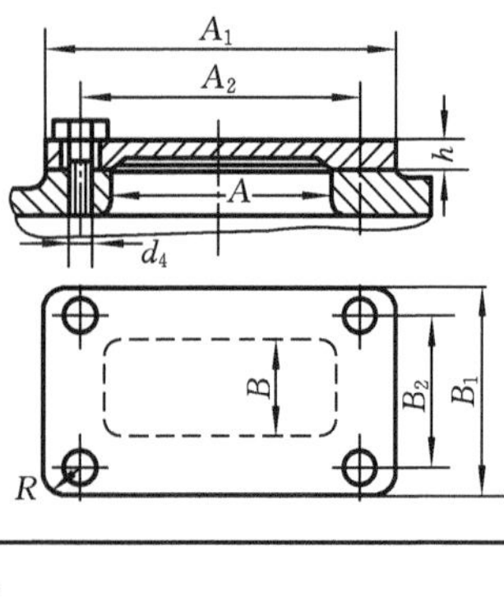

代号	尺寸
A	100,120,150,180,200
A_1	$A+(5\sim6)d_4$
A_2	$(A+A_1)/2$
B_1	箱体顶部宽－(15～20)
B	$B_1-(5\sim6)d_4$
B_2	B_1-2R
d_4	M6～M8 的螺钉,数目 4～6 个
R	5～10
h	自行设计

2．通气器

通气器通常装在箱顶或窥视孔盖板上。它有通气螺塞和网式通气器两种。清洁的环境用通气螺塞，灰尘较多的环境用网式通气器。通气器的结构和尺寸见表6-2。

表 6-2　通气器的结构尺寸　　(mm)

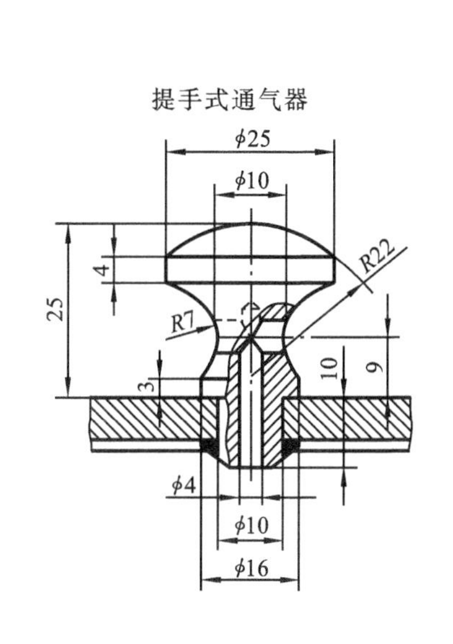

通气塞

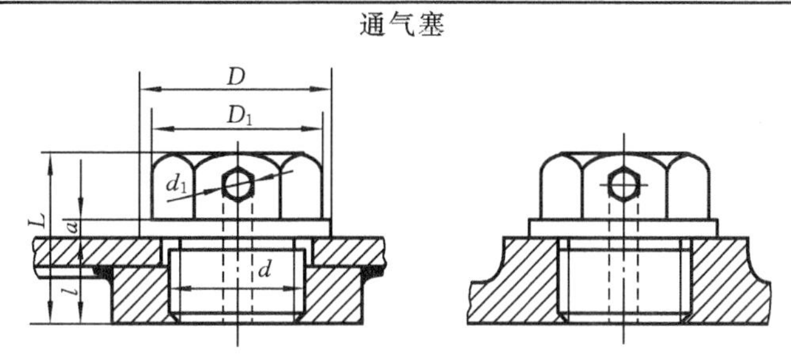

S为扳手的开口尺寸

d	D	D_1	S	L	l	a	d_1
M10×1	13	11.5	10	16	8	2	3
M12×1.25	18	16.5	14	19	10	2	4
M16×1.5	22	19.6	17	23	12	2	5
M20×1.5	30	25.4	22	28	15	4	6
M22×1.5	32	25.4	22	29	15	4	7
M27×1.5	38	31.2	27	34	18	4	8
M30×2	42	36.9	32	36	18	4	8
M33×2	45	36.9	32	38	20	4	8
M36×3	50	41.6	36	42	25	5	8

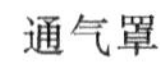

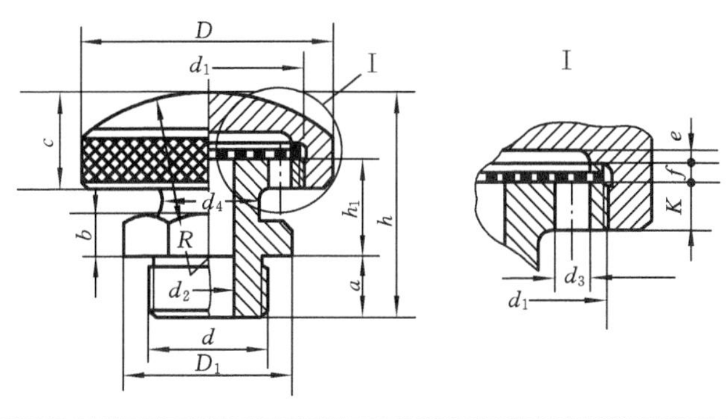

d	d_1	d_2	d_3	d_4	D	h	a	b	c	h_1	R	D_1	S	K	e	f
M18×1.5	M33×1.5	8	3	16	40	40	12	7	16	18	40	25.4	22	6	2	2
M27×1.5	M48×1.5	12	4.5	24	60	54	15	10	22	24	60	36.9	32	7	2	2
M36×1.5	M64×1.5	16	6	30	80	70	20	13	28	32	80	53.1	41	10	3	3

3．起吊装置

起吊装置包括吊耳或吊环螺钉和吊钩。吊耳或吊环螺钉设在箱盖上，吊钩设在箱座上。吊耳和吊钩的结构尺寸见表6-3。吊环螺钉是标准件，按起吊质量由附表D-3选取其公称直径。

表 6-3　吊耳和吊钩 (mm)

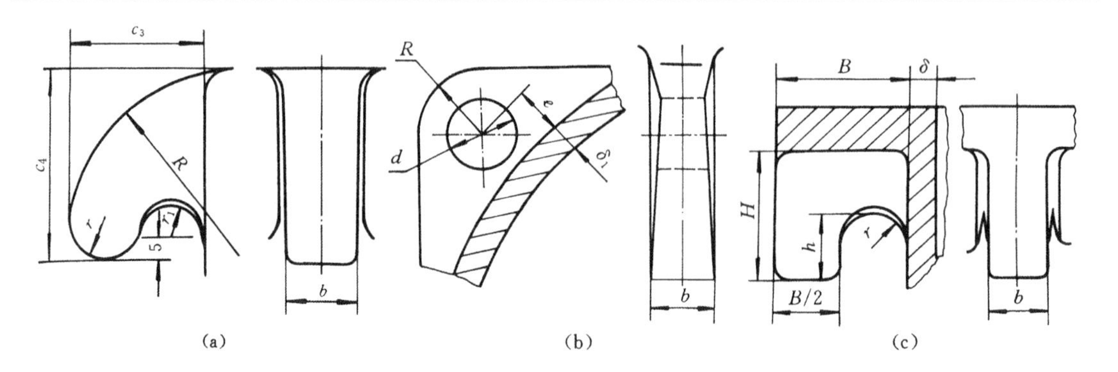

(a)吊耳(起吊箱盖用)	(b)吊耳环(起吊箱盖用)	(c)吊钩(起吊整机用)
$c_3=(4\sim5)\delta_1$	$b=(1.8\sim2.5)\delta_1$	$B=C_1+C_2$
$c_4=(1.3\sim1.5)c_3$	$d=b$	$H\approx0.8B$
$b=(1.8\sim2.5)\delta_1$	$R=(1\sim1.2)d$	$h\approx0.5H$
$R=c_4$	$e\approx(0.8\sim1)d$	$r\approx0.25B$
$r_1=0.225c_3$	δ_1为箱盖壁厚	$b=(1.8\sim2.5)\delta$
$r=0.25c_3$		δ为箱座壁厚
δ_1为箱盖壁厚		C_1、C_2见表 4-3

4. 油标

油标即油面指示器,其种类很多,有杆式油标(油标尺)、圆形油标、长形油标和管状油标。它用于检查箱体内油面高度。各种油标的结构尺寸见表 6-4 至表 6-6。

表 6-4　杆式油标 (mm)

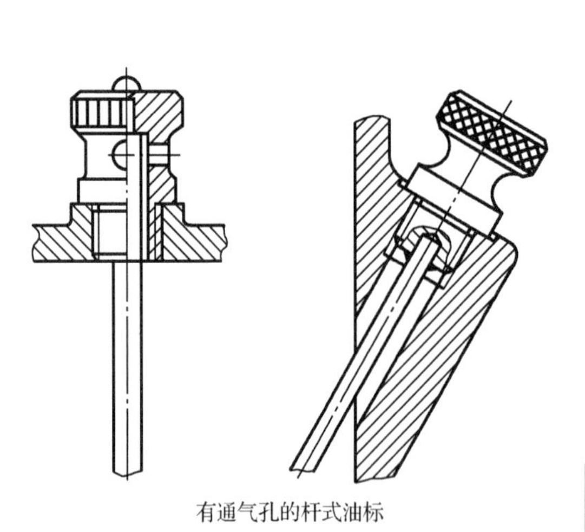

有通气孔的杆式油标

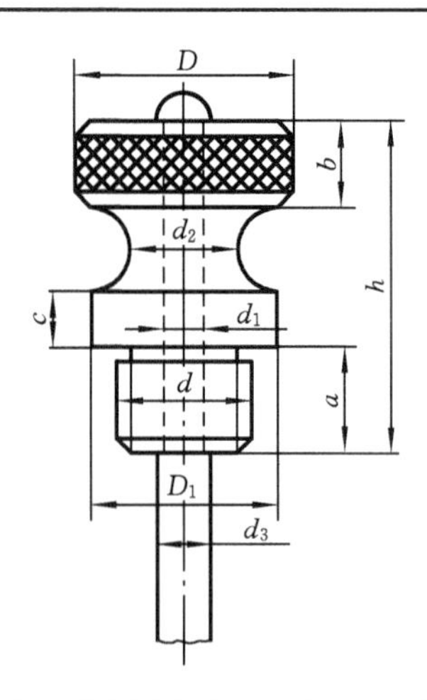

d	d_1	d_2	d_3	h	a	b	c	D	D_1
M12	4	12	6	28	10	6	4	20	16
M16	4	16	6	35	12	8	5	26	22
M20	6	20	8	42	15	10	6	32	26

表 6-5 长形油标(JB/T 7941.3—1995 摘录) (mm)

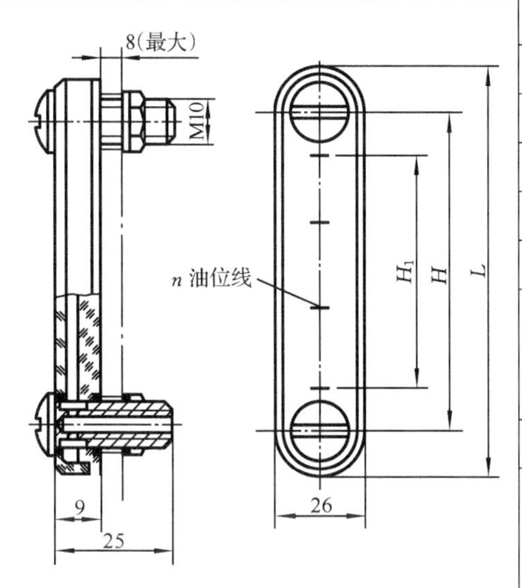

H 基本尺寸	H 极限偏差	H_1	L	n(条数)
80	±0.17	40	110	2
100		60	130	3
125	±0.20	80	155	4
160		120	190	6
O形橡胶密封圈(按 GB/T 3452.1—2005)		六角螺母(按 GB/T 6172—2000)		弹性垫圈(按 GB/T 861—1987)
10×2.65		M10		10

标记示例:

H=80、A 型长形油标的标记为

油标 A80 JB/T 7941.3—1995

表 6-6 压配式圆形油标(JB/T 7941.1—1995 摘录) (mm)

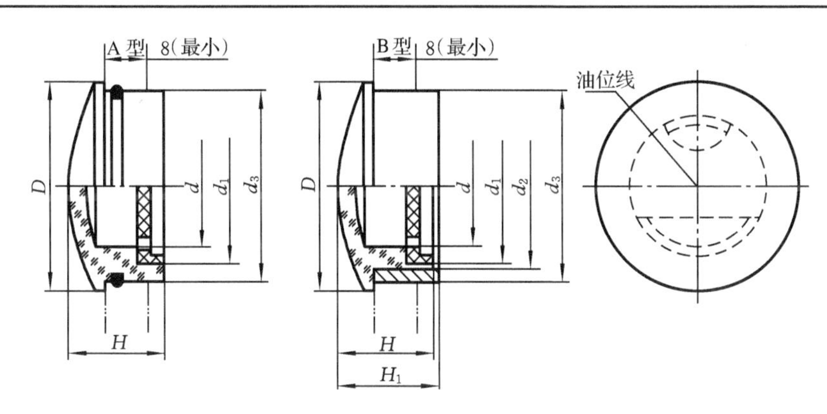

标记示例:

视孔 d=32、A 型压配式圆形油标的标记为

油标 A32 JB/T 7941.1—1995

d	D	d_1 基本尺寸	d_1 极限偏差	d_2 基本尺寸	d_2 极限偏差	d_3 基本尺寸	d_3 极限偏差	H	H_1	O形橡胶密封圈(按 GB/T 3452.1—2005)
12	22	12	−0.050 −0.160	17	−0.050 −0.160	20	−0.065 −0.195	14	16	15×2.65
16	27	18		22	−0.065 −0.195	25				20×2.65
20	34	22	−0.065 −0.195	28		32	−0.080 −0.240	16	18	25×3.55
25	40	28		34	−0.080 −0.240	38				31.5×3.55
32	48	35	−0.080 −0.240	41		45		18	20	38.7×3.55
40	58	45		51	−0.100 −0.290	55	−0.100 −0.290			48.7×3.55
50	70	55	−0.100 −0.290	61		65		22	24	—
63	85	70		76		80				

5. 放油孔和螺塞

放油孔应设置在箱座内底面最低处,能将污油放尽。箱座内底面常做成1°~2°倾斜面,以

便污油汇集而排尽。螺塞有六角头圆柱细牙螺纹和圆锥螺纹的两种。圆柱螺纹螺塞自身不能防止漏油,应在六角头与放油孔接触处加油封垫圈。而圆锥螺纹能直接密封,故不需油封垫圈。螺塞直径可按减速器箱座壁厚 2～2.5 倍选取。螺塞及油封垫圈的结构尺寸见表 6-7。

表 6-7 外六角螺塞(JB/ZQ 4450—2006)、纸封油圈(ZB 71—1962)、皮封油圈(ZB 70—1962)的结构尺寸 (mm)

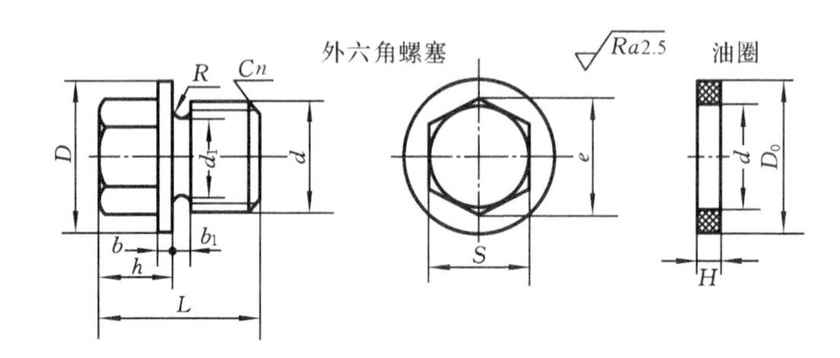

<table>
<tr><th rowspan="2">d</th><th rowspan="2">d_1</th><th rowspan="2">D</th><th rowspan="2">e</th><th rowspan="2">S</th><th rowspan="2">L</th><th rowspan="2">h</th><th rowspan="2">b</th><th rowspan="2">b_1</th><th rowspan="2">R</th><th rowspan="2">C</th><th rowspan="2">D_0</th><th colspan="2">H</th></tr>
<tr><th>纸圈</th><th>皮圈</th></tr>
<tr><td>M12×1.25</td><td>10.2</td><td>22</td><td>15</td><td>13</td><td>24</td><td>12</td><td>3</td><td rowspan="2">3</td><td rowspan="4">1</td><td rowspan="2">1.0</td><td>22</td><td rowspan="2">2</td><td rowspan="2">2</td></tr>
<tr><td>M20×1.5</td><td>17.8</td><td>30</td><td>24.2</td><td>21</td><td>30</td><td>15</td><td rowspan="3">4</td><td>30</td></tr>
<tr><td>M24×2</td><td>21</td><td>34</td><td>31.2</td><td>27</td><td>32</td><td>16</td><td rowspan="2">4</td><td rowspan="2">1.5</td><td>35</td><td rowspan="2">3</td><td rowspan="2">2.5</td></tr>
<tr><td>M30×2</td><td>27</td><td>42</td><td>39.3</td><td>34</td><td>38</td><td>18</td><td>45</td></tr>
</table>

标记示例:螺塞 M20×1.5 JB/ZQ4450—2006

油圈 M30×20 ZB 71—1962($D_0=30$,$d=20$ 的纸封油圈)

油圈 M30×20 ZB 70—1962($D_0=30$,$d=20$ 的皮封油圈)

材料:纸封油圈—石棉橡胶纸;皮封油圈—工业用革;螺塞—35 钢

6. 启盖螺钉

启盖螺钉安装在箱盖凸缘上,数量为 1～2 个,其直径与箱体凸缘连接螺栓直径相同,长度应大于箱盖凸缘厚度。螺钉端部应制成圆柱端,以免损坏螺纹和剖分面,如图 6-6 所示。

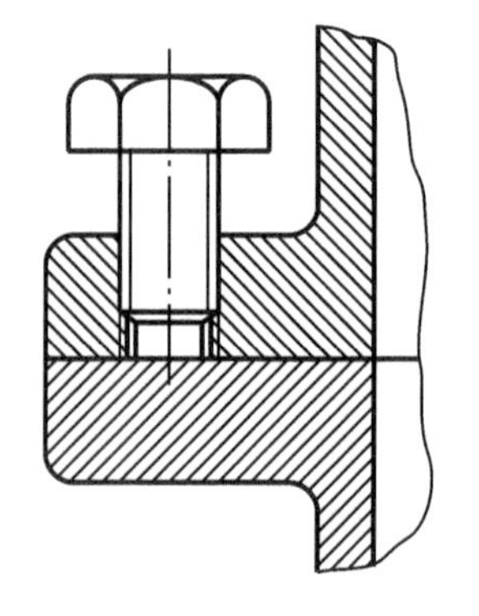

图 6-6 启盖螺钉结构

7. 定位销

两个定位销应设在箱体连接凸缘上,相距尽量远些,而且位置不对称,以使箱座、箱盖能正确定位。此外,还要考虑到定位销装拆时不与其他零件相干涉。定位销通常用圆锥定位销,其长度应稍大于上、下箱体连接凸缘总厚度,使两头露出,以便装拆。定位销为标准件,其直径可取凸缘连接螺栓直径的 0.8 倍。定位销的结构尺寸见附录 F。

6.3 完成装配图

6.3.1 检查底图

完成减速器装配底图后，应认真地进行检查并作必要修改，然后才能绘制正式减速器装配工作图。检查的主要内容为：装配图设计与传动方案是否一致；输入轴与输出轴的位置是否符合设计要求；图面的布置和表达方式是否恰当；视图间的投影是否正确；传动件、轴、轴承、箱体、箱体附件等的结构是否合理；定位、固定、调整、加工、装拆是否方便可靠；零件的结构与设计计算尺寸（如中心距、分度圆直径、齿宽等）是否一致。

1. 结构工艺方面

装配底图的布置与传动方案（运动简图）是否一致；轴的结构设计是否合理，如轴上零件沿轴向及周向是否能固定、轴上零件能否顺利装拆、轴承的轴向间隙和轴系部件位置（主要指锥齿轮、蜗轮的轴向位置）能否调整等；润滑与密封是否能够保证；箱体结构的合理性及工艺性，如轴承旁连接螺栓与轴承孔是否贯通、各螺栓连接处是否有足够的扳手空间、箱体上轴承孔的加工能否一次镗出等。

2. 制图方面

减速器中所有零件的基本外形及相互位置关系是否表达清楚；投影关系尤其是零件配合处的投影关系是否正确。此外，在装配工作图上，有些结构如螺栓、螺母、滚动轴承、定位销等是否按机械制图国家标准的简化画法绘制。

减速器装配图中常见的错误示例及分析，见表 6-8、表 6-9。

表 6-8 减速器附件设计正误图例

附件名称	正误图例	错误分析
油标	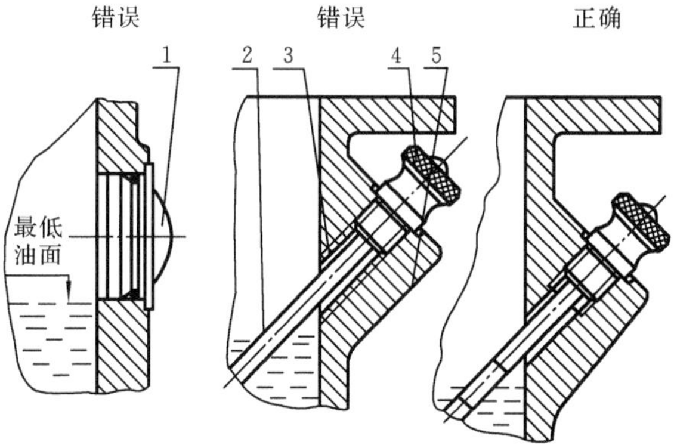 错误　错误　正确 1　2　3　4　5 最低油面	(1)圆形油标安放位置偏高，无法显示最低油面 (2)油标尺上应有最高、最低油面刻度 (3)螺纹孔螺纹部分太长 (4)油标尺位置不妥，插入、取出时会与箱座凸缘产生干涉 (5)安放油标尺的凸台未设计起模斜度

续表

附件名称	正误图例	错误分析
螺钉连接	错误 正确 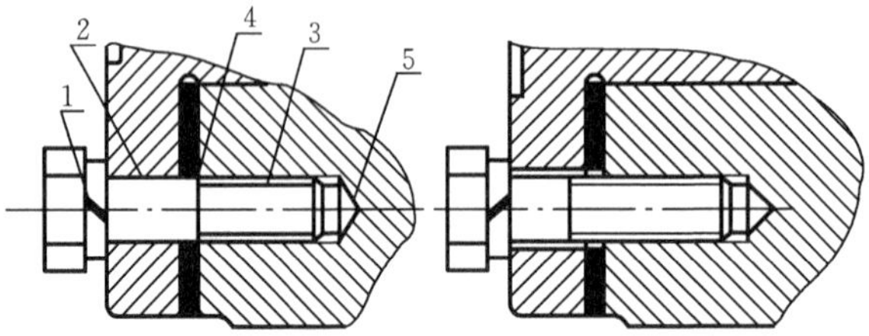	(1)弹簧垫圈开口反了 (2)较薄的被连接件上的孔应该大于螺钉直径 (3)螺纹应画细实线 (4)螺钉螺纹长度太短,无法拧到位 (5)钻孔尾端锥角画错了
吊环螺钉	错误 正确 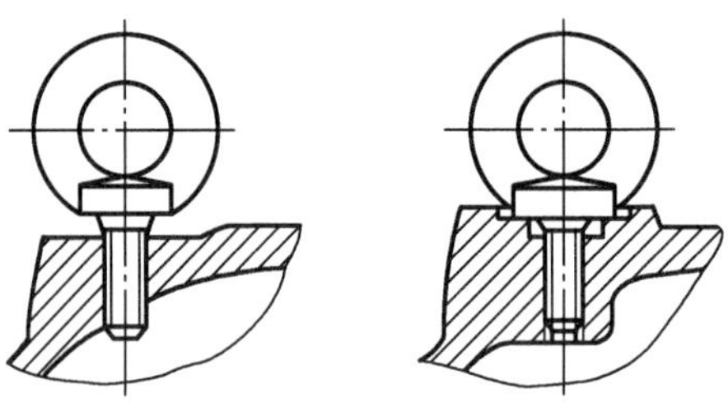	吊环螺钉支承面没有凸台,也未锪出沉头座,螺孔口未扩孔,螺钉不能完全拧入;箱盖内表面螺钉处无凸台,加工时易偏钻打刀
放油孔及螺塞	错误 正确 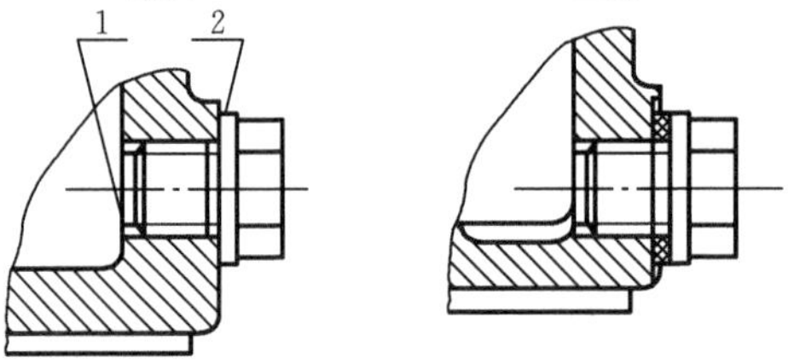	(1)放油孔的位置偏高,使箱内的润滑油放不干净 (2)螺塞与箱体接触处未设计密封件
窥视孔和窥视孔盖	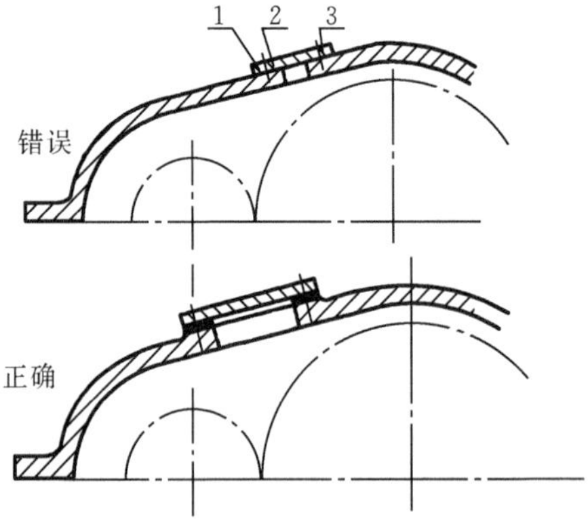 错误 正确	(1)窥视孔盖与箱盖接触处未设计加工凸台,不便于加工 (2)窥视孔太小,且位置偏上,不利于窥视啮合区的情况 (3)窥视孔盖下无垫片,易漏油
定位销	错误 正确 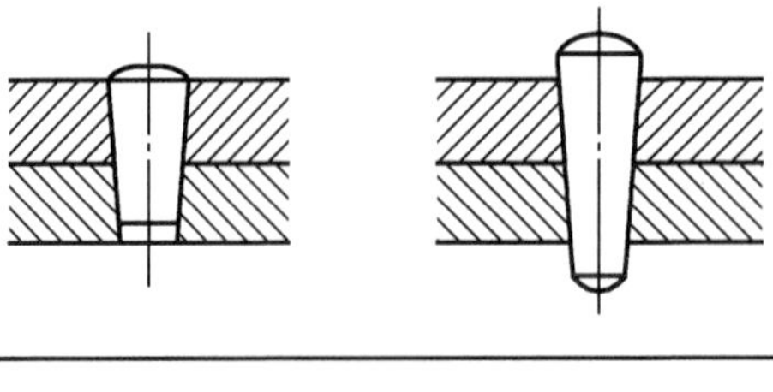	锥销的长度太短,不利于装拆

表 6-9 轴系结构设计正误图例

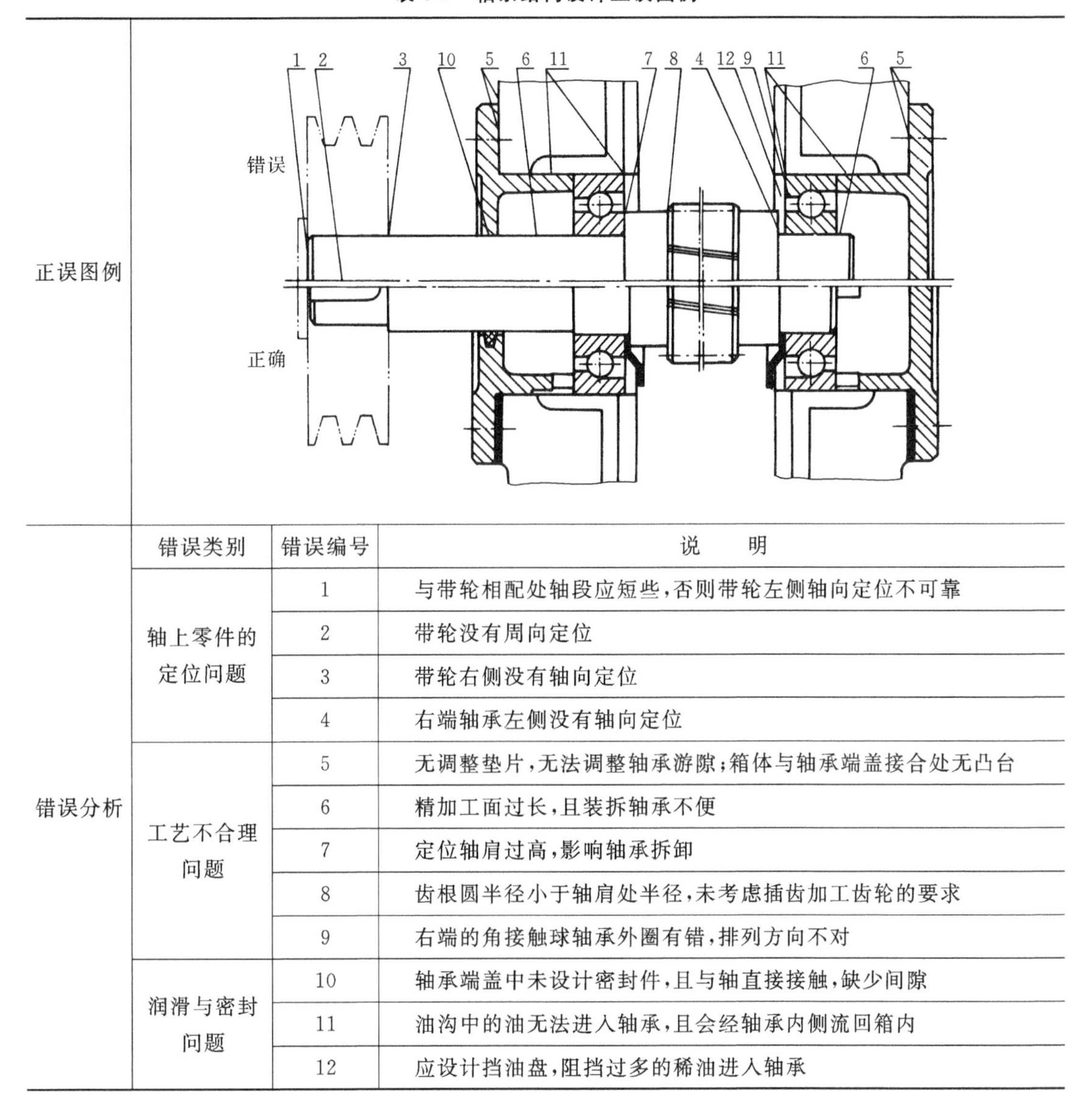

	错误类别	错误编号	说明
正误图例			
错误分析	轴上零件的定位问题	1	与带轮相配处轴段应短些，否则带轮左侧轴向定位不可靠
		2	带轮没有周向定位
		3	带轮右侧没有轴向定位
		4	右端轴承左侧没有轴向定位
	工艺不合理问题	5	无调整垫片，无法调整轴承游隙；箱体与轴承端盖接合处无凸台
		6	精加工面过长，且装拆轴承不便
		7	定位轴肩过高，影响轴承拆卸
		8	齿根圆半径小于轴肩处半径，未考虑插齿加工齿轮的要求
		9	右端的角接触球轴承外圈有错，排列方向不对
	润滑与密封问题	10	轴承端盖中未设计密封件，且与轴直接接触，缺少间隙
		11	油沟中的油无法进入轴承，且会经轴承内侧流回箱内
		12	应设计挡油盘，阻挡过多的稀油进入轴承

6.3.2 完善和加深

在减速器装配底图正式加深前，应综合考虑装配图的各项设计内容，合理布置图面。

在装配图已完整准确地表达减速器零部件的结构形状、尺寸和各部分相互关系的前提下，视图数量应尽量少。有些必须表达的内部结构可采用局部剖视图或局部视图。

画剖视图时，同一零件在不同视图中的剖面线方向和间隔应一致，相邻零件的剖面线方向或间隔应该不相同，装配图中的垫片薄件（$\leqslant$2 mm）其剖面可涂黑。

装配图中的标准件结构可以采用规定的简化画法，如滚动轴承、螺纹连接件等。同一视图的多个相同零件，如螺栓、螺母等，只需详细画出一个，其余用中心线表示。

在装配图绘制好后，对视图先不要加深，待尺寸、编号、明细栏和零件工作图全部内容完成并详细检查后，再加深，完成装配图。

6.3.3 标注尺寸

在减速器装配图中,主要有以下几项尺寸需要标注。

(1) 特性尺寸,传动件之间的中心距及其偏差属于特性尺寸,在图样上要标明。中心距极限偏差见表6-10。

表6-10 中心距极限偏差$\pm f_a$ (μm)

齿轮精度等级	f_a	齿轮副的中心距/mm											
		6~10	10~18	18~30	30~50	50~80	80~120	120~180	180~250	250~315	315~400	400~500	500~630
5~6	$\frac{1}{2}$IT7	7.5	9	10.5	12.5	15	17.5	20	23	26	28.5	31.5	35
7~8	$\frac{1}{2}$IT8	11	13.5	16.5	19.5	28	27	31.5	36	40.5	44.5	48.5	55
9~10	$\frac{1}{2}$IT9	18	21.5	26	31	37	43.5	50	57.5	65	70	77.5	87

(2) 外形尺寸,如减速器的长、宽、高尺寸。

(3) 安装尺寸,如箱体底面尺寸(长、宽、高),地脚螺栓的孔径与其位置尺寸及中心距,减速器的输入轴和输出轴与底座的中心高及外伸端的配合长度、直径等。

(4) 主要零件的配合尺寸,即表示减速器内零件之间装配要求的尺寸,一般用配合代号标注,如轴与齿轮、轴与联轴器、轴与轴承、轴承与轴承座孔等的配合尺寸。配合性质与精度的选择对减速器的特性、加工工艺及制造成本有很大影响。表6-11给出了减速器主要零件的荐用配合,可供设计时参考。

表6-11 减速器主要零件的荐用配合

配合零件	常用配合	装拆方法
一般传动零件如齿轮、蜗轮、带轮、联轴器与轴	H7/r6、H7/s6	用压力机或温差法
要求对中性良好及很少拆除的传动零件如齿轮、蜗轮、联轴器与轴	H7/n6	用压力机
小锥齿轮及常拆装的传动零件如齿轮、联轴器与轴	H7/m6、H7/k6	用木槌打入
滚动轴承内圈与轴	查表G-7	用压力机或温差法
滚动轴承外圈与轴承座孔	查表G-8	用木槌或徒手装拆
轴承套杯与轴承座孔	H7/h6	用木槌或徒手装拆
轴承端盖与轴承座孔	H7/h8、H7/f8	徒手装拆

6.3.4 编写技术要求

有些在视图上无法表示的有关装配、调整、维护等方面的内容,需要在技术要求中加以说明,以保证减速器的工作特性。技术要求一般包括以下几个方面的内容。

1. 对零件的要求

装配前所有零件均要用煤油或汽油清洗,在配合表面涂上润滑油。在箱体内表面涂防侵蚀涂料,箱体内不允许有任何杂物。

2. 对滚动轴承游隙的调整要求

为保证滚动轴承的正常工作，应保证轴承的轴向有一定的游隙。对游隙不可调的轴承(如深沟球轴承)，可取游隙$\Delta=0.25\sim0.4$ mm。对可调游隙的轴承，其游隙值可查机械设计手册。

轴承轴向间隙的调整方法见图6-7(a)。该图所示为用垫片调整轴向间隙，即先用轴承盖将轴承顶紧，测量轴承盖凸缘与轴承座之间的间隙δ，再用一组厚度为$\delta+\Delta$的调整垫片置于轴承盖凸缘与轴承座端面之间，拧紧螺钉，即可得到所需要的间隙。

图6-7(b)所示为用螺纹零件调整轴承间隙。可将螺钉或螺母拧紧，使轴向间隙为零，然后再退转螺母直至达到所需要的轴向间隙为止。

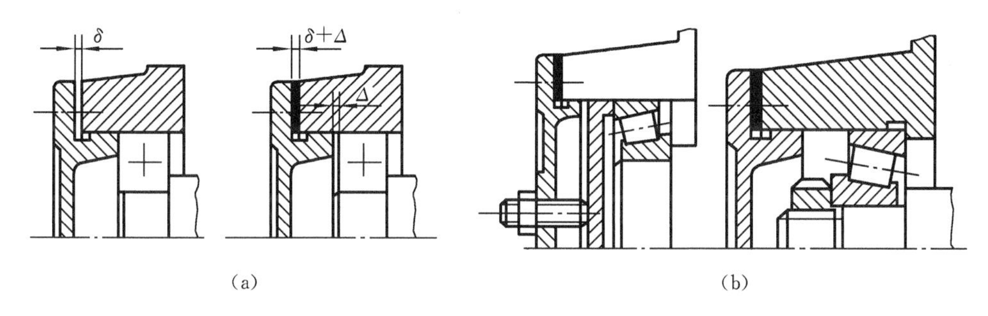

图6-7　滚动轴承的轴向间隙调整

3. 啮合传动侧隙和接触斑点

传动侧隙和接触斑点是齿轮传动中两项影响性能的重要指标，安装时必须保证齿轮副或蜗杆副所需要的侧隙及齿面接触斑点。

传动侧隙的大小与传动中心距有关，与齿轮精度无关。侧隙检查可用塞尺或把铅丝放入相互啮合的两齿面间，然后测量塞尺或铅丝变形后的厚度。

接触斑点的要求是根据传动件的精度确定的，其值可查相关手册。它的检查是在主动轮的啮合齿面上涂色，将其转动2～3周后，观察从动轮齿上的着色情况，从而分析接触区的位置和接触面积的大小。

若齿轮传动侧隙或接触斑点不符合设计要求，可调整传动件的啮合位置或对齿面进行刮研、跑合。对多级传动，如各级传动的侧隙和接触斑点要求不同，应分别在技术要求中注明。

4. 对润滑与密封的要求

对减速器润滑油、润滑脂的选择及箱体内油面的高度等问题应在技术要求和图中标明。

减速器剖分面、各接触面及密封处均不允许漏油、渗油。剖分面上允许涂密封胶或水玻璃，但不允许使用垫片。

5. 对试验的要求

减速器装配完毕后，在出厂前一般要进行空载试验和整机性能试验，根据工作和产品规范，可选择抽样和全部产品试验。空载试验要求在额定转速下正、反转各1～2 h。负载试验时要求在额定转速和额定功率下，油池温升不超过45 ℃，轴承温升不超过40 ℃。

在空载及负荷试验的全部过程中，要求运转平稳、噪声在要求的分贝值以内，连接固定处不松动，密封处不渗油、不漏油。

6. 对外观、包装和运输的要求

减速器应根据要求，在箱体表面涂上油漆。轴的外伸端及各附件应涂油包装。运输用的减速器包装箱应牢固可靠,装卸时不可倒置,安装搬运时不得使用箱盖上的吊钩、吊耳、吊环等。

6.3.5 对全部零件进行编号

零件应逐一编号,引线之间不允许相交,不应与尺寸线、尺寸界线平行,编号位置应整齐,按顺时针或逆时针顺序编写;成组使用的零件可共用同一根引线,按线端顺序标注其中各零件;整体购置的组件、标准件可共用同一标号,如轴承、通气器等。明细栏填写时,应根据图中零件标注顺序逐项填写,不能遗漏,必要时可在备注栏中加注。

6.3.6 编制标题栏和明细栏

标题栏、明细栏应按国家标准规定绘于图纸右下角指定位置,其尺寸规格必须符合国家标准或行业、企业标准。

1. 标题栏

装配图中的标题栏是用来阐明减速器的名称、图号、比例、质量及数量等项目的,应置于图纸的右下角。内容需按要求逐项填写,图号应根据设计内容用汉语拼音及数字编写。

2. 明细栏

装配图中的明细栏是减速器所有零部件的详细目录,它由下向上按序号完整地表示出零部件的名称、材料、规格、标准及数量等。

本课程所用标题栏和明细栏的格式见附录 A。

第 7 章　零件工作图设计

零件工作图是制造、检验和制定零件工艺规程的基本技术文件，它是在装配图的基础上绘制而成的。零件工作图既要反映出设计者的设计意图，又要考虑到零件制造及检验的可能性和合理性。

7.1　零件工作图的内容

零件工作图应包含零件制造和检验所需的全部内容。一张完整的零件工作图应该包括以下四部分内容。

1. 一组视图

为表达零件内、外结构，可以综合运用视图、剖视图、断面图等各种表达方式。要求视图准确、完整、清晰和简便，尽量采用 1∶1 的比例尺。

2. 一组尺寸

为反映零件各部分的结构大小与位置，在零件图上需要标注一组尺寸。要求尺寸正确、合理、完整和清晰。

3. 技术要求

为了给零件制造、检验、安装提供依据，零件图上需要标注各种技术要求，包括尺寸公差、几何公差、表面粗糙度、热处理工艺等。技术要求所用的符号、数字、字母和文字必须符合国家规定，内容简明、准确。

4. 标题栏

标题栏用于填写零件的名称、材料、件数、比例，以及制图者、校对者、审核者的姓名和相应的日期等内容。标题栏绘制在零件图的右下角(课程设计时所用的零件图标题栏见附录 A)。

课程设计时，绘制零件工作图主要是为了锻炼学生的设计能力、绘图能力，提高学生对零件图内容、要求的熟悉程度。教师可以根据学时，指定学生绘制 1～3 个典型零件的工作图。

下面介绍轴、齿轮和带轮等典型零件工作图的设计要点。

7.2　轴零件工作图设计要点

轴类零件的结构特点是各组成部分常为同轴线的圆柱体及圆锥体，表面带有键槽、退刀槽、轴环、轴肩、螺纹段以及中心孔等。

7.2.1　视图的选择

轴类零件工作图一般只需要一个主视图，通常是按轴的工作位置(轴线水平)放置的视图，在有键槽和孔的部位应该增加必要的断面图。对于不易表达清楚的局部，如退刀槽、砂轮越程槽、中心孔等，必要时可以绘制局部放大图。

7.2.2 尺寸标注

对轴类零件主要标注径向尺寸和轴向尺寸。

在标注径向尺寸时,轴的各段直径尺寸都应标注,不能省略。凡是在装配中有配合要求的轴段,径向尺寸都应标注尺寸偏差。

在标注轴向尺寸时,应选择合理的尺寸基准,尽量使尺寸的标注能够反映出制造工艺与测量要求。对于轴向尺寸,还应避免出现封闭的尺寸链。一般把轴上最不重要的一段轴向尺寸作为尺寸的封闭环,不标注尺寸,如图 7-1 所示。下面以此为例介绍轴类零件的轴向尺寸常用的标注方法。

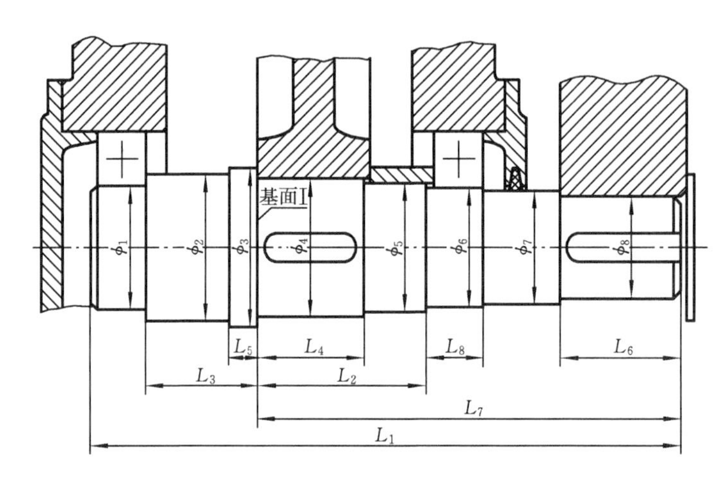

图 7-1 轴类零件的尺寸标注示例

图中基面Ⅰ为主要基准面,L_2、L_3、L_4、L_5、L_7 等尺寸均以Ⅰ面为基准面标出。标注 L_2 及 L_4 是保证齿轮及滚动轴承用套筒作轴向固定的可靠性,而标注 L_3 则与控制轴承支点跨距有关,L_6 则涉及联轴器的轴向定位。而与 ϕ_1、ϕ_2、ϕ_5、ϕ_7 等直径对应的轴段长度是次要尺寸,其误差不影响装配精度,因而可分别取它们作为封闭环,即不标注轴向尺寸,从而避免了尺寸链的封闭。

键槽尺寸除按规定标注外,还应注意标注键槽的定位尺寸。

轴上的全部倒角、过渡圆角都应标注。若尺寸相同,也可在技术要求中加以说明。

7.2.3 尺寸公差的标注

对于普通减速器中的轴,在零件图中对其轴向尺寸一般按未注公差处理,不必标注尺寸公差。

对于在装配图中有配合要求的轴段,如与滚动轴承内圈相配合的轴颈、安装传动零件的轴头等轴段的直径,应根据装配图选定的配合,经查表确定其尺寸的极限偏差,然后在零件图中标注径向尺寸及极限偏差。

标注键槽尺寸时,沿轴向应标注键槽长度尺寸和轴向定位尺寸,键槽宽度和深度应标注相应的尺寸偏差。具体标注方法可参考相关手册。

7.2.4　几何公差的标注

轴类零件的零件工作图上应标出必要的几何公差，以保证加工精度和装配质量。标注方法及公差值见表 A-12、A-13。表 7-1 列出了轴的几何公差推荐项目。

表 7-1　轴的几何公差推荐项目

<table>
<tr><th>类别</th><th>标 注 项 目</th><th>符号</th><th>荐用
精度等级</th><th>对工作性能的影响</th></tr>
<tr><td rowspan="2">形状公差</td><td>与传动零件相配合的直径的圆柱度</td><td rowspan="2">⌭</td><td>7～8</td><td>影响传动零件与轴配合的松紧及对中性</td></tr>
<tr><td>与滚动轴承相配合的直径的圆柱度</td><td>查表 G-10</td><td>影响轴承与轴配合的松紧及对中性</td></tr>
<tr><td rowspan="4">跳动公差</td><td>与滚动轴承配合的轴径表面对轴中心线的径向圆跳动</td><td rowspan="4">↗</td><td>5～6</td><td>影响传动零件及轴承的运转偏心</td></tr>
<tr><td>轴承定位端面对轴中心线的端面圆跳动</td><td>查表 G-10</td><td>影响轴承的定位，造成轴承套圈歪斜；改变滚道的几何形状，恶化轴承的工作条件</td></tr>
<tr><td>与传动零件配合表面对轴中心线的径向圆跳动</td><td>6～8</td><td>影响传动零件的运转（偏心）</td></tr>
<tr><td>传动零件的定位端面对轴中心线的端面圆跳动</td><td>6～8</td><td>影响齿轮等传动零件的定位及其受载均匀性</td></tr>
<tr><td>位置公差</td><td>键槽侧面对轴中心线的对称度（要求不高时可不注）</td><td>⌯</td><td>7～9</td><td>影响键受载均匀性及装拆的难易</td></tr>
</table>

7.2.5　表面粗糙度的标注

轴的各部分精度不同，加工方法不同时，表面粗糙度也不相同。轴的表面粗糙度参数 Ra 可参考表 7-2 选择。

表 7-2　轴的表面粗糙度 Ra 推荐值　（μm）

<table>
<tr><th colspan="2">加 工 表 面</th><th colspan="4">Ra 值</th></tr>
<tr><td colspan="2">与普通精度滚动轴承配合的表面</td><td colspan="2">0.8（轴承内径≤80 mm）</td><td colspan="2">1.6（轴承内径＞80 mm）</td></tr>
<tr><td colspan="2">与普通精度滚动轴承配合的轴肩端面</td><td colspan="2">1.6（轴承内径≤80 mm）</td><td colspan="2">3.2（轴承内径＞80 mm）</td></tr>
<tr><td colspan="2">与传动件及联轴器等轮毂相配合的表面</td><td colspan="4">3.2～1.6</td></tr>
<tr><td colspan="2">与传动件及联轴器相配合的轴肩端面</td><td colspan="4">3.2</td></tr>
<tr><td colspan="2">平键键槽</td><td colspan="2">3.2（工作面）</td><td colspan="2">6.3（非工作面）</td></tr>
<tr><td rowspan="3">密封处表面</td><td>密封件</td><td>毡圈</td><td colspan="2">橡胶密封圈</td><td>油沟及迷宫</td></tr>
<tr><td>密封处的圆周速度/(m/s)</td><td>≤3</td><td>＞3～5</td><td>＞5～10</td><td rowspan="2">3.2～1.6</td></tr>
<tr><td>Ra 值</td><td>1.6～0.8</td><td>0.8～0.4</td><td>0.4～0.2</td></tr>
</table>

7.2.6 其他技术要求

凡在工作图上不便用图形或符号表示，而在制造时又必须遵循的条件和要求，可在技术要求中用文字说明。轴类零件工作图的技术要求包括：

(1) 对轴材料的力学性能和化学成分的要求及允许采用的代用材料等；

(2) 对材料表面力学性能的要求，如热处理方法、热处理后的硬度、渗碳深度及淬火深度等；

(3) 对加工的要求，如是否要保留中心孔，若需要保留中心孔，应在工作图上画出或按国家标准加以说明，与其他零件一起配合加工（如配钻或配铰）时也应说明；

(4) 对图中未注明的圆角、倒角尺寸及其他特殊要求的说明，如个别部位的修饰加工及长轴毛坯的校直等。

7.2.7 轴零件工作图例

图 7-2 和图 7-3 分别为阶梯轴零件图和齿轮轴零件图。

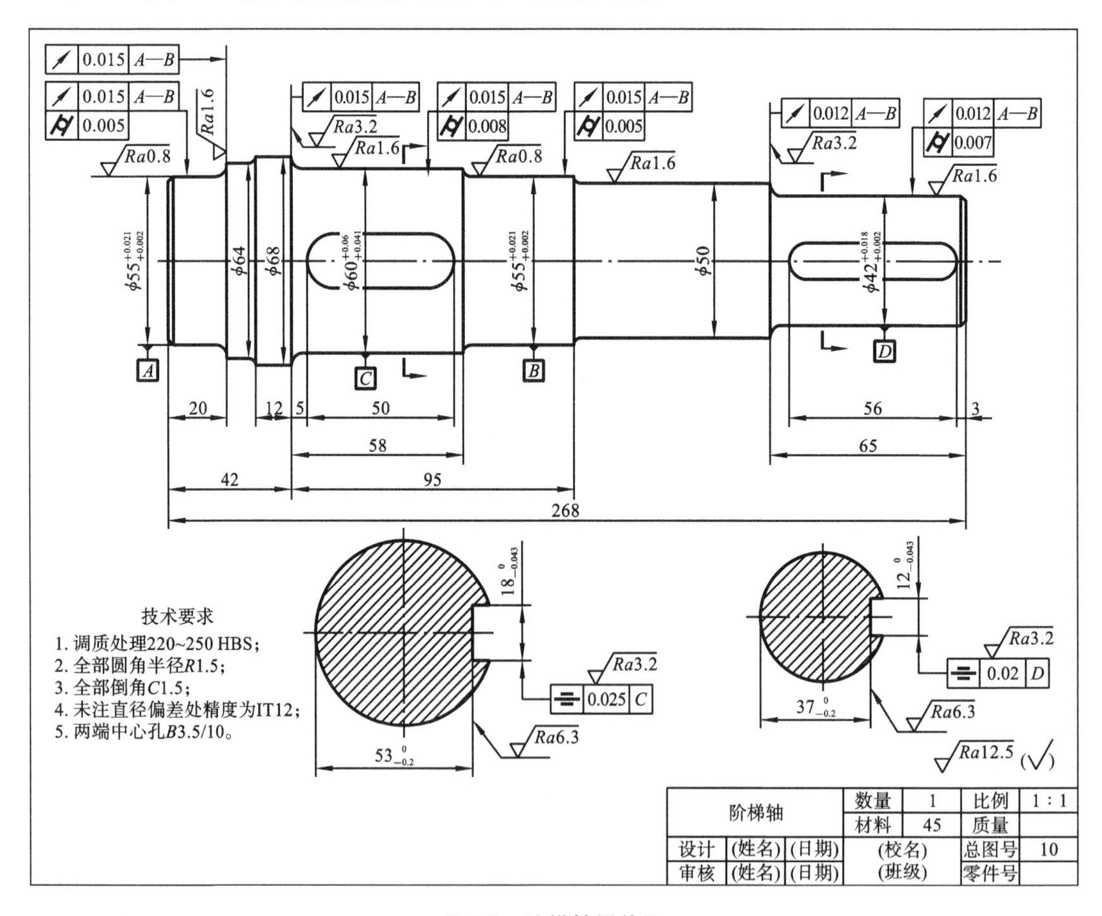

图 7-2 阶梯轴零件图

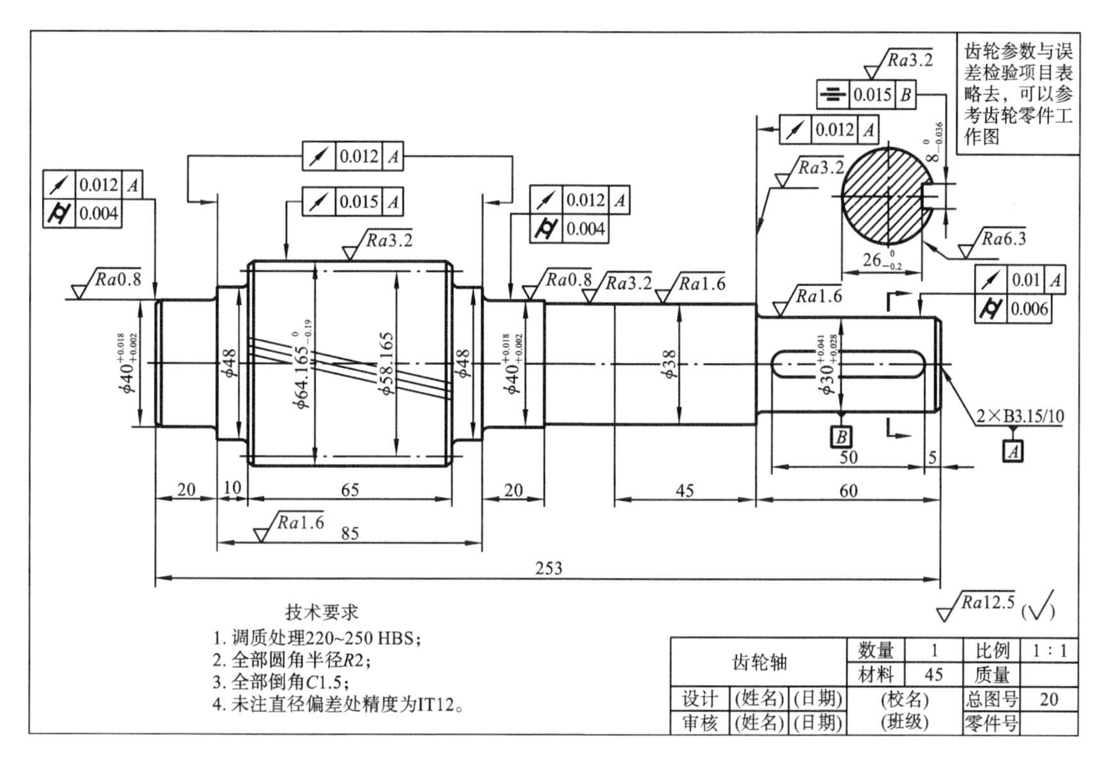

图 7-3　齿轮轴零件图

7.3　齿轮零件工作图设计要点

齿轮类零件工作图除包含上述通用内容外，还应列出加工时必需的参数和检验项目及其数据，一般标注在图纸的右上角。

7.3.1　视图的选择

齿轮类零件工作图一般需要两个视图，即主视图和左视图。齿轮轴和蜗杆的视图与轴类零件相似。主视图通常可按轴线水平布置，采用全剖或半剖视图；左视图应以表达孔、键槽等的形状和尺寸为主。为表达齿形的有关特征及参数，必要时可以画出局部断面图。

对于轮辐结构的齿轮，还应增加必要的轮辐结构断面图。

对于组合式蜗轮，应分别画出齿圈、轮芯的零件工作图和蜗轮的组件图。

7.3.2　尺寸及公差标注

齿轮类零件工作图中主要标注径向尺寸和轴向尺寸，对于铸造或锻造的毛坯，应标注起模斜度和必要的工艺圆角等。

径向尺寸以轴线为基准标注，轴向尺寸则以齿轮端面为基准标注。

齿轮类零件的分度圆直径是此类零件设计的公称尺寸，必须标注。齿顶圆常作为加工定位基准、找正基准或测量基准。当齿顶圆作为测量基准时，其直径公差按齿坯公差选取；当不作为测量基准时，尺寸公差按 IT11 确定，但不应小于 $0.1m_n$（m_n为齿轮的法向模数）。齿根圆是由齿轮加工时得到的，因此不必在图上标注。

零件的轴孔,即轮毂孔是加工、测量和装配的主要基准,有尺寸精度要求,应根据装配图上标注的配合性质和公差等级,标出极限偏差。

锥齿轮的锥距和锥角是保证齿轮啮合精度的重要尺寸。因此,标注时对锥距应精确到0.01 mm,对锥角应精确到“′”,分度圆锥角则应精确到“″”。在加工锥齿轮毛坯时,其尺寸偏差和公差应控制在规定范围内,具体数值可查相关手册。

对蜗轮的组件图,还应注出齿圈和轮芯的配合尺寸和配合性质。

7.3.3 齿坯几何公差标注

齿坯的几何公差对齿轮类零件的传动精度影响很大,对齿轮类零件的配合表面、安装或测量基准面等,均应标注几何公差。标注方法及公差值见附表 A-12、A-13。

一般需标注的项目如下:

① 齿顶圆的径向圆跳动;

② 基准端面对轴线的轴向圆跳动;

③ 键槽侧面对孔中心线的对称度。

齿坯几何公差的具体内容可查相关手册或参考表 7-3,按荐用值标注。

表 7-3 齿坯几何公差荐用表

内容	标注项目	符号	推荐精度等级	对工作性能的影响
跳动公差	圆柱齿轮以顶圆作为测量基准时齿顶圆的径向圆跳动	↗	按齿轮及蜗轮(蜗杆)的精度等级确定	影响齿厚的测量精度,并在切齿时产生相应的齿圈径向跳动误差,导致传动件加工中心与使用中心不一致,引起分度不均,同时会使轴中心线与机床垂直导轨不平行而引起齿向误差,影响齿面载荷分布及齿轮副间隙的均匀性
	锥齿轮的齿顶圆锥的径向圆跳动			
	蜗轮外圆的径向圆跳动			
	蜗杆外圆的径向圆跳动			
	基准端面对轴线的轴向圆跳动			
位置公差	键槽侧面对孔中心线的对称度	⌯	7~9	影响键侧面受载的均匀性

7.3.4 表面粗糙度标注

齿轮类零件表面有加工表面和非加工表面的区别,该类零件的所有表面都应标注表面粗糙度,表面粗糙度 *Ra* 值均应按照各表面工作要求查相关手册或参考表 7-4,按推荐值标注。

7.3.5 啮合特性表

齿轮是一类特殊的零件。在齿轮零件工作图上,并没有全部准确地画出零件的形状(如齿的形状等),而是由啮合特性表给出齿轮零件的一些重要参数。啮合特性表列出了齿轮的基本参数、精度等级和检验项目等。啮合特性表应布置在零件工作图的右上角。表 7-5 所示为圆柱齿轮啮合特性表的具体格式,可供参考。

表 7-4　齿轮轮齿表面粗糙度 Ra 推荐值　(μm)

加工表面		传动精度等级			
		6	7	8	9
齿轮工作面	圆柱齿轮	1.6～0.8	3.2～0.8	3.2～1.6	6.3～3.2
	锥齿轮		3.2～0.8		
	蜗杆及蜗轮		1.6～0.8		
齿顶圆		12.5～3.2			
轴孔		3.2～1.6			
与轴肩配合的端面		6.3～3.2			
平键键槽		6.3～3.2(工作面),12.5(非工作面)			
轮圈与轮芯的配合面		3.2～1.6			
其他加工表面		12.5～6.3			
非加工表面		100～50			

表 7-5　圆柱齿轮啮合特性表

齿轮类型			法向齿厚	$S_{n}{}^{E_{sns}}_{E_{sni}}$	
法向模数	m_n		精度等级		
齿数	z		齿轮副中心距	$a \pm f_a$	
法向压力角	α_n		配对齿轮	图号	
齿顶高系数	h_a^*			齿数	
顶隙系数	c^*		检验项目(组)	代号	允许值
螺旋角及方向	β		(按需要和要求列项标注)		
变位系数	x				

注:①若将表中“法向齿厚”、“齿轮副中心距”这两项作为齿轮/齿轮副的参数看待(需要时),也可将其偏差符号去除,只标注“S_n”、“a”;

②若是直齿轮,可将有关斜齿轮的“参数”项删除,表示法向的下标“n”也可省略;

③齿轮和齿轮副检验项目(组)的选取及标注可参照 GB/T 4459.2—2003 第 3 章中第三点和第四点的规定逐行列出;

④若设计方允许精度检验项目(组)任选,则在设计图样中可将“检验项目(组)”栏删除(即由工艺文件/人员考虑如何检验)。

7.3.6　其他技术要求

齿轮类零件工作图上的技术要求一般有以下内容:

① 齿轮毛坯的来源说明(如铸件、锻件等);

② 对材料力学性能和化学成分的要求及允许代用的材料;

③ 对材料表面力学性能的要求,如热处理方法及热处理后的硬度、渗碳深度、淬火深度等;

④ 图中未注明的圆角、倒角尺寸和未注明的表面粗糙度等;

⑤ 对大型或高速齿轮的动平衡试验要求。

7.3.7　齿轮零件工作图例

斜齿圆柱齿轮零件图如图 7-4 所示。

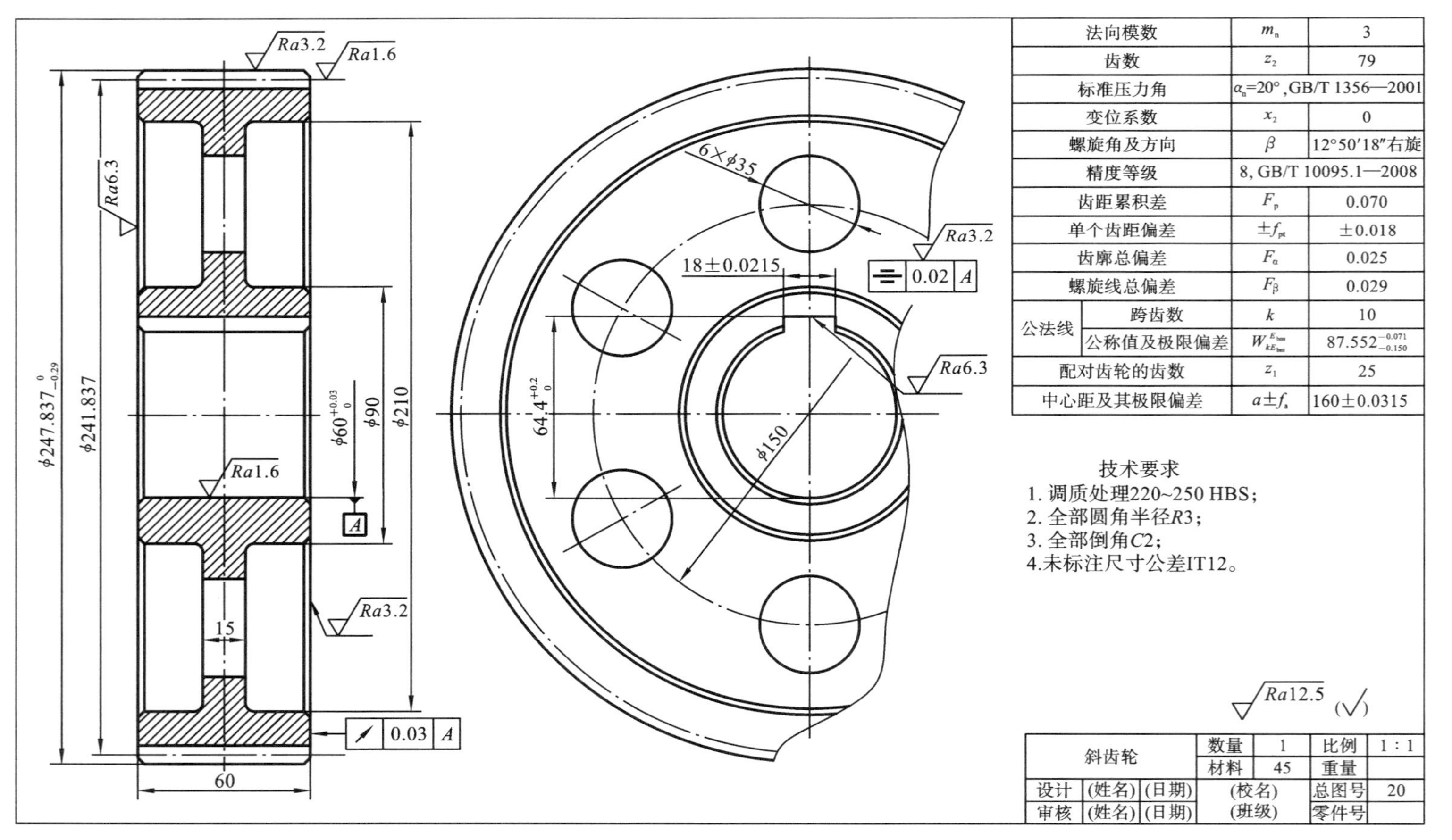

图 7-4 斜齿圆柱齿轮零件图

7.4 带轮零件工作图设计要点

7.4.1 视图的选择

带轮的零件工作图一般需要两个视图，即主视图和左视图，才能完整地表示带轮的几何形状及各部分尺寸与加工要求。主视图通常可按轴线水平布置，可采用全剖或半剖视图；左视图可采用以表达孔、键槽等形状和尺寸为主的局部视图。为表达带轮轮槽的有关特征及尺寸，必要时可以画出局部视图。对于轮辐结构的带轮，还应增加轮辐结构的断面图。

7.4.2 尺寸及公差标注

带轮零件工作图中主要标注径向尺寸和轴向尺寸，对于铸造或锻造的毛坯，还应标注起模斜度和必要的工艺圆角等。

径向尺寸以轴线为基准标出，轴向尺寸则以带轮经加工的端面为基准标出。

带轮的基准直径是带轮设计、制造的公称尺寸，必须标注尺寸及偏差，其极限偏差按 c11 查取。带轮外径常作为加工定位基准、找正基准或测量基准，也需查表后标注尺寸及偏差，其极限偏差按 h12 查取。带轮轮槽的槽底直径是根据带轮轮槽加工得到的，因此不必在图上标注。根据带的型号，查表后标注轮槽的尺寸及偏差。

带轮的轮毂孔是加工、测量和装配的主要基准，有尺寸精度要求。带轮轮毂孔公差为 H7 或 H8，轮毂长度公差为 IT14，查表后标注尺寸及偏差。

7.4.3 V 带轮的表面粗糙度和几何公差

传动带轮的工作表面粗糙度不应超出表 7-6 中的规定，标注可以参考表 7-7 中的图例。

表 7-6　传动带轮工作表面粗糙度(GB/T 11357—2008 摘录)　(μm)

带轮工作表面		表面粗糙度 Ra
V 带、多楔带轮槽和各种带轮轴孔		3.2
平带轮轮缘，各种带轮轮缘棱边		6.3
同步带轮的齿侧和齿顶	一般工业传动	3.2
	高性能传动(如汽车用传动)	1.6

带轮的轮槽对称平面对带轮轴线的垂直度允许误差是±30′，带轮各轮槽间的累积误差不得超过±0.8 mm，带轮圆跳动公差要求参见表 7-7。

表 7-7　V 带轮圆跳动公差(GB/T 10412—2002 摘录)　(mm)

基准直径 d_d	圆跳动公差 t	基准直径 d_d	圆跳动公差 t
20～100	0.2	>425～630	0.6
106～160	0.3	>670～1000	0.8
170～250	0.4	>1060～1600	1.0
265～400	0.5	>1700～2500	1.2

7.4.4 其他技术要求

带轮各部位不允许有裂缝、砂眼、缩孔和气泡。带轮的结构要便于制造,质量分布应均匀。当 $v<5$ m/s 时要进行静平衡试验,当 $v \geqslant 5$ m/s 时则要进行动平衡试验。

7.4.5 带轮零件工作图例

带轮零件工作图如图 7-5 所示。

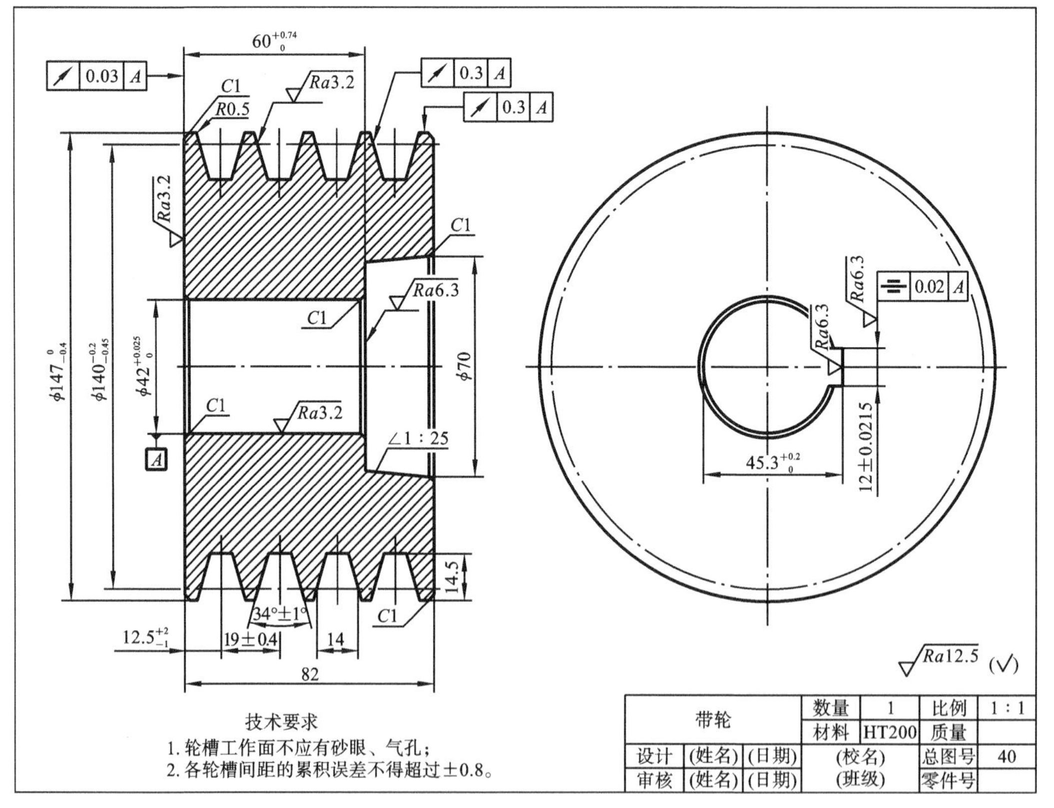

图 7-5　带轮零件图

第 8 章　编写设计计算说明书

设计计算说明书是全部设计计算的整理和总结，是图样设计的理论依据，而且是审核设计的技术文件之一。因此，编写设计计算说明书是设计工作的一个重要组成部分。

8.1　设计计算说明书主要内容

设计计算说明书的内容视设计对象而定，对于传动装置设计，其内容主要包括：

① 目录(标题及页次)；

② 设计任务书；

③ 传动方案的拟订(简要说明，附传动方案简图)；

④ 电动机的选择(包括计算电动机所需功率，选择电动机)；

⑤ 传动装置的运动和动力参数计算(包括分配各级传动比，计算各轴的转速、功率和转矩)；

⑥ 传动零件的设计计算(计算过程，并附传动零件结构设计简图)；

⑦ 轴的设计及计算(计算过程，并附轴结构设计简图)；

⑧ 键的选择和计算；

⑨ 滚动轴承的选择和计算；

⑩ 联轴器的选择；

⑪ 润滑方式、密封形式及润滑油牌号的选择；

⑫ 减速器附件的选择(选择说明，并附所选附件的插图)；

⑬ 设计小结(简要说明课程设计的体会，本设计的优、缺点及改进意见等)；

⑭ 参考文献(参考文献的编号、作者、书名、出版地、出版者、出版年月等)。

8.2　设计计算说明书书写格式

设计计算说明书的书写格式见例 2-1 的“解”格式。

8.3　准备答辩

完成设计后，应及时做好答辩的准备，并认真总结设计过程。总结时，可以从确定方案直至结构设计各个方面的具体问题入手，如各零件的构型和作用、相互关系、受力分析、承载能力校验、主要参数的确定、选材、结构细节、工艺性、使用维护以及资料和标准的运用等，做系统、全面的回顾，进一步真正弄懂设计过程中的计算方法和结构设计等问题，以取得更大的收获。

答辩是课程设计的最后一个重要环节。答辩也是检查学生掌握设计知识及实际具有的设计能力和评定学生成绩的重要方式。

答辩前，学生应做好以下工作：

① 整理、检查全部图纸和设计计算说明书，按要求完成规定的设计任务；

② 叠好图纸(见图 8-1),装订好说明书,一同装入资料袋内。

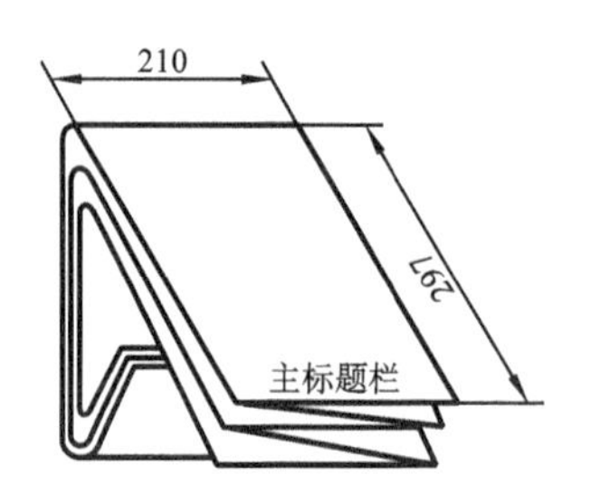

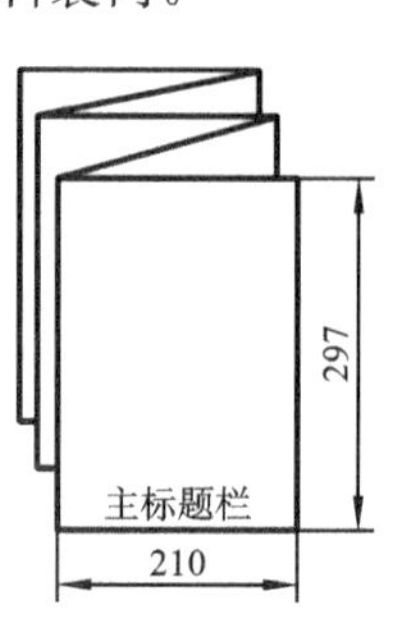

图 8-1 图纸叠法

第9章 课程设计参考题目及图例

9.1 课程设计参考题目

题目1 设计带式运输机传动装置

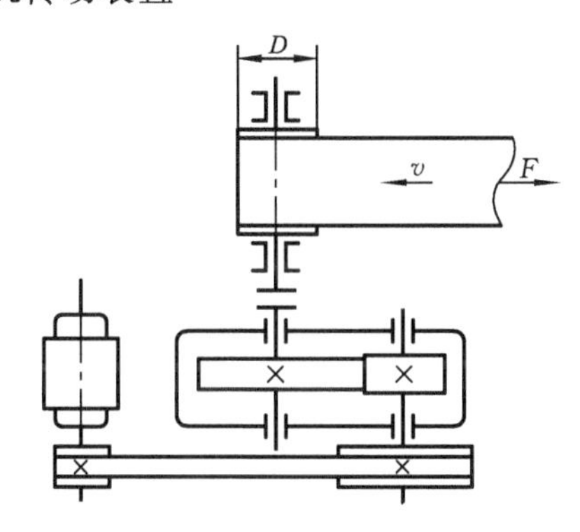

原始数据

数据编号	1	2	3	4	5	6	7	8	9	10
运输带工作拉力 F/N	1100	1150	1200	1250	1300	1350	1400	1450	1500	1600
运输带工作速度 v/(m/s)	1.50	1.60	1.70	1.50	1.55	1.60	1.55	1.60	1.70	1.80
卷筒直径 D/mm	250	260	270	240	250	260	250	260	280	300

工作条件

连续单向运转，载荷平稳，空载启动，使用期8年，小批量生产，两班制工作，运输带速度允许误差±5%。

题目2 设计螺旋输送机传动装置

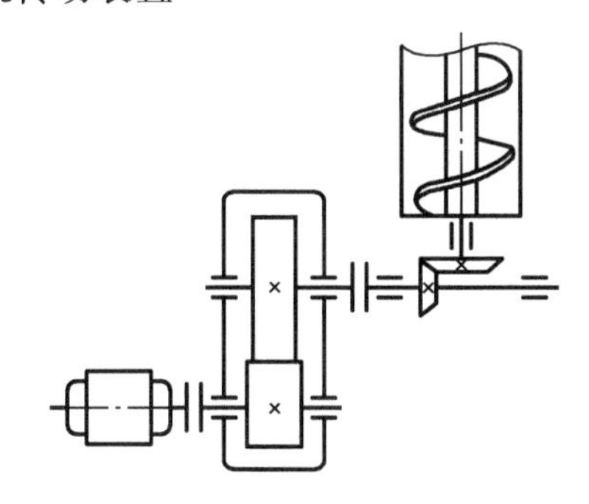

原始数据

数据编号	1	2	3	4	5	6	7	8	9	10
输送机工作轴转矩 T/(N·m)	250	250	260	250	260	265	270	275	280	285
输送机工作轴转速 n/(r/min)	150	145	140	140	135	130	125	125	120	120

工作条件

连续单向运转，工作时有轻微振动，使用期8年，小批量生产，两班制工作，输送机工作轴转速允许误差±5%。

题目3 设计带式运输机传动装置

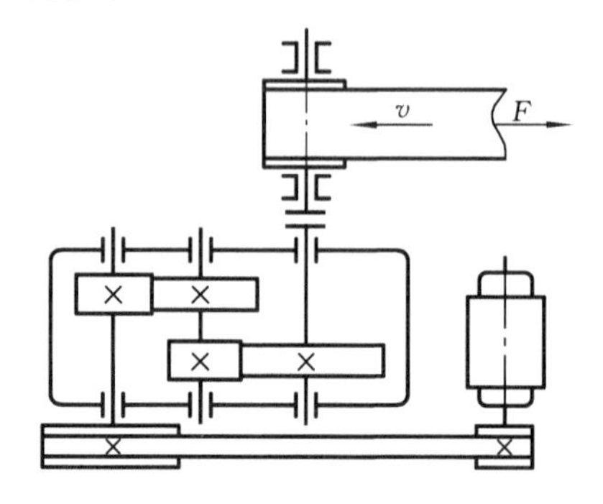

原始数据

数据编号	1	2	3	4	5	6	7	8	9	10
运输机工作轴转矩 $T/(N\cdot m)$	800	750	690	670	630	600	760	700	650	620
运输带工作速度 $v/(m/s)$	0.70	0.75	0.80	0.85	0.90	0.95	0.75	0.80	0.85	0.90
卷筒直径 D/mm	300	300	320	320	380	360	320	360	370	360

工作条件

连续单向运转,工作时有轻微振动,使用期10年,小批量生产,单班制工作,运输带速度允许误差±5%。

题目4 设计带式运输机传动装置

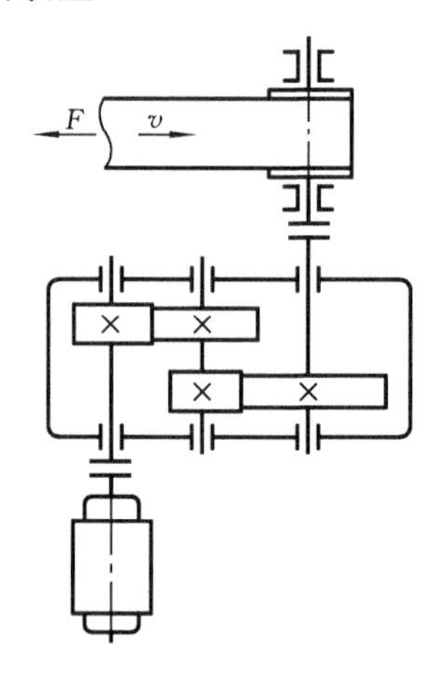

原始数据

数据编号	1	2	3	4	5	6	7	8	9	10
运输带工作拉力 F/N	2000	1800	1800	2200	2400	2500	2600	1900	2300	2000
运输带工作速度 $v/(m/s)$	2.3	2.35	2.5	2.4	1.8	1.8	1.8	2.45	2.1	2.4
卷筒直径 D/mm	330	340	360	350	260	250	280	360	310	360

工作条件

连续单向运转,工作时有轻微振动,空载启动,使用期8年,小批量生产,单班制工作,运输带速度允许误差±5%。

题目5 设计带式运输机传动装置

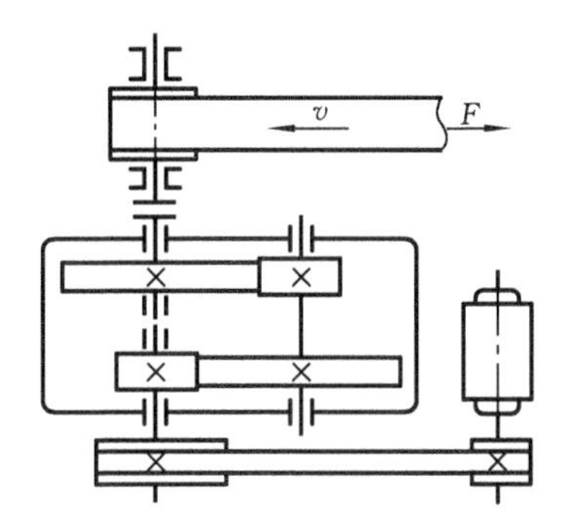

原始数据

数 据 编 号	1	2	3	4	5	6	7	8	9	10
运输机工作轴转矩 $T/(\mathrm{N\cdot m})$	1000	1050	1100	1150	1200	1250	1300	1050	1100	1150
运输带工作速度 $v/(\mathrm{m/s})$	0.70	0.75	0.80	0.85	0.70	0.70	0.75	0.80	0.85	0.90
卷筒直径 D/mm	400	420	450	480	400	420	450	480	420	450

工作条件

连续单向运转，工作时有轻微振动，使用期 8 年，小批量生产，单班制工作，运输带速度允许误差±5%。

题目 6　设计带式运输机传动装置

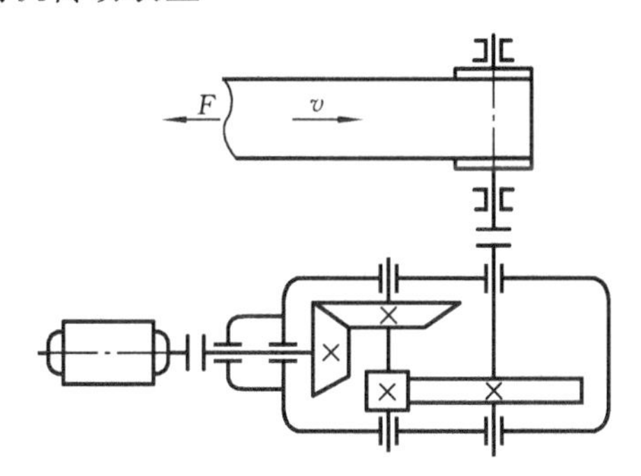

原始数据

数 据 编 号	1	2	3	4	5	6	7	8	9	10
运输带工作拉力 F/N	2500	2400	2300	2200	2100	2100	2800	2700	2600	2500
运输带工作速度 $v/(\mathrm{m/s})$	1.4	1.5	1.6	1.7	1.8	1.9	1.3	1.4	1.5	1.6
卷筒直径 D/mm	250	260	270	280	290	300	250	260	270	280

工作条件

连续单向运转，工作时有轻微振动，使用期 8 年，小批量生产，单班制工作，运输带速度允许误差±5%。

题目 7　设计电动卷扬机传动装置

原始数据

数 据 编 号	1	2	3	4	5	6	7	8	9	10
钢绳拉力 F/kN	10	12	14	15	16	18	20	11	13	17
钢绳速度 $v/(\mathrm{m/min})$	12	12	10	10	10	8	8	12	12	8
卷筒直径 D/mm	450	460	400	380	390	310	320	440	480	330

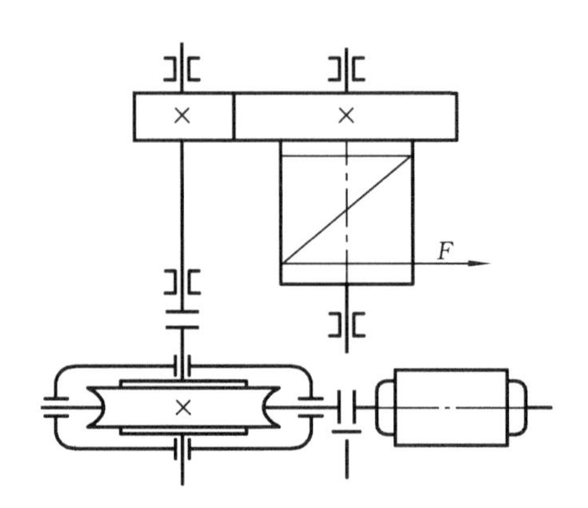

工作条件

间歇工作,每班工作时间不超过15%,每次工作时间不超过10 min,满载启动,工作中有中等振动,两班制工作,小批量生产,钢绳速度允许误差±5%,设计寿命10年。

题目8 设计电动卷扬机传动装置

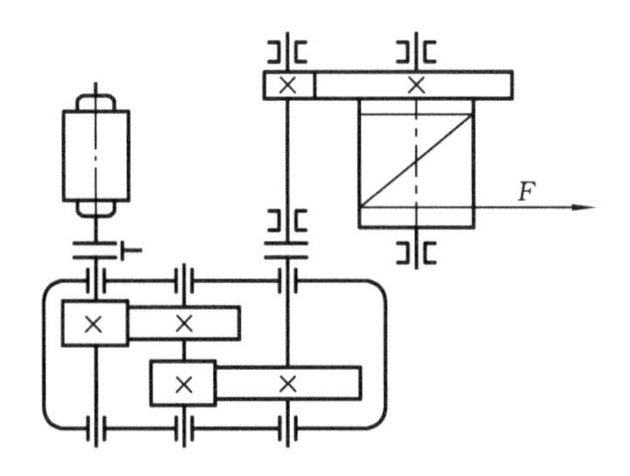

原始数据

数据编号	1	2	3	4	5	6	7	8	9	10
钢绳拉力 F/kN	10	9	8	14	15	10	12	11	12	13
钢绳速度 v/(m/min)	18	20	23	16	13	19	15	17	16	14
卷筒直径 D/mm	260	290	330	240	210	250	220	240	240	220

工作条件

方案1,满载工作占5%,3/4负载工作占10%,半载工作占5%,循环周期30 min,工作中有中等振动,两班制工作,钢绳速度允许误差±5%,小批量生产,设计寿命10年。方案2,同题目7。

9.2 课程设计参考图例

图9-1至图9-5所示为常用减速器,供课程设计参考用。图9-6所示为减速器装配图常见错误示例,之后附有错误说明。

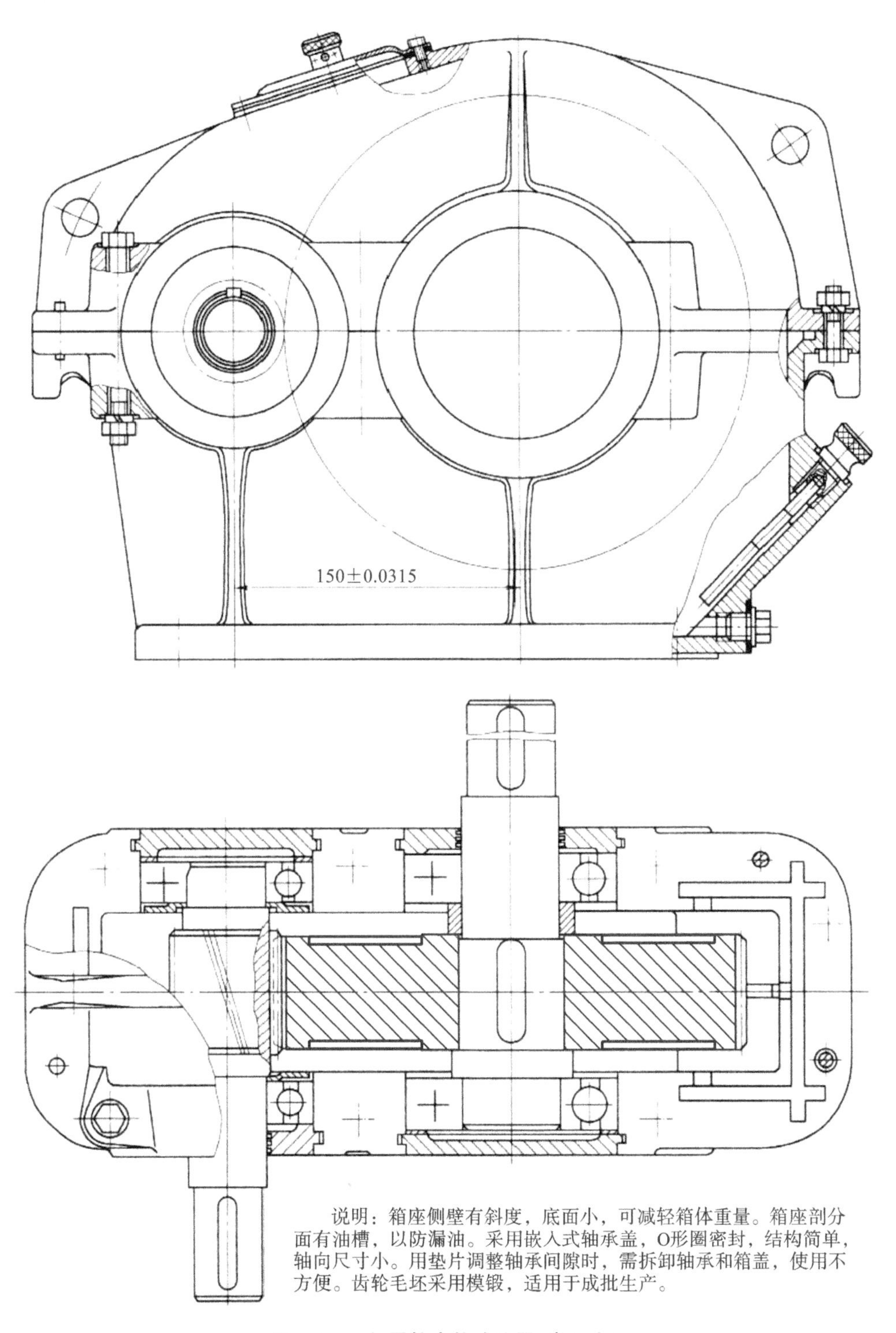

说明：箱座侧壁有斜度，底面小，可减轻箱体重量。箱座剖分面有油槽，以防漏油。采用嵌入式轴承盖，O形圈密封，结构简单，轴向尺寸小。用垫片调整轴承间隙时，需拆卸轴承和箱盖，使用不方便。齿轮毛坯采用模锻，适用于成批生产。

图 9-1　一级圆柱齿轮减速器(嵌入式)

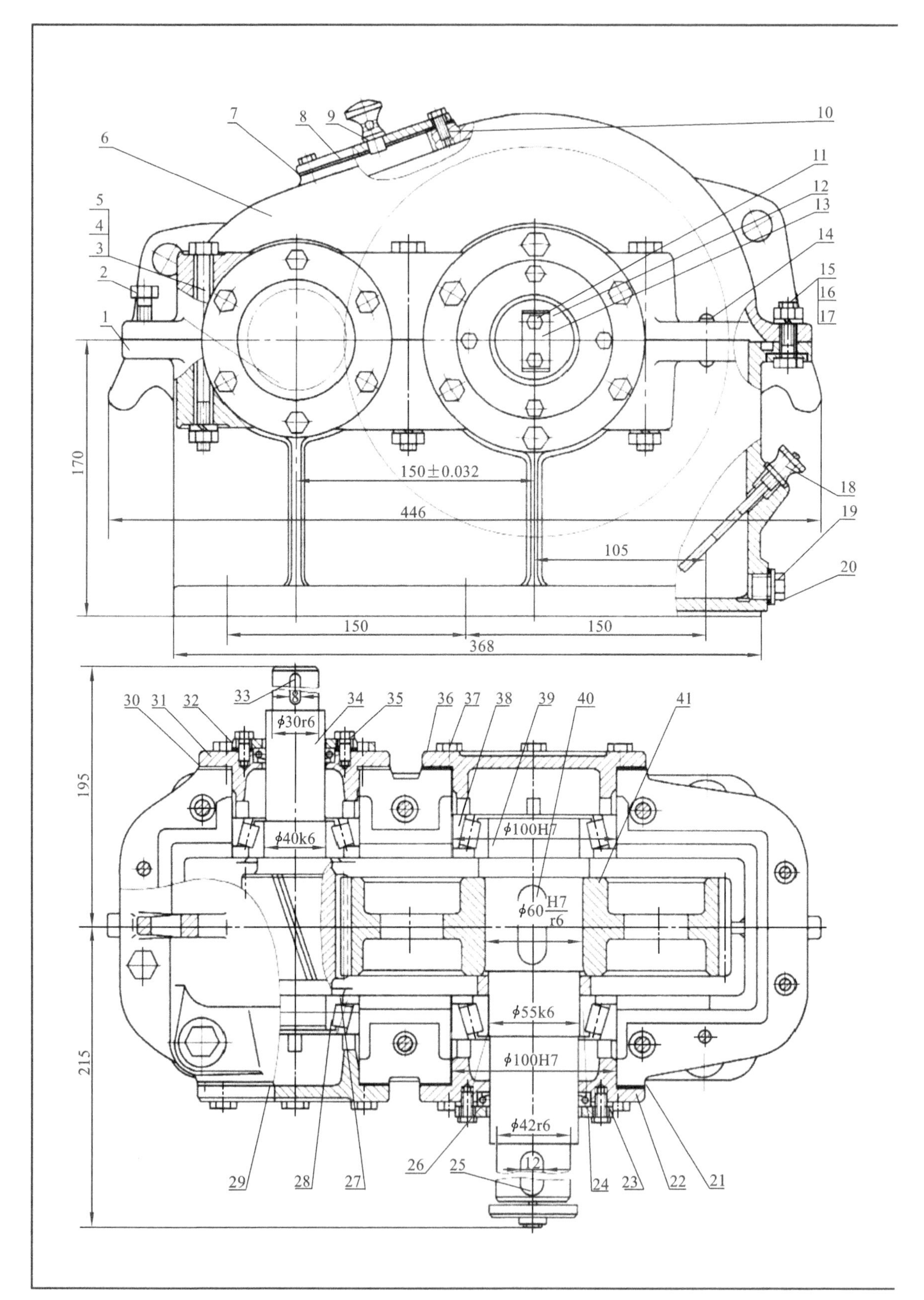
1
2
3
4
5
6
7
8
9
10
11
12
13
14
15
16
17
18
19
20
170
150±0.032
446
105
150
150
368
195
215
21
22
23
24
25
26
27
28
29
30
31
32
33
34
35
36
37
38
39
40
41
8
ϕ30r6
ϕ40k6
ϕ100H7
ϕ60 $\frac{H7}{r6}$
ϕ55k6
ϕ100H7
ϕ42r6
12

图 9-2　一级圆柱齿轮

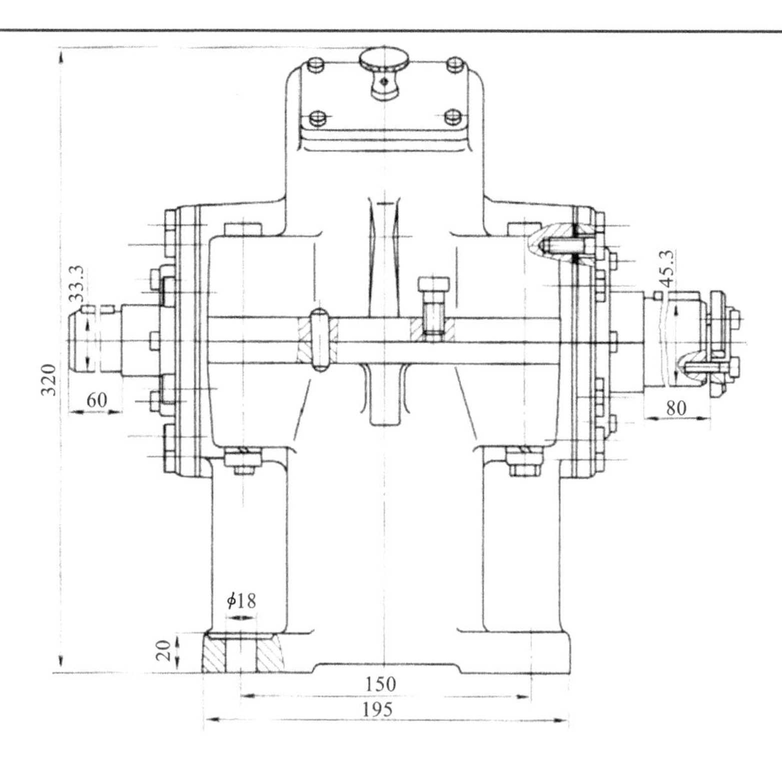

技术要求

1. 装配前,全部零件用煤油清洗,箱体内不许有杂物存在,在内壁涂两次不被机油侵蚀的涂料。
2. 用涂色法检验斑点,齿高接触斑点不少于40%;齿长接触斑点不少于50%;必要时可以研磨啮合齿面,以便改善接触情况。
3. 调整轴承时所留轴向间隙如下:ϕ40轴段为0.05~0.1 mm;ϕ55轴段为0.08~0.15 mm。
4. 装配时,剖分面不允许使用任何填料,可涂以密封油漆或水玻璃。试转时,应检查剖分面、各接触面及密封处,均不准漏油。
5. 箱座内选用GB 5903—2011中的工业齿轮油,装至规定高度。
6. 表面涂灰色油漆。

技术参数表

输入功率	4.5 kW	高速轴转速	480 r/min	传动比	4.16

说明:箱体采用铸造剖分式结构,齿轮用油池润滑,轴承润滑靠飞溅到箱盖上的油,经箱座油沟、轴承盖豁口流至轴承处,轴用唇形密封圈密封。轴承间隙用垫片调节。

序号	名称	数量	材料	标准	备注
41	大齿轮	1	45		
40	键18×11×50	1	Q275A	GB/T 1096—2003	
39	轴	1	45		
38	轴承 30211	2		GB/T 297—1994	
37	螺栓 M8×25	24	Q235A	GB/T 5782—2000	
36	轴承端盖	1	HT200		
35	J型油封 35×60×12	1	耐油橡胶	HG4-338—1966	
34	齿轮轴	1	45		
33	键8×7×50	1	Q275A	GB/T 1096—2003	
32	密封盖板	1	Q235A		
31	轴承端盖	1	HT200		
30	调整垫片	2	08F		成组
29	轴承端盖	1	HT200		
28	轴承 30208	2		GB/T 297—1994	
27	挡油环	2	Q215A		
26	J型油封 50×72×12	1	耐油橡胶		
25	键12×8×56	1	Q275A	GB/T 1096—2003	
24	定距环	1	Q235A		
23	密封盖板	1	Q235A		
22	轴承端盖	1	HT200		
21	调整垫片	2组	08F		
20	油圈 25×18	1	工业用革		

序号	名称	数量	材料	标准	备注
19	六角螺塞 M18×1.5	1	Q235A	JB/ZQ 4450—2006	
18	油标	1	Q235A		
17	垫圈 10	2	65Mn	GB 93—1987	
16	螺母 M10	2	5	GB/T 6170—2000	
15	螺栓 M10×35	4	5.8	GB/T 5782—2000	
14	销 A8×30	2	35	GB/T 117—2000	
13	垫圈 6	1	65Mn	GB 93—1987	
12	轴端挡圈	1	Q235A	GB/T 892—1986	
11	螺栓 M6×25	2	5.8	GB/T 5782—2000	
10	螺栓 M6×20	4	5.8	GB/T 5782—2000	
9	通气器	1	Q235A		
8	窥视孔盖	1	Q215A		
7	垫片	1	石棉橡胶纸		
6	箱盖	1	HT200		
5	垫圈 12	6	65Mn	GB 93—1987	
4	螺母 M12	6	5	GB/T 6170—2000	
3	螺栓 M12×100	6	5.8	GB/T 5782—2000	
2	起盖螺钉 M10×30	1	5.8	GB/T 5782—2000	
1	箱座	1	HT200		

(标题栏)

减速器

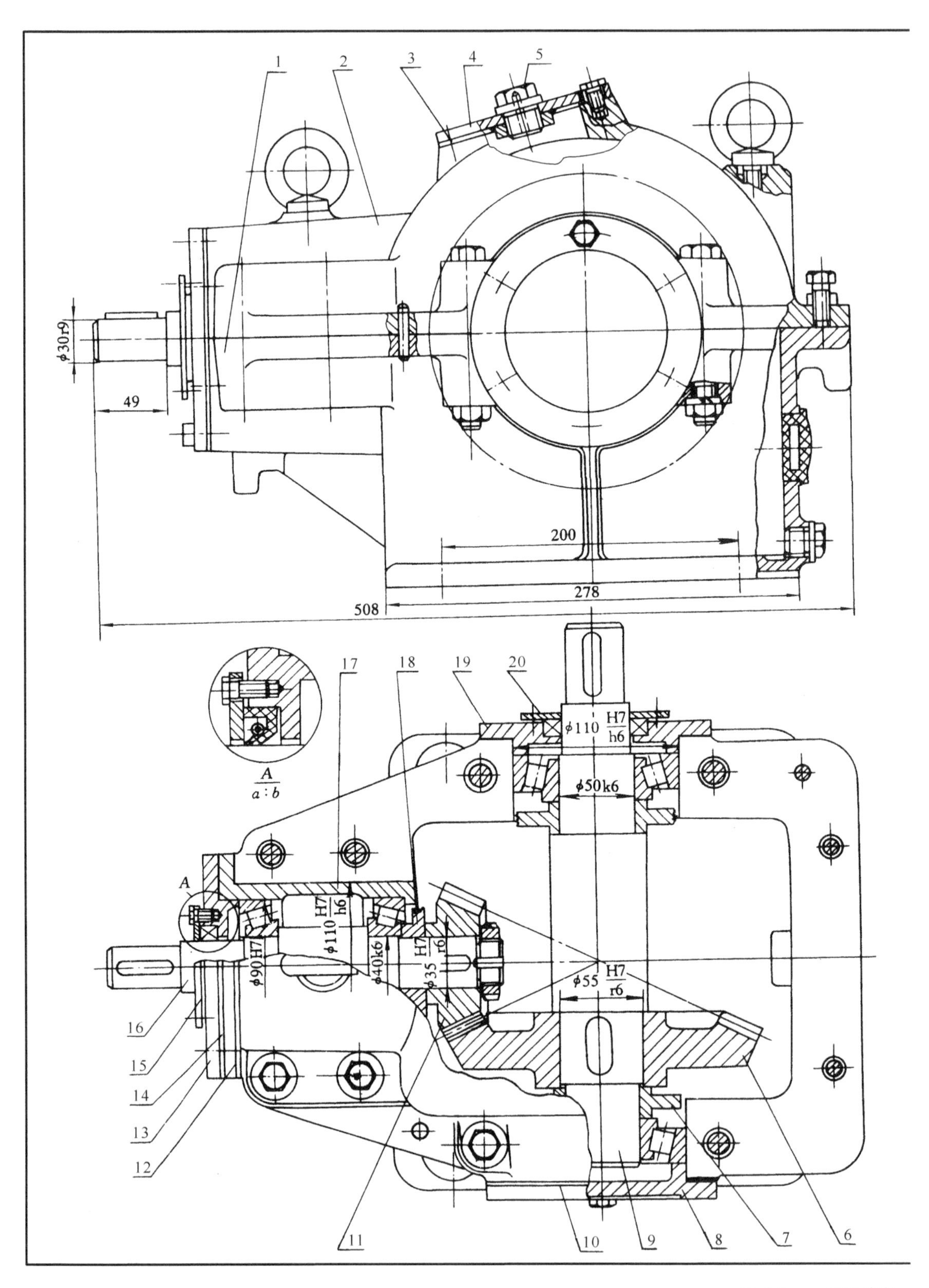
1
2
3
4
5
φ30r9
49
200
278
508
17
18
19
20
φ110 H7/h6
φ50k6
A
a : b
A
φ110 H7/h6
φ90H7
φ40k6
H7/r6
φ35
φ55 H7/r6
16
15
14
13
12
11
10
9
8
7
6

图 9-3　一级锥齿轮

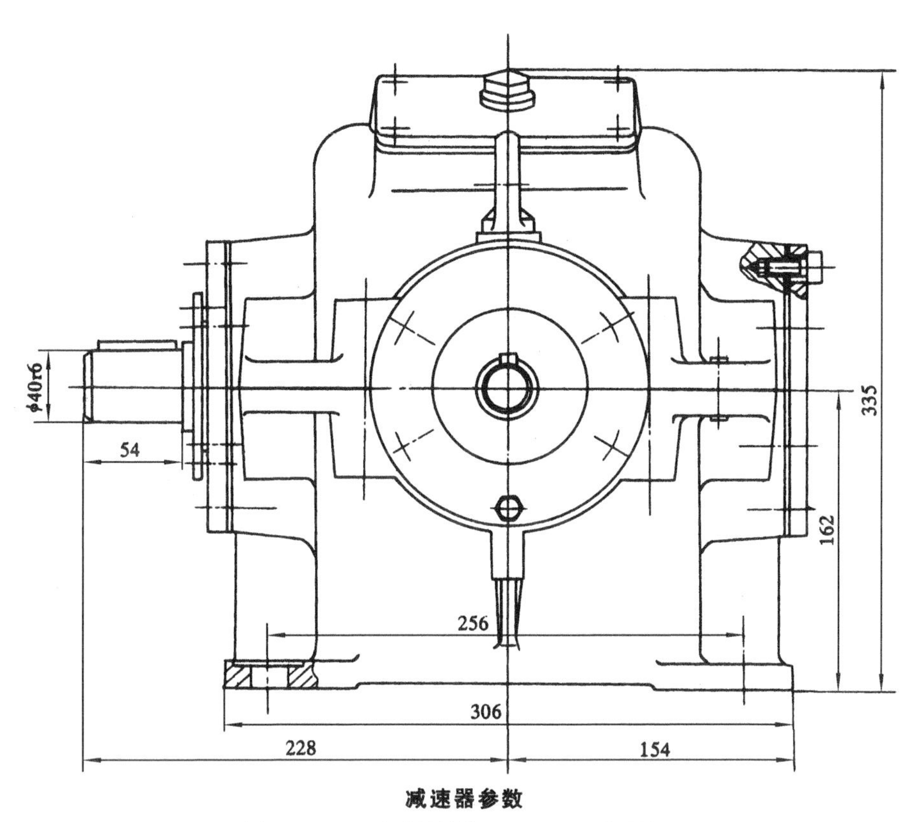

减速器参数

1. 功率4.5 kW；2. 高速轴转数420 r/min；3. 传动比2.1

技 术 要 求

1. 装配前，对所有零件进行清洗，箱体内壁涂耐油油漆。

2. 啮合侧隙之大小用铅丝来检验，保证侧隙不小于0.17 mm，所用铅丝直径不得大于最小侧隙的2倍。

3. 用涂色法检验齿面接触斑点，按齿高和齿长接触斑点都不少于50%。

4. 调整轴承轴向间隙，高速轴为0.04～0.07 mm，低速轴为0.05～0.1 mm。

5. 减速器剖分面、各接触面及密封处均不许漏油，剖分面允许涂密封胶或水玻璃。

6. 减速器内装工业齿轮油(GB 5903—2011)至规定高度。

7. 减速器表面涂灰色油漆。

序号	名　称	数量	材　料	备　注
20	密封盖	1	Q215A	
19	轴承端盖	1	HT150	
18	挡油环	1	Q235A	
17	套杯	1	HT150	
16	轴	1	45	
15	密封盖板	1	Q215A	
14	调整垫片	1组	08F	
13	轴承端盖	1	HT150	
12	调整垫片	1组	08F	
11	小锥齿轮	1	45	$m=5,z=20$
10	调整垫片	2组	08F	
9	轴	1	45	
8	轴承端盖	1	HT150	
7	挡油环	2	Q235A	
6	大锥齿轮	1	40	$m=5, z=42$
5	通气器	1	Q235A	
4	窥视孔盖	1	Q235A	组件
3	垫片	1	压纸板	
2	箱盖	1	HT150	
1	箱座	1	HT150	

（标题栏）

减速器

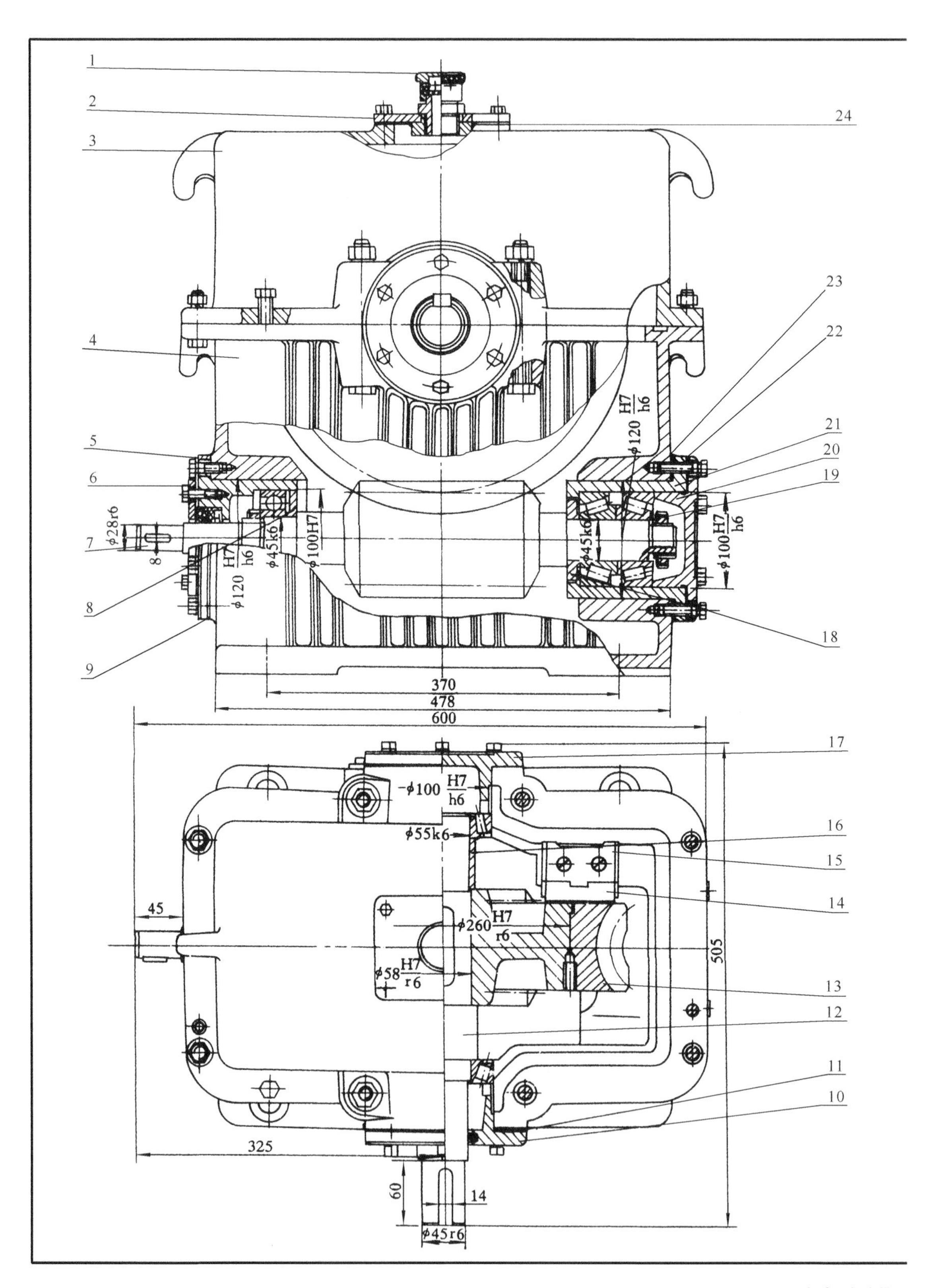

1
2
3
4
5
6
7
8
9
10
11
12
13
14
15
16
17
18
19
20
21
22
23
24
H7/h6
φ120
φ28r6
8
φ45k6
φ100H7
φ100 H7/h6
370
478
600
φ100 H7/h6
φ55k6
φ260 H7/r6
φ58 H7/r6
45
505
325
60
14
φ45r6

图 9-4　蜗杆减速器

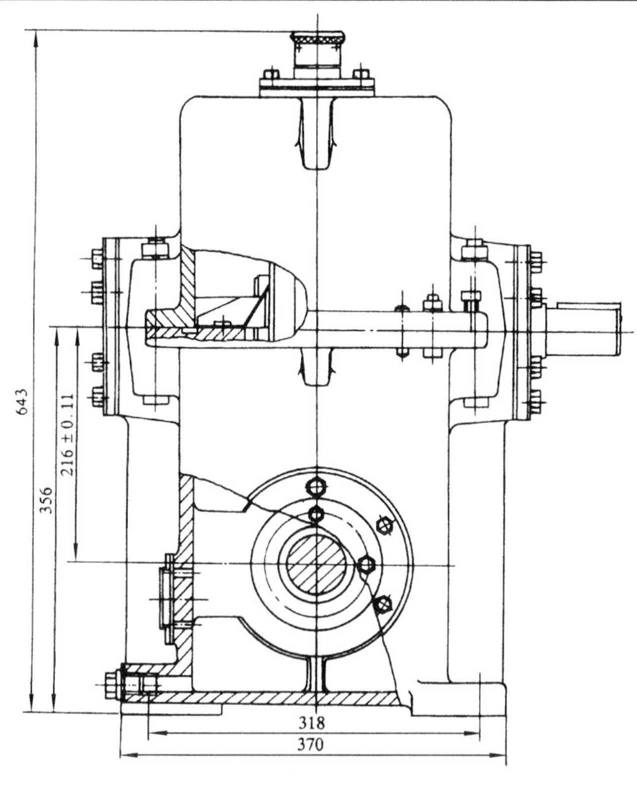

技术参数		
输入功率	P_1	4 kW
主动轴轮速	n_1	1 500r/min
传动效率	η	82%
传动比	i	28

技　术　要　求

1. 装配前，所有零件均用煤油清洗，滚动轴承用汽油清洗。
2. 各配合处、密封处、螺钉连接处用润滑脂润滑。
3. 保证啮合侧隙不小于0.19 mm。
4. 接触斑点齿高不得小于50%，齿长不得小于50%。
5. 蜗杆轴承的轴向间隙为0.04～0.07 mm，蜗轮轴承的轴向间隙为0.05～0.1 mm。
6. 箱内装680号蜗轮蜗杆油(SH/T 0094—1991)至规定高度。
7. 未加工外表面涂灰色油漆，内表面涂红色耐油油漆。

24	垫片	1	石棉橡胶纸		10	轴承端盖	1	HT150	
23	调整垫片	1组	08F		9	密封垫片	1	08F	
22	调整垫片	1组	08F		8	挡油环	1	Q235A	
21	套杯	1	HT150		7	蜗杆轴	1	45	
20	轴承端盖	1	HT150		6	压板	1	Q235A	
19	挡圈	1	Q235A		5	套杯端盖	1	HT150	
18	挡油环	1	Q235A		4	箱座	1	HT200	
17	轴承端盖	1	HT150		3	箱盖	1	HT200	
16	套筒	1	Q235A		2	窥视孔盖	1	Q235A	组件
15	油盘	1	Q235A		1	通气器	1		组件
14	刮油板	1	Q235A		序号	名　称	数量	材　料	备　注
13	蜗轮	1		组件	(标题栏)				
12	轴	1	45						
11	调整垫片	2组	08F						

(下置式)

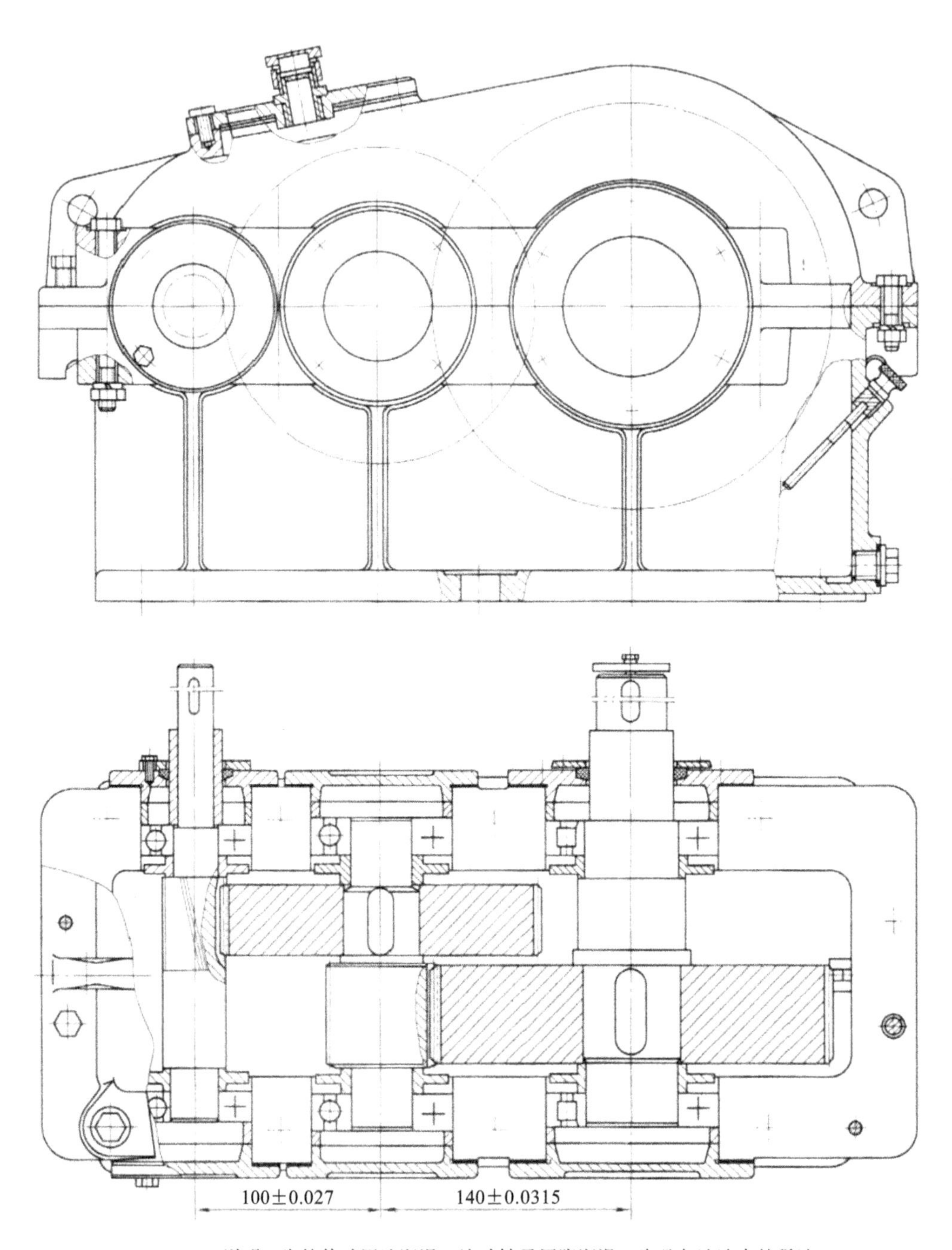

说明：齿轮传动用油润滑，滚动轴承用脂润滑。为避免油池中的稀油溅入轴承座，在齿轮与轴承之间放置挡油环。输入轴和输出轴处用毡圈密封，在毡圈外装有压紧盖，以延长密封圈的使用寿命和便于更换。

图 9-5　二级圆柱齿轮减速器(展开式)

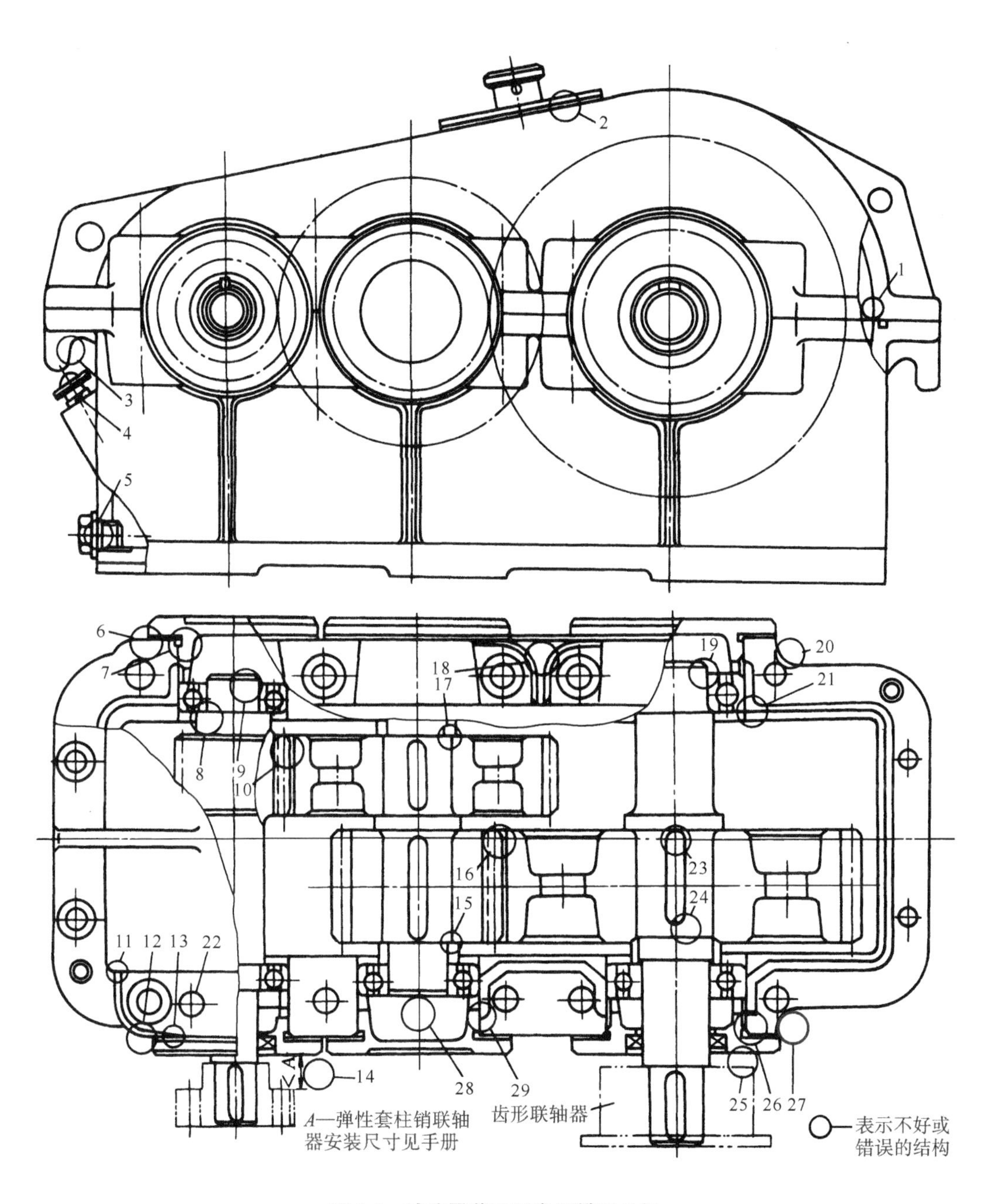

图 9-6　减速器装配图常见错误示例

图 9-6 装配图常见错误说明：

1—轴承采用油润滑，但油不能流入导油沟内。

2—窥视孔太小，不便于检查传动件的啮合情况，并且没有垫片密封。

3—两端吊钩的尺寸不同，并且左端吊钩尺寸太小。

4—油尺座孔倾斜度不够，无法进行加工和装拆。

5—放油螺塞孔端面处的箱体没有凸台，螺塞与箱体之间也没有封油圈，并且螺纹孔长度太短，很容易漏油。

6、12—箱体两侧的轴承座孔端面没有凸台。

7—垫片孔径太小，端盖不能装入。

8—轴肩过高，不能通过轴承的内圈来拆卸轴承。

9、19—轴段太长，有弊无益。

10、16—大、小齿轮同宽，很难调整两齿轮在全齿宽上啮合。

11、13—投影交线不对。

14—联轴器两端面与箱体壁之间的间距太短，不便于拆卸弹性柱销。

15、17—轴与齿轮轮毂的配合段同长，轴套不能固定齿轮。

18—箱体两凸台相距太近，铸造工艺性不好。

20、27—箱体凸缘太窄，无法加工凸台的沉头座，连接螺栓头部也不能全落在凸台上。相对应的主视图投影也不对。

21—输油沟的油容易直接流回箱座内而不能润滑轴承。

22—没有此孔，此处缺少凸台与轴承座的相贯线。

23—键的位置紧贴轴肩，加大了轴肩处的应力集中程度。

24—齿轮轮毂上的键槽，在装配时不易对准轴上的键。

25—齿轮联轴器与箱体端盖相距太近，不便于拆卸端盖螺钉。

26—端盖与箱座孔的配合面太短。

28—所有端盖上都应当开缺口，使润滑油在较低油面就能进入轴承以加强密封。

29—端盖开缺口部分的直径应当缩小，也应与其他端盖一致。

另外，图中有若干圆缺中心线，请读者找出并补上。

附录

附录A 一般标准与规范

A1. 国内的部分标准代号

表 A-1 国内的部分标准代号

代 号	含 义	代 号	含 义
GB	强制性国家标准	YB	黑色冶金行业标准
GB/T	推荐性国家标准	YS	有色冶金行业标准
JB	机械行业标准	FJ	原纺织工业标准
JB/ZQ	原机械部重型矿山标准	FZ	纺织行业标准
HG	化工行业标准	QB	原轻工行业标准
SH	石油化工行业标准	TB	铁道行业标准
SY	石油天然气行业标准	QC	汽车行业标准
/Z	指导性技术文件		

A2. 图纸幅面、比例、标题栏及明细栏

表 A-2 图纸幅面(GB/T 14689—2008 摘录) (mm)

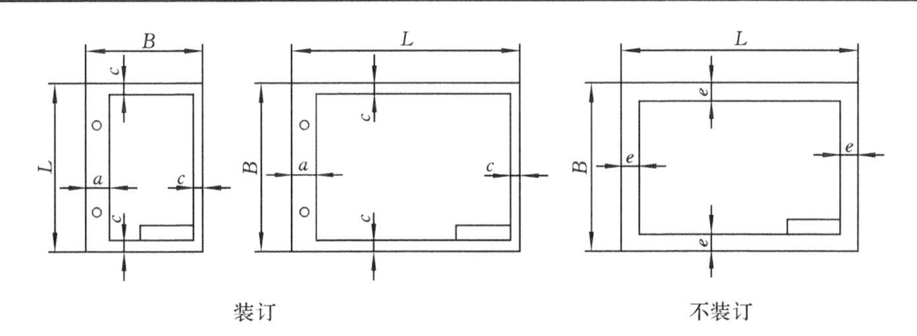

幅面代号	A0	A1	A2	A3	A4
$B\times L$	841×1189	594×841	420×594	297×420	210×297
c	10			5	
a	25				
e	20		10		

注:①表中为基本幅面的尺寸;

②必要时可以将表中幅面的边长加长,成为加长幅面,它是由基本幅面的短边成整数倍增加后得出的;

③加长幅面的图框尺寸,按所选用的基本幅面大一号的图框尺寸确定。

表 A-3 比例(GB/T 14690—1993 摘录)

原值比例	1∶1
缩小比例	(1∶1.5) 1∶2 (1∶2.5) (1∶3) (1∶4) 1∶5 (1∶6) 1∶10 (1∶1.5×10^n) 1∶2×10^n (1∶2.5×10^n) (1∶3×10^n) (1∶4×10^n) 1∶5×10^n (1∶6×10^n) 1∶1×10^n
放大比例	2∶1 (2.5∶1) (4∶1) 5∶1 1×10^n∶1 2×10^n∶1 (2.5×10^n∶1) (4×10^n∶1) 5×10^n∶1

注:①绘制同一机件的一组视图时应采用同一比例,当需要用不同比例绘制某一视图时,应当另行标注;

②当图形中孔的直径或薄片的厚度等于或小于 2 mm,斜度和锥度较小时,可不按比例而夸大绘制;

③n 为正整数;

④括号内的比例,必要时允许选取。

零件图标题栏格式(本课程用)

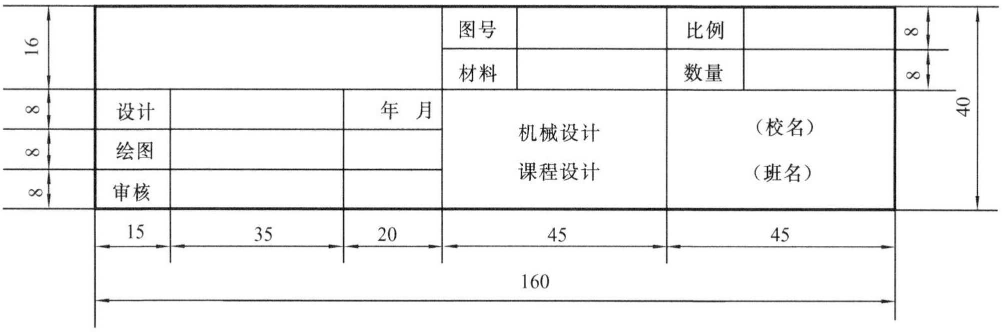

			图号		比例	
			材料		数量	
设计		年 月	机械设计 课程设计		(校名) (班名)	
绘图						
审核						

尺寸:15、35、20、45、45,总长 160;高度 16(8、8)、8、8、8,总高 40。

装配图标题栏及明细栏格式(本课程用)

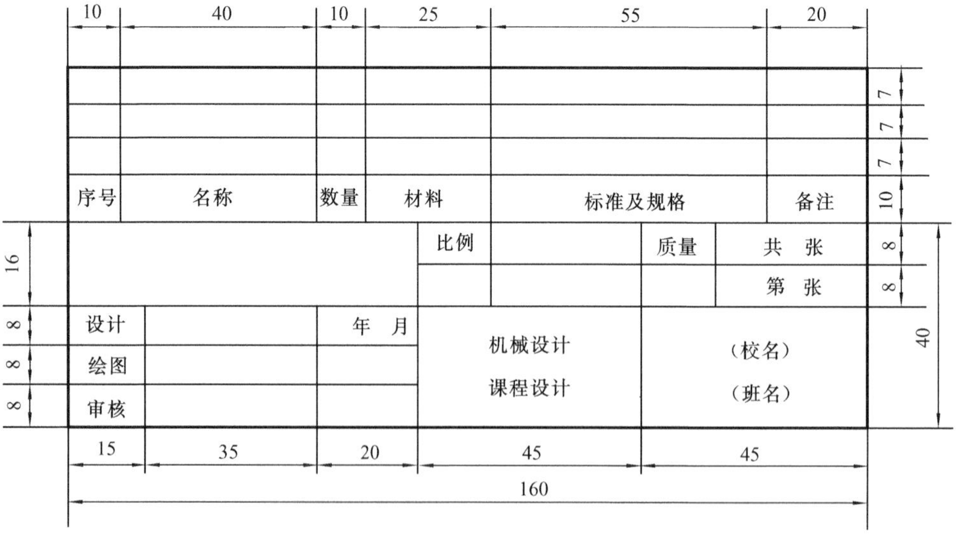

序号	名称	数量	材料	标准及规格	备注

尺寸:10、40、10、25、55、20;行高 7、7、7、10。

			比例		质量	共 张
						第 张
设计		年 月	机械设计 课程设计		(校名) (班名)	
绘图						
审核						

尺寸:15、35、20、45、45,总长 160;高度 16(8、8)、8、8、8,总高 40。

A3. 一般标准

表 A-4 标准尺寸(直径、长度和高度)(GB/T 2822—2005 摘录) (mm)

R			R′			R			R′			R			R′		
R10	R20	R40	R′10	R′20	R′40	R10	R20	R40	R′10	R′20	R′40	R10	R20	R40	R′10	R′20	R′40
2.50	2.50		2.5	2.5		40.0	40.0	40.0	40	40	40		280	280		280	280
	2.80			2.8				42.5			42			300			300
3.15	3.15		3.0	3.0			45.0	45.0		45	45	315	315	315	320	320	320
	3.55			3.5				47.5			48			335			340
4.00	4.00		4.0	4.0		50.0	50.0	50.0	50	50	50		355	355		360	360
	4.50			4.5				53.0			53			375			380
5.00	5.00		5.0	5.0			56.0	56.0		56	56	400	400	400	400	400	400
	5.60			5.5				60.0			60			425			420
6.30	6.30		6.0	6.0		63.0	63.0	63.0	63	63	63		450	450		450	450
	7.10			7.0				67.0			67			475			480
8.00	8.00		8.0	8.0			71.0	71.0		71	71	500	500	500	500	500	500
	9.00			9.0				75.0			75			530			530
10.0	10.0		10.0	10.0		80.0	80.0	80.0	80	80	80		560	560		560	560
	11.2			11				85.0			85			600			600
12.5	12.5	12.5	12	12	12		90.0	90.0		90	90	630	630	630	630	630	630
		13.2			13			95.0			95			670			670
	14.0	14.0		14	14	100	100	100	100	100	100		710	710		710	710
		15.0			15			106			105			750			750
16.0	16.0	16.0	16	16	16		112	112		110	110	800	800	800	800	800	800
		17.0			17			118			120			850			850
	18.0	18.0		18	18	125	125	125	125	125	125		900	900		900	900
		19.0			19			132			130			950			950
20.0	20.0	20.0	20	20	20		140	140		140	140	1000	1000	1000	1000	1000	1000
		21.2			21			150			150			1060			
	22.4	22.4		22	22	160	160	160	160	160	160		1120	1120			
		23.6			24			170			170			1180			
25.0	25.0	25.0	25	25	25		180	180		180	180	1250	1250	1250			
		26.5			26			190			190			1320			
	28.0	28.0		28	28	200	200	200	200	200	200		1400	1400			
		30.0			30			212			210			1500			
31.5	31.5	31.5	32	32	32		224	224		220	220	1600	1600	1600			
		33.5			34			236			240			1700			
	35.5	35.5		36	36	250	250	250	250	250	250		1800	1800			
		37.5			38			265			260			1900			

注:①选择标准尺寸系列及单个尺寸时,应首先在优先数系 R 系列中选用,选用顺序为 R10、R20、R40;如果必须将数值圆整,可在相应的 R′系列中选用标准尺寸,选用顺序为 R′10、R′20、R′40;

②本标准适用于有互换性或系列化要求的主要尺寸(如安装、连接尺寸,有公差要求的配合尺寸,决定产品系列的公称尺寸等),其他结构尺寸也应尽可能采用;

③本标准不适用于由主要尺寸导出的因变量尺寸、工艺上工序间的尺寸和已有相应标准规定的尺寸。

表 A-5 零件倒圆与倒角（GB/T 6403.4—2008 摘录） (mm)

倒圆、倒角形式

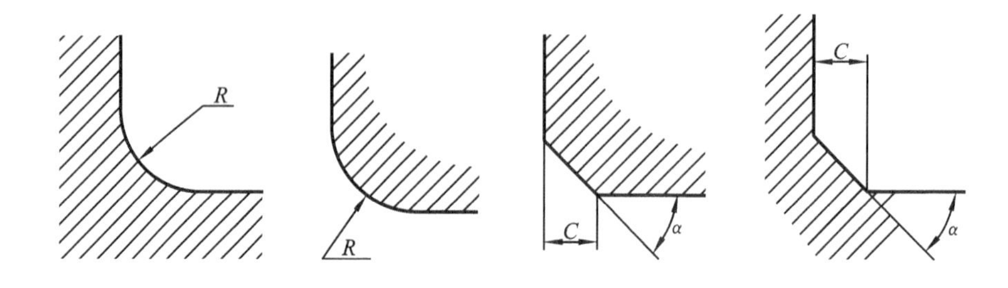

倒圆、倒角尺寸系列值

R 或 C												
R 或 C	0.1	0.2	0.3	0.4	0.5	0.6	0.8	1.0	1.2	1.6	2.0	2.5	3.0
	4.0	5.0	6.0	8.0	10	12	16	20	25	32	40	50	—

与直径 ϕ 相应的倒角 C、倒圆 R 的推荐值

ϕ	<3	>3 ~6	>6 ~10	>10 ~18	>18 ~30	>30 ~50	>50 ~80	>80 ~120	>120 ~180	>180 ~250	>250 ~320
C 或 R	0.2	0.4	0.6	0.8	1.0	1.6	2.0	2.5	3.0	4.0	5.0

内角、外角分别为倒圆、倒角（倒角为 45°）的装配形式

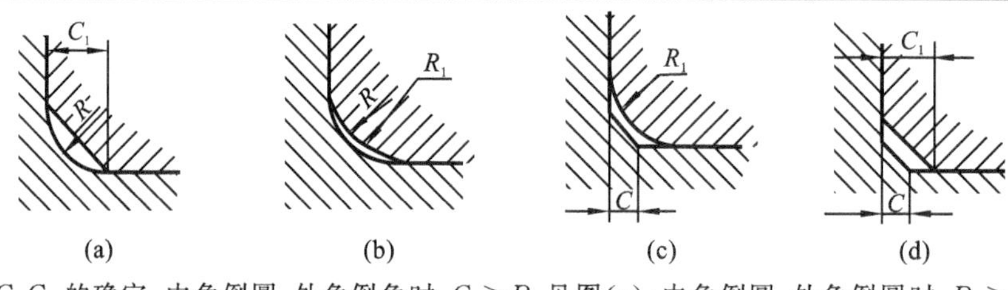

(a) (b) (c) (d)

R、R_1、C、C_1 的确定：内角倒圆、外角倒角时，$C_1>R$，见图(a)；内角倒圆、外角倒圆时，$R_1>R$，见图(b)；内角倒角、外角倒圆时，$C<0.58R_1$，见图(c)；内角倒角、外角倒角时，$C_1>C$，见图(d)。

内角倒角、外角倒圆时 C_{max} 与 R_1 的关系

R_1	0.2	0.4	0.6	0.8	1.0	1.6	2.0	2.5	3.0	4.0	5.0	6.0
C_{max} ($C<0.58R_1$)	0.1	0.2	0.3	0.4	0.5	0.8	1.0	1.2	1.6	2.0	2.5	3.0

注：与滚动轴承相配合的轴及轴承座孔处的圆角半径参见滚动轴承的尺寸表。

表 A-6　中心孔(GB/T 145—2001 摘录)　　(mm)

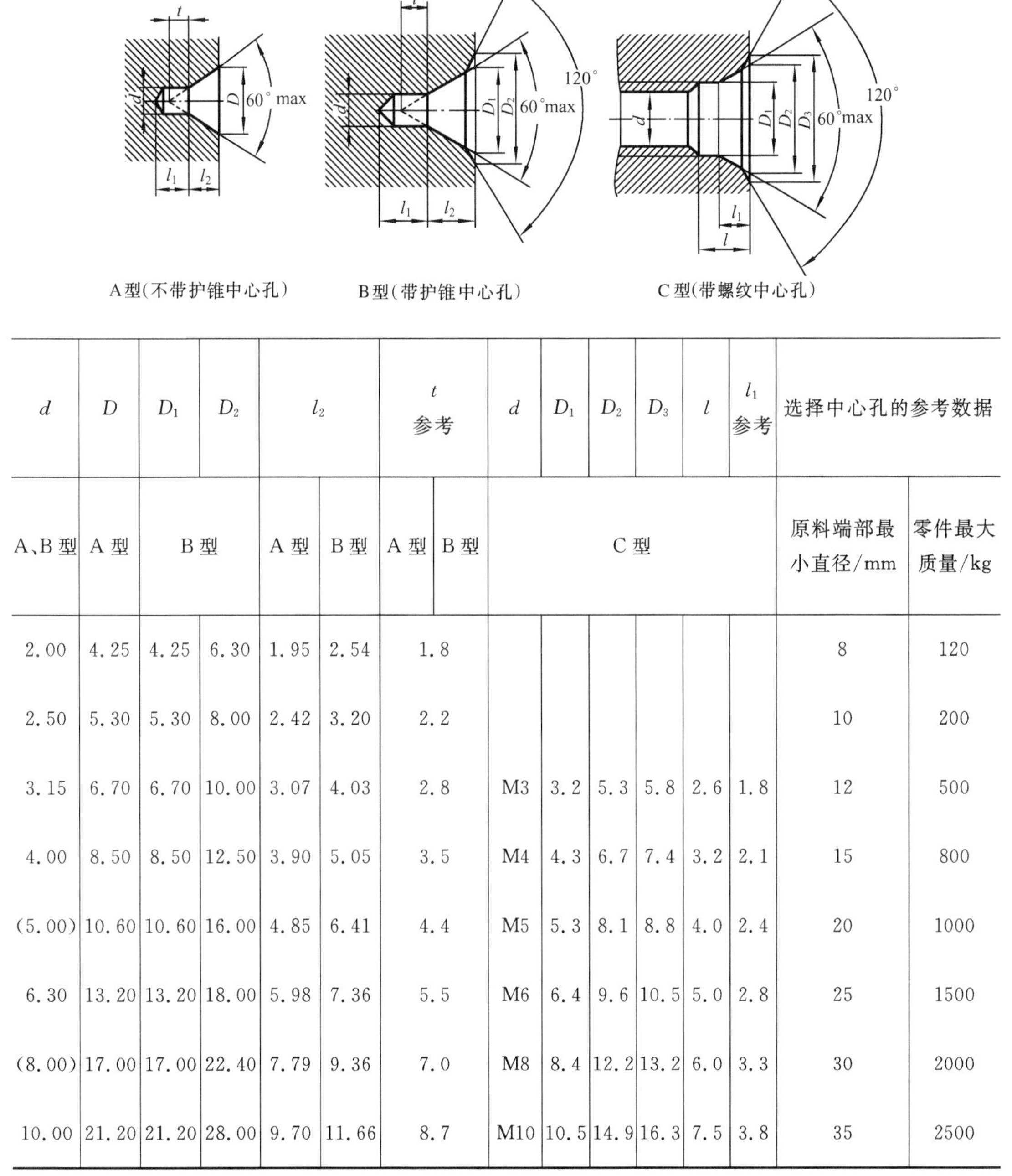

A 型(不带护锥中心孔)　　B 型(带护锥中心孔)　　C 型(带螺纹中心孔)

d	D	D_1	D_2	l_2		t 参考		d	D_1	D_2	D_3	l	l_1 参考	选择中心孔的参考数据	
A、B 型	A 型	B 型		A 型	B 型	A 型	B 型	C 型						原料端部最小直径/mm	零件最大质量/kg
2.00	4.25	4.25	6.30	1.95	2.54	1.8								8	120
2.50	5.30	5.30	8.00	2.42	3.20	2.2								10	200
3.15	6.70	6.70	10.00	3.07	4.03	2.8		M3	3.2	5.3	5.8	2.6	1.8	12	500
4.00	8.50	8.50	12.50	3.90	5.05	3.5		M4	4.3	6.7	7.4	3.2	2.1	15	800
(5.00)	10.60	10.60	16.00	4.85	6.41	4.4		M5	5.3	8.1	8.8	4.0	2.4	20	1000
6.30	13.20	13.20	18.00	5.98	7.36	5.5		M6	6.4	9.6	10.5	5.0	2.8	25	1500
(8.00)	17.00	17.00	22.40	7.79	9.36	7.0		M8	8.4	12.2	13.2	6.0	3.3	30	2000
10.00	21.20	21.20	28.00	9.70	11.66	8.7		M10	10.5	14.9	16.3	7.5	3.8	35	2500

注:①不要求保留中心孔的零件采用 A 型,要求保留中心孔的零件采用 B 型,将零件固定在轴上的中心孔用 C 型;

②A 型和 B 型中心孔的尺寸 l_1 取决于中心钻的长度,但不应小于表中的 t 值;

③表中同时列出了 D 和 l_2 尺寸,制造厂可任选其中一个尺寸;

④括号内的尺寸尽量不采用。

⑤选择中心孔的参考数据不属于 GB/T 145—2001 中的内容,仅供参考。

表 A-7　圆柱形轴伸(GB/T 1569—2005 摘录)　(mm)

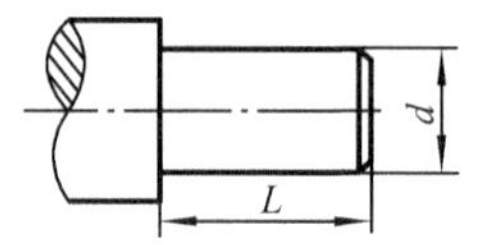

d 基本尺寸	d 极限偏差		L 长系列	L 短系列
6	+0.006 −0.002	j6	16	—
7	+0.007 −0.002			
8			20	
9				
10			23	20
11	+0.008 −0.003			
12			30	25
14				
16			40	28
18				

d 基本尺寸	d 极限偏差		L 长系列	L 短系列
19	+0.009 −0.004	j6	40	28
20			50	36
22				
24				
25			60	42
28				
30			80	58
32	+0.018 +0.002	k6		
35				
38				

d 基本尺寸	d 极限偏差		L 长系列	L 短系列
40	+0.018 +0.002	k6	110	82
42				
45				
48				
50				
55,56	+0.030 +0.011	m6		
60,63			140	105
65				
70,71				
75				

表 A-8　圆形零件自由表面过渡圆角半径　(mm)

$D-d$	2	5	8	10	15	20	25	30	35	40	50	55
R	1	2	3	4	5	8	10	12	12	16	16	20
$D-d$	65	70	90	100	130	140	170	180	220	230	290	300
R	20	25	25	30	30	40	40	50	50	60	60	80

注：尺寸 $D-d$ 是表中数值的中间值时，则按较小尺寸来选取 R。例如：$D-d=68$ mm，则按 65 mm 选 $R=25$ mm。

表 A-9　砂轮越程槽（GB/T 6403.5—2008 摘录）　　(mm)

回转面及端面砂轮越程槽的类型及尺寸

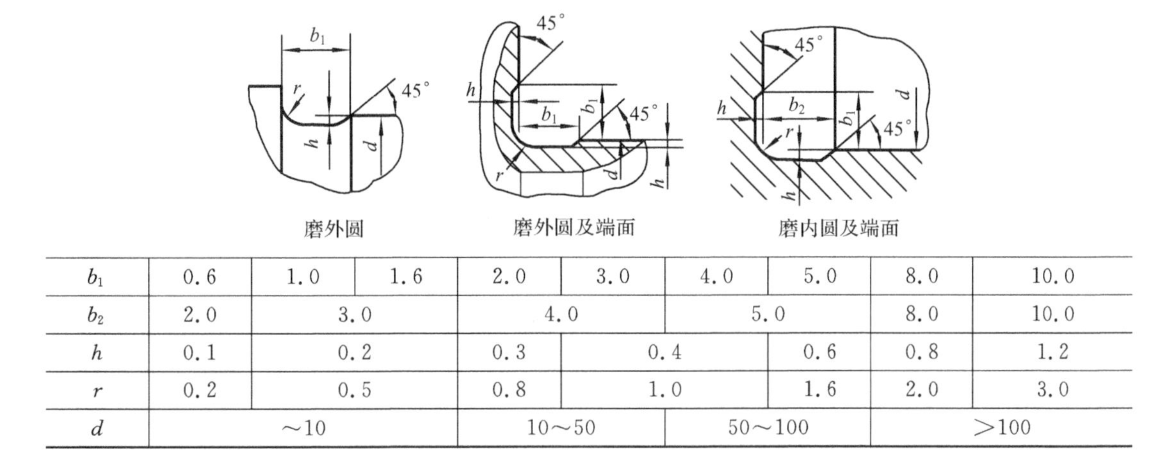

磨外圆　　磨外圆及端面　　磨内圆及端面

b_1	0.6	1.0	1.6	2.0	3.0	4.0	5.0	8.0	10.0
b_2	2.0	3.0		4.0		5.0		8.0	10.0
h	0.1	0.2		0.3	0.4		0.6	0.8	1.2
r	0.2	0.5		0.8	1.0		1.6	2.0	3.0
d	~10			10~50		50~100		>100	

A4. 机械设计一般规范

表 A-10　铸造斜度（JB/ZQ 4257—1986 摘录）

斜度 $b:h$	角度 β	使 用 范 围
1∶5	11°30′	h<25 mm 的钢和铸铁件
1∶10	5°30′	h 在 25~500 mm 时的钢和铸铁件
1∶20	3°	
1∶50	1°	h>500 mm 的钢和铸铁件
1∶100	30′	有色金属铸件

表 A-11　铸造过渡斜度（JB/ZQ 4254—2006 摘录）　　(mm)

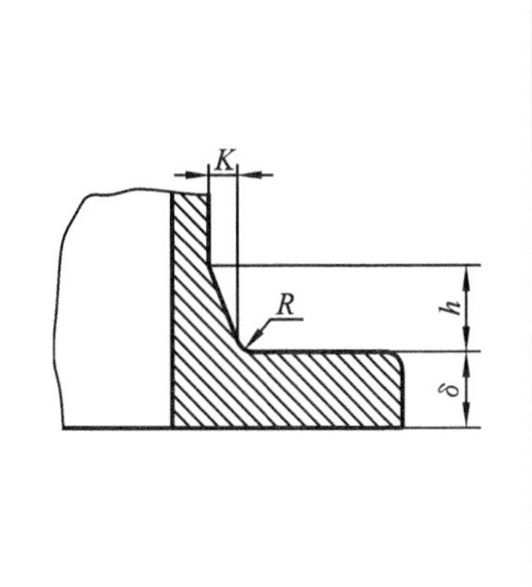

铸铁和铸钢件的壁厚 δ	K	h	R
10~15	3	15	5
>15~20	4	20	5
>20~25	5	25	5
>25~30	6	30	8
>30~35	7	35	8
>35~40	8	40	10
>40~45	9	45	10
>45~50	10	50	10
>50~55	11	55	10
>55~60	12	60	15
>60~65	13	65	15
>65~70	14	70	15
>70~75	15	75	15

注：本标准适用于减速器的机体、机盖、连接管、汽缸以及其他各种连接法兰等铸件的过渡部分尺寸。

表 A-12　圆柱度公差(GB/T 1184—1996 摘录)　　(μm)

主参数 D 图例

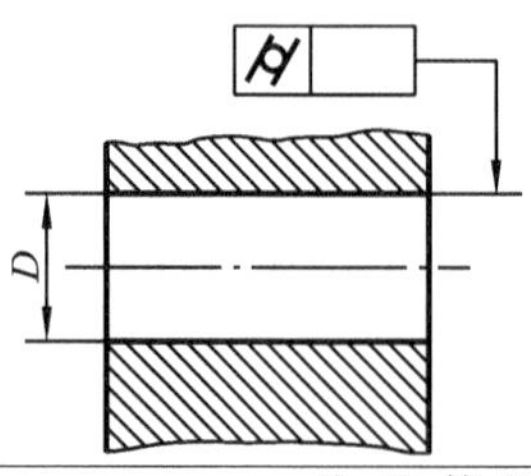

主参数 D/mm	公差等级												
	0	1	2	3	4	5	6	7	8	9	10	11	12
≤3	0.1	0.2	0.3	0.5	0.8	1.2	2	3	4	6	10	14	25
>3～6	0.1	0.2	0.4	0.6	1	1.5	2.5	4	5	8	12	18	30
>6～10	0.12	0.25	0.4	0.6	1	1.5	2.5	4	6	9	15	22	36
>10～18	0.15	0.25	0.5	0.8	1.2	2	3	5	8	11	18	27	43
>18～30	0.2	0.3	0.6	1	1.5	2.5	4	6	9	13	21	33	52
>30～50	0.25	0.4	0.6	1	1.5	2.5	4	7	11	16	25	39	62
>50～80	0.3	0.5	0.8	1.2	2	3	5	8	13	19	30	46	74
>80～120	0.4	0.6	1	1.5	2.5	4	6	10	15	22	35	54	87
>120～180	0.6	1	1.2	2	3.5	5	8	12	18	25	40	63	100
>180～250	0.8	1.2	2	3	4.5	7	10	14	20	29	46	72	115
>250～315	1.0	1.6	2.5	4	6	8	12	16	23	32	52	81	130
>315～400	1.2	2	3	5	7	9	13	18	25	36	57	89	140
>400～500	1.5	2.5	4	6	8	10	15	20	27	40	63	97	155

表 A-13　对称度和圆跳动公差(GB/T 1184—1996 摘录)　　(μm)

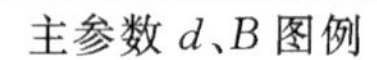
主参数 d、B 图例

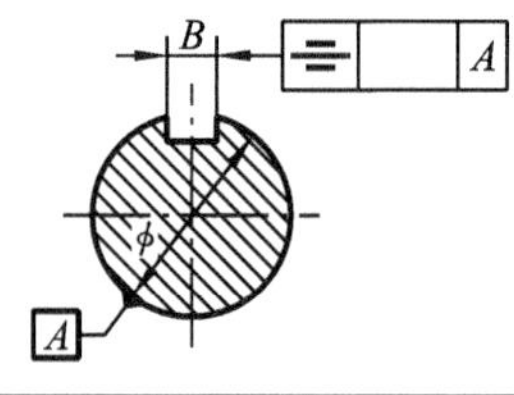

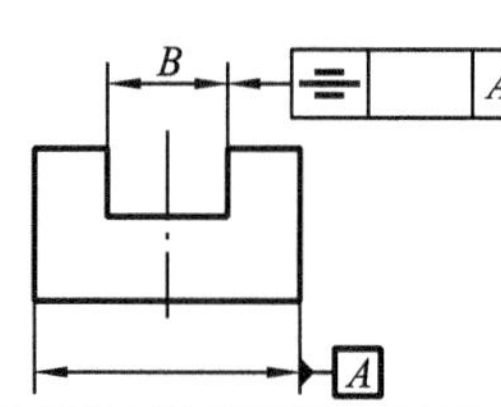

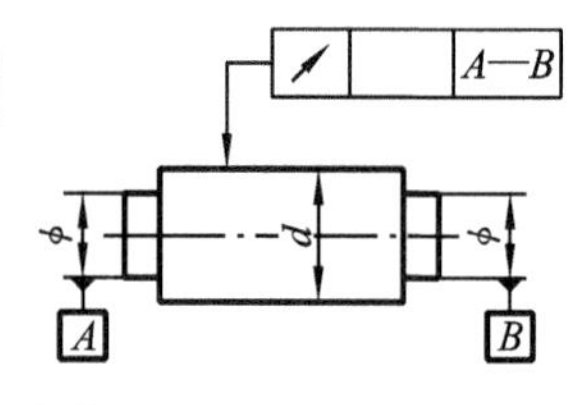

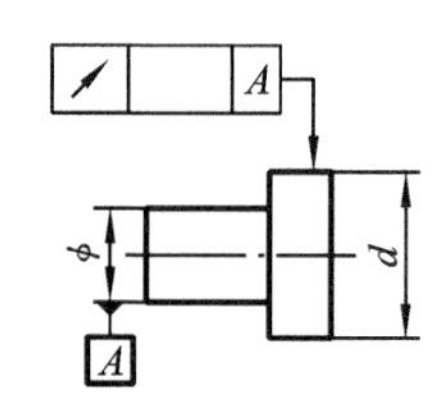

主参数 d、B/mm	公差等级											
	1	2	3	4	5	6	7	8	9	10	11	12
≤1	0.4	0.6	1.0	1.5	2.5	4	6	10	15	25	40	60
>1～3	0.4	0.6	1.0	1.5	2.5	4	6	10	20	40	60	120
>3～6	0.5	0.8	1.2	2	3	5	8	12	25	50	80	150
>6～10	0.6	1	1.5	2.5	4	6	10	15	30	60	100	200
>10～18	0.8	1.2	2	3	5	8	12	20	40	80	120	250
>18～30	1	1.5	2.5	4	6	10	15	25	50	100	150	300
>30～50	1.2	2	3	5	8	12	20	30	60	120	200	400
>50～120	1.5	2.5	4	6	10	15	25	40	80	150	250	500
>120～250	2	3	5	8	12	20	30	50	100	200	300	600
>250～500	2.5	4	6	10	15	25	40	60	120	250	400	800
>500～800	3	5	8	12	20	30	50	80	150	300	500	1000
>800～1250	4	6	10	15	25	40	60	100	200	400	600	1200
>1250～2000	5	8	12	20	30	50	80	120	250	500	800	1500
>2000～3150	6	10	15	25	40	60	100	150	300	600	1000	2000
>3150～5000	8	12	20	30	50	80	120	200	400	800	1200	2500
>5000～8000	10	15	25	40	60	100	150	250	500	1000	1500	3000
>8000～10000	12	20	30	50	80	120	200	300	600	1200	2000	4000

表 A-14　公称尺寸至 1000 mm 的标准公差值(GB/T 1800.1—2009 摘录)　(μm)

公称尺寸/mm		标准公差等级																	
大于	至	IT1	IT2	IT3	IT4	IT5	IT6	IT7	IT8	IT9	IT10	IT11	IT12	IT13	IT14	IT15	IT16	IT17	IT18
—	3	0.8	1.2	2	3	4	6	10	14	25	40	60	100	140	250	400	600	1000	1400
3	6	1	1.5	2.5	4	5	8	12	18	30	48	75	120	180	300	480	750	1200	1800
6	10	1	1.5	2.5	4	6	9	15	22	36	58	90	150	220	360	580	900	1500	2200
10	18	1.2	2	3	5	8	11	18	27	43	70	110	180	270	430	700	1100	1800	2700
18	30	1.5	2.5	4	6	9	13	21	33	52	84	130	210	330	520	840	1300	2100	3300
30	50	1.5	2.5	4	7	11	16	25	39	62	100	160	250	390	620	1000	1600	2500	3900
50	80	2	3	5	8	13	19	30	46	74	120	190	300	460	740	1200	1900	3000	4600
80	120	2.5	4	6	10	15	22	35	54	87	140	220	350	540	870	1400	2200	3500	5400
120	180	3.5	5	8	12	18	25	40	63	100	160	250	400	630	1000	1600	2500	4000	6300
180	250	4.5	7	10	14	20	29	46	72	115	185	290	460	720	1150	1850	2900	4600	7200
250	315	6	8	12	16	23	32	52	81	130	210	320	520	810	1300	2100	3200	5200	8100
315	400	7	9	13	18	25	36	57	89	140	230	360	570	890	1400	2300	3600	5700	8900
400	500	8	10	15	20	27	40	63	97	155	250	400	630	970	1550	2500	4000	6300	9700
500	630	9	11	16	22	32	44	70	110	175	280	440	700	1100	1750	2800	4400	7000	11000
630	800	10	13	18	25	36	50	80	125	200	320	500	800	1250	2000	3200	5000	8000	12500
800	1000	11	15	21	28	40	56	90	140	230	360	560	900	1400	2300	3600	5600	9000	14000

注:①公称尺寸大于 500 mm 的 IT1～IT5 的标准公差值为试行的;

②公称尺寸小于或等于 1 mm 时,无 IT14～IT18。

表 A-15 常用及优先轴的极限偏差(GB/T 1800.2—2009 摘录) (μm)

公称尺寸/mm		公差带												
		a	b		c			d				e		
大于	至	11*	11*	12*	9*	10*	▲11	8*	▲9	10*	11*	7*	8*	9*
—	3	−270 −330	−140 −200	−140 −240	−60 −85	−60 −100	−60 −120	−20 −34	−20 −45	−20 −60	−20 −80	−14 −24	−14 −28	−14 −39
3	6	−270 −345	−140 −215	−140 −260	−70 −100	−70 −118	−70 −145	−30 −48	−30 −60	−30 −78	−30 −105	−20 −32	−20 −38	−20 −50
6	10	−280 −370	−150 −240	−150 −300	−80 −116	−80 −138	−80 −170	−40 −62	−40 −76	−40 −98	−40 −130	−25 −40	−25 −47	−25 −61
10 14	14 18	−290 −400	−150 −260	−150 −330	−95 −138	−95 −165	−95 −205	−50 −77	−50 −93	−50 −120	−50 −160	−32 −50	−32 −59	−32 −75
18 24	24 30	−300 −430	−160 −290	−160 −370	−110 −162	−110 −194	−110 −240	−65 −98	−65 −117	−65 −149	−65 −195	−40 −61	−40 −73	−40 −92
30	40	−310 −470	−170 −330	−170 −420	−120 −182	−120 −220	−120 −280	−80 −119	−80 −142	−80 −180	−80 −240	−50 −75	−50 −89	−50 −112
40	50	−320 −480	−180 −340	−180 −430	−130 −192	−130 −230	−130 −290							
50	65	−340 −530	−190 −380	−190 −490	−140 −214	−140 −260	−140 −330	−100 −146	−100 −174	−100 −220	−100 −290	−60 −90	−60 −106	−60 −134
65	80	−360 −550	−200 −390	−200 −500	−150 −224	−150 −270	−150 −340							
80	100	−380 −600	−200 −440	−220 −570	−170 −257	−170 −310	−170 −390	−120 −174	−120 −207	−120 −260	−120 −340	−72 −109	−72 −126	−72 −159
100	120	−410 −630	−240 −460	−240 −590	−180 −267	−180 −320	−180 −400							
120	140	−460 −710	−260 −510	−260 −660	−200 −300	−200 −360	−200 −450	−145 −208	−145 −245	−145 −305	−145 395	−85 −125	−85 −148	−85 −185
140	160	−520 −770	−280 −530	−280 −680	−210 −310	−210 −370	−210 −460							
160	180	−580 −830	−310 −560	−310 −710	−230 −330	−230 −390	−230 −480							
180	200	−660 −950	−340 −630	−340 −800	−240 −355	−240 −425	−240 −530	−170 −242	−170 −285	−170 −355	−170 −460	−100 −146	−100 −172	−100 −215
200	225	−740 −1030	−380 −670	−380 −840	−260 −375	−260 −445	−260 −550							
225	250	−820 −1110	−420 −710	−420 −880	−280 −395	−280 −465	−280 −570							
250	280	−920 −1240	−780 −800	−480 −1000	−300 −430	−300 −510	−300 −620	−190 −271	−190 −320	−190 −400	−190 −510	−110 −162	−110 −191	−110 −240
280	315	−1050 −1370	−540 −860	−540 −1060	−330 −460	−330 −540	−330 −650							
315	355	−1200 −1560	−600 −960	−600 −1170	−360 −500	−360 −590	−360 −720	−210 −299	−210 −350	−210 −440	−210 −570	−125 −182	−125 −214	−125 −265
355	400	−1350 −1710	−680 −1040	−680 −1250	−400 −540	−400 −630	−400 −760							
400	450	−1500 −1900	−760 −1160	−760 −1390	−440 −595	−440 −690	−440 −840	−230 −327	−230 −385	−230 −480	−230 −630	−135 −198	−135 −232	−135 −290
450	500	−1650 −2050	−840 −1240	−840 −1470	−480 −635	−480 −730	−480 −880							

续表

公称尺寸/mm		公差带												
		f					g			h				
大于	至	5*	6*	▲7	8*	9*	5*	▲6	7*	5*	▲6	▲7	8*	▲9
—	3	−6 −10	−6 −12	−6 −16	−6 −20	−6 −31	−2 −6	−2 −8	−2 −12	0 −4	0 −6	0 −10	0 −14	0 −25
3	6	−10 −15	−10 −18	−10 −22	−10 −28	−10 −40	−4 −9	−4 −12	−4 −16	0 −5	0 −8	0 −12	0 −18	0 −30
6	10	−13 −19	−13 −22	−13 −28	−13 −35	−13 −49	−5 −11	−5 −14	−5 −20	0 −6	0 −9	0 −15	0 −22	0 −36
10	14	−16 −24	−16 −27	−16 −34	−16 −43	−16 −59	−6 −14	−6 −17	−6 −24	0 −8	0 −11	0 −18	0 −27	0 −43
14	18													
18	24	−20 −29	−20 −33	−20 −41	−20 −53	−20 −72	−7 −16	−7 −20	−7 −28	0 −9	0 −13	0 −21	0 −33	0 −52
24	30													
30	40	−25 −36	−25 −41	−25 −50	−25 −64	−25 −87	−9 −20	−9 −25	−9 −34	0 −11	0 −16	0 −25	0 −39	0 −62
40	50													
50	65	−30 −43	−30 −49	−30 −60	−30 −76	−30 −104	−10 −23	−10 −29	−10 −40	0 −13	0 −19	0 −30	0 −46	0 −74
65	80													
80	100	−36 −51	−36 −58	−36 −71	−36 −90	−36 −123	−12 −27	−12 −34	−12 −47	0 −15	0 −22	0 −35	0 −54	0 −87
100	120													
120	140	−43 −61	−43 −68	−43 −83	−43 −106	−43 −143	−14 −32	−14 −39	−14 −54	0 −18	0 −25	0 −40	0 −63	0 −100
140	160													
160	180													
180	200	−50 −70	−50 −79	−50 −96	−50 −122	−50 −165	−15 −35	−15 −44	−15 −61	0 −20	0 −29	0 −46	0 −72	0 −115
200	225													
225	250													
250	280	−56 −79	−56 −88	−56 −108	−56 −137	−56 −186	−17 −40	−17 −49	−17 −69	0 −23	0 −32	0 −52	0 −81	0 −130
280	315													
315	355	−62 −87	−62 −98	−62 −119	−62 −151	−62 −202	−18 −43	−18 −54	−18 −75	0 −25	0 −36	0 −57	0 −89	0 −140
355	400													
400	450	−68 −95	−68 −108	−68 −131	−68 −165	−68 −223	−20 −47	−20 −60	−20 −83	0 −27	0 −40	0 −63	0 −97	0 −155
450	500													

续表

公称尺寸/mm		公差带											
		h			js			k			m		
大于	至	10*	▲11	12*	5*	6*	7*	5*	▲6	7*	5*	6*	7*
—	3	0 −40	0 −60	0 −110	±2	±3	±5	+4 0	+6 0	+10 0	+6 +2	+8 +2	+12 +2
3	6	0 −48	0 −75	0 −120	±2.5	±4	±6	+6 +1	+9 +1	+13 +1	+9 +4	+12 +4	+16 +4
6	10	0 −58	0 90	0 −150	±3	±4.5	±7	+7 +1	+10 +1	+16 +1	+12 +6	+15 +6	+21 +6
10	14	0 −70	0 −110	0 −180	±4	±5.5	±9	+9 +1	+12 +1	+19 +1	+15 +7	+18 +7	+25 +7
14	18												
18	24	0 −84	0 −130	0 −210	±4.5	±6.5	±10	+11 +2	+15 +2	+23 +2	+17 +8	+21 +8	+29 +8
24	30												
30	40	0 −100	0 −160	0 −250	±5.5	±8	±12	+13 +2	+18 +2	+27 +2	+20 +9	+25 +9	+34 +9
40	50												
50	65	0 −120	0 −190	0 −300	±6.5	±9.5	±15	+15 +2	+21 +2	+32 +2	+24 +11	+30 +11	+41 +11
65	80												
80	100	0 −140	0 −220	0 −350	±7.5	±11	±17	+18 +3	+25 +3	+38 +3	+28 +13	+35 +13	+48 +13
100	120												
120	140	0 −160	0 −250	0 −400	±9	±12.5	±20	+21 +3	+28 +3	+43 +3	+33 +15	+40 +15	+55 +15
140	160												
160	180												
180	200	0 −185	0 −290	0 −460	±10	±14.5	±23	+24 +4	+33 +4	+50 +4	+37 +17	+46 +17	+63 +17
200	225												
225	250												
250	280	0 −210	0 −320	0 −520	±11.5	±16	±26	+27 +4	+36 +4	+56 +4	+43 +20	+52 +20	+72 +20
280	315												
315	355	0 −230	0 −360	0 −570	±12.5	±18	±28	+29 +4	+40 +4	+61 +4	+46 +21	+57 +21	+78 +21
355	400												
400	450	0 −250	0 −400	0 −630	±13.5	±20	±31	+32 +5	+45 +5	+68 +5	+50 +23	+63 +23	+86 +23
450	500												

续表

公称尺寸/mm		公差带											
		n			p			r			s		
大于	至	5*	▲6	7*	5*	▲6	7*	5*	6*	7*	5*	▲6	7*
—	3	+8 +4	+10 +4	+14 +4	+10 +6	+12 +6	+16 +6	+14 +10	+16 +10	+20 +10	+18 +14	+20 +14	+24 +14
3	6	+13 +8	+16 +8	+20 +8	+17 +12	+20 +12	+24 +12	+20 +15	+23 +15	+27 +15	+24 +19	+27 +19	+31 +19
6	10	+16 +10	+19 +10	+25 +10	+21 +15	+24 +15	+30 +15	+25 +19	+28 +19	+34 +19	+29 +23	+32 +23	+38 +23
10	14	+20 +12	+23 +12	+30 +12	+26 +18	+29 +18	+36 +18	+31 +23	+34 +23	+41 +23	+36 +28	+39 +28	+46 +28
14	18												
18	24	+24 +15	+28 +15	+36 +15	+31 +22	+35 +22	+43 +22	+37 +28	+41 +28	+49 +28	+44 +35	+48 +35	+56 +35
24	30												
30	40	+28 +17	+33 +17	+42 +17	+37 +26	+42 +26	+51 +26	+45 +34	+50 +34	+59 +34	+54 +43	+59 +43	+68 +43
40	50												
50	65	+33 +20	+39 +20	+50 +20	+45 +32	+51 +32	+62 +32	+54 +41	+60 +41	+71 +41	+66 +53	+72 +53	+83 +53
65	80							+56 +43	+62 +43	+73 +43	+72 +59	+78 +59	+89 +59
80	100	+38 +23	+45 +23	+58 +23	+52 +37	+59 +37	+72 +37	+66 +51	+73 +51	+86 +51	+86 +71	+93 +71	+106 +71
100	120							+69 +54	+76 +54	+89 +54	+94 +79	+101 +79	+114 +79
120	140	+45 +27	+52 +27	+67 +27	+61 +43	+68 +43	+83 +43	+81 +63	+88 +63	+103 +63	+110 +92	+117 +92	+132 +92
140	160							+83 +65	+90 +65	+105 +65	+118 +100	+125 +100	+140 +100
160	180							+86 +68	+93 +68	+108 +68	+126 +108	+133 +108	+148 +108
180	200	+51 +31	+60 +31	+77 +31	+70 +50	+79 +50	+96 +50	+97 +77	+106 +77	+123 +77	+142 +122	+151 +122	+168 +122
200	225							+100 +80	+109 +80	+126 +80	+150 +130	+159 +130	+176 +130
225	250							+104 +84	+113 +84	+130 +84	+160 +140	+169 +140	+186 +140
250	280	+57 +34	+86 +34	+86 +34	+79 +56	+88 +56	+108 +56	+117 +94	+126 +94	+146 +94	+181 +158	+190 +158	+210 +158
280	315							+121 +98	+130 +98	+150 +98	+193 +170	+202 +170	+222 +170
315	355	+62 +37	+73 +37	+94 +37	+87 +62	+98 +62	+119 +62	+133 +108	+144 +108	+165 +108	+215 +190	+226 +190	+247 +190
355	400							+139 +114	+150 +114	+171 +114	+233 +208	+244 +208	+265 +208
400	450	+67 +40	+80 +40	+103 +40	+95 +68	+108 +68	+131 +68	+153 +126	+166 +126	+189 +126	+259 +232	+272 +232	+295 +232
450	500							+159 +132	+172 +132	+195 +132	+279 +252	+292 +252	+315 +252

续表

公称尺寸/mm		公差带								
		t			u		v	x	y	z
大于	至	5*	6*	7*	▲6	7*	6*	6*	6*	6*
—	3	—	—	—	+24 +18	+28 +18	—	+26 +20	—	+32 +26
3	6	—	—	—	+31 +23	+35 +23	—	+36 +28	—	+43 +35
6	10	—	—	—	+37 +28	+43 +28	—	+43 +34	—	+51 +42
10	14	—	—	—	+44 +33	+51 +33	—	+51 +40	—	+61 +50
14	18	—	—	—			+50 +39	+56 +45	—	+71 +60
18	24	—	—	—	+54 +41	+62 +41	+60 +47	+67 +54	+76 +63	+86 +73
24	30	+50 +41	+54 +41	+62 +41	+61 +48	+69 +48	+68 +55	+77 +64	+88 +75	+101 +88
30	40	+59 +48	+64 +48	+73 +48	+76 +60	+85 +60	+84 +68	+96 +80	+110 +94	+128 +112
40	50	+65 +54	+70 +54	+79 +54	+86 +70	+95 +70	+97 +81	+113 +97	+130 +114	+152 +136
50	65	+79 +66	+85 +66	+96 +66	+106 +87	+117 +87	+121 +102	+141 +122	+169 +144	+191 +172
65	80	+88 +75	+94 +75	+105 +75	+121 +102	+132 +102	+139 +120	+165 +146	+193 +174	+229 +210
80	100	+106 +91	+113 +91	+126 +91	+146 +124	+159 +124	+168 +146	+200 +178	+236 +214	+280 +258
100	120	+119 +104	+126 +104	+139 +104	+166 +144	+179 +144	+194 +172	+232 +210	+276 +254	+332 +310
120	140	+140 +122	+147 +122	+162 +122	+195 +170	+210 +170	+227 +202	+273 +248	+325 +300	+390 +365
140	160	+152 +134	+159 +134	+174 +134	+215 +190	+230 +190	+253 +228	+305 +280	+365 +340	+440 +415
160	180	+164 +146	+171 +146	+186 +146	+235 +210	+250 +210	+277 +252	+335 +310	+405 +380	+490 +465
180	200	+186 +166	+195 +166	+212 +166	+265 +236	+282 +236	+313 +284	+379 +350	+454 +425	+549 +520
200	225	+200 +180	+209 +180	+226 +180	+287 +258	+304 +258	+339 +310	+414 +385	+499 +470	+604 +575
225	250	+216 +196	+225 +196	+242 +196	+313 +284	+330 +284	+369 +340	+454 +425	+549 +520	+669 +640
250	280	+241 +218	+250 +218	+270 +218	+347 +315	+367 +315	+417 +385	+507 +475	+612 +580	+742 +710
280	315	+263 +240	+272 +240	+292 +240	+382 +350	+402 +350	+457 +425	+557 +525	+682 +650	+822 +790
315	355	+293 +268	+304 +268	+325 +268	+426 +390	+447 +390	+511 +475	+626 +590	+766 +730	+936 +900
355	400	+319 +294	+330 +294	+351 +294	+471 +435	+492 +435	+566 +530	+696 +660	+856 +820	+1036 +1000
400	450	+357 +330	+370 +330	+393 +330	+530 +490	+553 +490	+635 +595	+780 +740	+960 +920	+1140 +1100
450	500	+387 +360	+400 +360	+423 +360	+580 +540	+603 +540	+700 +660	+860 +820	+1040 +1000	+1290 +1250

注:①* 为常用公差带,▲为优先公差带;

②公称尺寸小于 1mm 时,各级的 a 和 b 均不采用。

表 A-16 常用及优先孔的极限偏差(GB/T 1800.2—2009 摘录) (μm)

公称尺寸/mm		公差带												
		A	B		C	D				E		F		
大于	至	11*	11*	12*	▲11	8*	▲9	10*	11*	8*	9*	6*	7*	▲8
—	3	+330 +270	+200 +140	+240 +140	+120 +60	+34 +20	+45 +20	+60 +20	+80 +20	+28 +14	+39 +14	+12 +6	+16 +6	+20 +6
3	6	+345 +270	+215 +140	+260 +140	+145 +70	+48 +30	+60 +30	+78 +30	+150 +30	+38 +20	+50 +20	+18 +10	+22 +10	+28 +10
6	10	+370 +280	+240 +150	+300 +150	+170 +80	+62 +40	+76 +40	+98 +40	+130 +40	+47 +25	+61 +25	+22 +13	+28 +13	+35 +13
10	14	+400 +290	+260 +150	+330 +150	+205 +95	+77 +50	+93 +50	+120 +50	+160 +50	+59 +32	+75 +32	+27 +16	+34 +16	+43 +16
14	18													
18	24	+430 +300	+290 +160	+370 +160	+240 +110	+98 +65	+117 +65	+149 +65	+195 +65	+73 +40	+92 +40	+33 +20	+41 +20	+53 +20
24	30													
30	40	+470 +310	+330 +170	+420 +170	+280 +120	+119 +80	+142 +80	+180 +80	+240 +80	+89 +50	+112 +50	+41 +25	+50 +25	+64 +25
40	50	+480 +320	+340 +180	+430 +180	+290 +130									
50	65	+530 +340	+380 +190	+490 +190	+330 +150	+146 +100	+174 +100	+220 +100	+290 +100	+106 +60	+134 +60	+49 +30	+60 +30	+76 +30
65	80	+550 +360	+390 +200	+500 +200	+340 +150									
80	100	+600 +380	+400 +220	+570 +220	+390 +170	+174 +120	+207 +120	+260 +120	+340 +120	+126 +72	+159 +72	+58 +36	+71 +36	+90 +36
100	120	+630 +410	+460 +240	+590 +240	+400 +180									
120	140	+710 +460	+510 +260	+660 +260	+450 +200	+208 +145	+245 +145	+305 +145	+395 +140	+148 +85	+185 +85	+68 +43	+83 +43	+106 +43
140	160	+770 +520	+530 +280	+680 +280	+460 +210									
160	180	+830 +580	+560 +310	+710 +310	+480 +230									
180	200	+950 +660	+630 +340	+800 +340	+530 +240	+242 +170	+285 +170	+355 +170	+460 +170	+172 +100	+215 +100	+79 +50	+96 +50	+122 +50
200	225	+1030 +740	+670 +380	+840 +380	+550 +260									
225	250	+1110 +820	+710 +420	+880 +420	+570 +280									
250	280	+1240 +920	+800 +480	+1000 +480	+620 +300	+271 +190	+320 +190	+400 +190	+510 +190	+191 +110	+240 +110	+88 +56	+108 +56	+137 +56
280	315	+1370 +1050	+860 +540	+1060 +540	+650 +330									
315	355	+1560 +1200	+960 +600	+1170 +600	+720 +360	+299 +210	+350 +210	+440 +210	+570 +210	+214 +125	+265 +125	+98 +62	+119 +62	+151 +62
355	400	+1710 +1350	+1040 +680	+1250 +680	+760 +400									
400	450	+1900 +1500	+1160 +760	+1390 +760	+840 +440	+327 +230	+385 +230	+480 +230	+630 +230	+232 +135	+290 +135	+108 +68	+131 +68	+165 +68
450	500	+2050 +1650	+1240 +840	+1470 +840	+880 +480									

续表

公称尺寸/mm		公差带												
		F	G		H							JS		
大于	至	9*	6*	▲7	6*	▲7	▲8	▲9	10*	▲11	12*	6*	7*	8*
—	3	+31 +6	+8 +2	+12 +2	+6 0	+10 0	+14 0	+25 0	+40 0	+60 0	+100 0	±3	±5	±7
3	6	+40 +10	+12 +4	+16 +4	+8 0	+12 0	+18 0	+30 0	+48 0	+75 0	+120 0	±4	±6	±9
6	10	+49 +13	+14 +5	+20 +5	+9 0	+15 0	+22 0	+36 0	+58 0	+90 0	+150 0	±4.5	±7	±11
10	14	+59 +16	+17 +6	+24 +6	+11 0	+18 0	+27 0	+43 0	+70 0	+110 0	+180 0	±5.5	±9	±13
14	18													
18	24	+72 +20	+20 +7	+28 +7	+13 0	+21 0	+33 0	+52 0	+84 0	+130 0	+210 0	±6.5	±10	±16
24	30													
30	40	+87 +25	+25 +9	+34 +9	+16 0	+25 0	+39 0	+62 0	+100 0	+160 0	+250 0	±8	±12	±19
40	50													
50	65	+104 +30	+29 +10	+40 +10	+19 0	+30 0	+46 0	+74 0	+120 0	+190 0	+300 0	±9.5	±15	±23
65	80													
80	100	+123 +36	+34 +12	+47 +12	+22 0	+35 0	+54 0	+87 0	+140 0	+220 0	+350 0	±11	±17	±27
100	120													
120	140	+143 +43	+39 +14	+54 +14	+25 0	+40 0	+63 0	+100 0	+160 0	+250 0	+400 0	±12.5	±20	±31
140	160													
160	180													
180	200	+165 +50	+44 +15	+61 +15	+29 0	+46 0	+72 0	+115 +0	+185 0	+290 0	+460 0	±14.5	±23	±36
200	225													
225	250													
250	280	+186 +56	+49 +17	+69 +17	+32 0	+52 0	+81 0	+130 0	+210 0	+320 0	+520 0	±16	±26	±40
280	315													
315	355	+202 +62	+54 +18	+75 +18	+36 0	+57 0	+89 0	+140 0	+230 0	+360 0	+570 0	±18	±28	±44
355	400													
400	450	+223 +68	+60 +20	+83 +20	+40 0	+63 0	+97 0	+155 0	+250 0	+400 0	+630 0	±20	±31	±48
450	500													

续表

公称尺寸/mm		公差带										
		K			M			N			P	
大于	至	6*	▲7	8*	6*	7*	8*	6*	▲7	8*	6*	▲7
—	3	0 −6	0 −10	0 −14	−2 −8	−2 −12	−2 −16	−4 −10	−4 −14	−4 −18	−6 −12	−6 −16
3	6	+2 −6	+3 −9	+5 −13	−1 −9	0 −12	+2 −16	−5 −13	−4 −16	−9 −20	−9 −17	−8 −20
6	10	+2 −7	+5 −10	+6 −16	−3 −12	0 −15	+1 −21	−7 −16	−4 −19	−3 −25	−12 −21	−9 −24
10	14	+2 −9	+6 −12	+8 −19	−4 −15	0 −18	+2 −25	−9 −20	−5 −23	−3 −30	−15 −26	−11 −29
14	18											
18	24	+2 −11	+6 −15	+10 −23	−4 −17	0 −21	+4 −29	−11 −24	−7 −28	−3 −36	−18 −31	−14 −35
24	30											
30	40	+3 −13	+7 −18	−12 −27	−4 −20	0 −25	+5 −34	−12 −28	−8 −33	−3 −42	−21 −37	−17 −42
40	50											
50	65	+4 −13	+9 −21	+14 −32	−5 −24	0 −30	+5 −41	−14 −33	−9 −39	−4 −50	−26 −45	−21 −51
65	80											
80	100	+4 −15	+10 −25	+16 −38	−6 −28	0 −35	+6 −48	−16 −38	−10 −45	−4 −58	−30 −52	−24 −59
100	120											
120	140	+4 −18	+12 −28	+20 −43	−8 −33	0 −40	+8 −55	−20 −45	−12 −52	−4 −67	−36 −61	−28 −68
140	160											
160	180											
180	200	+4 −21	+13 −33	+22 −50	−8 −37	0 −46	+9 −63	−22 −51	−14 −60	−5 −77	−41 −70	−33 −79
200	225											
225	250											
250	280	+5 −24	+16 −36	+25 −56	−9 −41	0 −52	+9 −72	−25 −57	−14 −66	−5 −86	−47 −79	−36 −88
280	315											
315	355	+7 −29	+17 −40	+28 −61	−10 −46	0 −57	+11 −78	−26 −62	−16 −73	−5 −94	−51 −87	−41 −98
355	400											
400	450	+8 −32	+18 −45	+29 −68	−10 −50	0 −63	+11 −86	−27 −67	−17 −80	−6 −103	−55 −95	−45 −108
450	500											

续表

公称尺寸/mm		公差带						
		R		S		T		U
大于	至	6*	7*	6*	▲7	6*	7*	▲7
—	3	−10 −16	−10 −20	−14 −20	−14 −24	—	—	−18 −28
3	6	−12 −20	−11 −23	−16 −24	−15 −27	—	—	−19 −31
6	10	−16 −25	−13 −28	−20 −29	−17 −32	—	—	−22 −37
10	14	−20 −31	−16 −34	−25 −35	−21 −39	—	—	−26 −44
14	18							
18	24	−24 −37	−20 −41	−31 −44	−27 −48	—	—	−33 −54
24	30					−37 −50	−33 −54	−40 −61
30	40	−29 −45	−25 −50	−38 −54	−34 −59	−43 −59	−39 −64	−51 −76
40	50					−49 −65	−45 −70	−61 −86
50	65	−35 −54	−30 −60	−47 −66	−42 −72	−60 −79	−55 −85	−76 −106
65	80	−37 −56	−32 −62	−53 −72	−48 −78	−69 −88	−64 −94	−91 −121
80	100	−44 −66	−38 −73	−64 −86	−58 −93	−84 −106	−78 −113	−111 −146
100	120	−47 −69	−41 −76	−72 −94	−66 −101	−97 −119	−91 −126	−131 −166
120	140	−56 −81	−48 −88	−85 −110	−77 −117	−115 −140	−107 −147	−155 −195
140	160	−58 −83	−50 −90	−93 −118	−85 −125	−127 −152	−119 −159	−175 −215
160	180	−61 −86	−53 −93	−101 −126	−93 −133	−139 −164	−131 −171	−195 −235
180	200	−68 −97	−60 −106	−113 −142	−105 −151	−157 −186	−149 −195	−219 −265
200	225	−71 −100	−63 −109	−121 −150	−113 −159	−171 −200	−163 −209	−241 −287
225	250	−75 −104	−67 −113	−131 −160	−123 −169	−187 −216	−179 −225	−267 −313
250	280	−85 −117	−74 −126	−149 −181	−138 −190	−209 −241	−198 −250	−295 −347
280	315	−89 −121	−78 −130	−161 −193	−150 −202	−231 −263	−220 −272	−330 −382
315	355	−97 −133	−87 −144	−179 −215	−169 −226	−257 −293	−247 −304	−369 −426
355	400	−103 −139	−93 −150	−197 −233	−187 −244	−283 −319	−273 −330	−414 −471
400	450	−113 −153	−103 −166	−219 −259	−209 −272	−317 −357	−307 −370	−467 −530
450	500	−119 −159	−109 −172	−239 −279	−229 −292	−347 −387	−337 −400	−517 −580

注:① * 为常用公差带,▲为优先公差带;

②公称尺寸小于 1 mm 时,各级的 A 和 B 均不采用。

附录B 电动机

Y系列电动机为全封闭自扇冷式笼型三相异步电动机，是按照国际电工委员会(IEC)标准设计的，具有国际互换性的特点。用于空气中不含易燃、易爆或腐蚀性气体的场所。适用于电源电压为380V无特殊要求的机械，如机床、泵、风机、运输机、搅拌机、农业机械等。

表 B-1 Y系列(IP44)三相异步电动机的技术数据(JB/T 10391—2008摘录)

电动机型号	额定功率/kW	满载转速/(r/min)	堵转转矩/额定转矩	最大转矩/额定转矩	电动机型号	额定功率/kW	满载转速/(r/min)	堵转转矩/额定转矩	最大转矩/额定转矩
同步转速3000 r/min,2极					同步转速1500 r/min,4极				
Y80M1-2	0.75	2825	2.2	2.3	Y80M1-4	0.55	1390	2.4	2.3
Y80M2-2	1.1	2825	2.2	2.3	Y80M2-4	0.75	1390	2.3	2.3
Y90S-2	1.5	2840	2.2	2.3	Y90S-4	1.1	1400	2.3	2.3
Y90L-2	2.2	2840	2.2	2.3	Y90L-4	1.5	1400	2.3	2.3
Y100L-2	3	2870	2.2	2.3	Y100L1-4	2.2	1430	2.2	2.3
Y112M-2	4	2890	2.2	2.3	Y100L2-4	3	1430	2.2	2.3
Y132S1-2	5.5	2900	2.0	2.3	Y112M-4	4	1440	2.2	2.3
Y132S2-2	7.5	2900	2.0	2.3	Y132S-4	5.5	1440	2.2	2.3
Y160M1-2	11	2930	2.0	2.3	Y132M-4	7.5	1440	2.2	2.3
Y160M2-2	15	2930	2.0	2.3	Y160M-4	11	1460	2.2	2.3
Y160L-2	18.5	2930	2.0	2.2	Y160L-4	15	1460	2.2	2.3
Y180M-2	22	2940	2.0	2.2	Y180M-4	18.5	1470	2.0	2.2
Y200L1-2	30	2950	2.0	2.2	Y180L-4	22	1470	2.0	2.2
同步转速1000 r/min,6极					Y200L-4	30	1470	2.0	2.2
Y90S-6	0.75	910	2.0	2.2	同步转速750 r/min,8极				
Y90L-6	1.1	910	2.0	2.2	Y132S-8	2.2	710	2.0	2.0
Y100L-6	1.5	940	2.0	2.2	Y132M-8	3	710	2.0	2.0
Y112M-6	2.2	940	2.0	2.2	Y160M1-8	4	720	2.0	2.0
Y132S-6	3	960	2.0	2.2	Y160M2-8	5.5	720	2.0	2.0
Y132M1-6	4	960	2.0	2.2	Y160L-8	7.5	720	2.0	2.0
Y132M2-6	5.5	960	2.0	2.2	Y180L-8	11	730	1.7	2.0
Y160M-6	7.5	970	2.0	2.0	Y200L-8	15	730	1.8	2.0
Y160L-6	11	970	2.0	2.0	Y225S-8	18.5	730	1.7	2.0
Y180L-6	15	970	2.0	2.0	Y225M-8	22	740	1.8	2.0
Y200L1-6	18.5	970	2.0	2.0	Y250M-8	30	740	1.8	2.0
Y200L2-6	22	970	2.0	2.0					
Y225M-6	30	980	1.7	2.0					

注：①电动机型号意义：以Y132S2-2-B3为例，Y表示系列代号，132表示机座中心高，S2表示短机座和第二种铁心长度(M表示中机座，L表示长机座)，2表示电动机的极数，B3表示安装形式。

②S、M、L后面的数字1、2分别代表同一机座号和转速下的不同功率。

表 B-2　机座带底脚、端盖无凸缘 Y 系列电动机的安装及外形尺寸　　(mm)

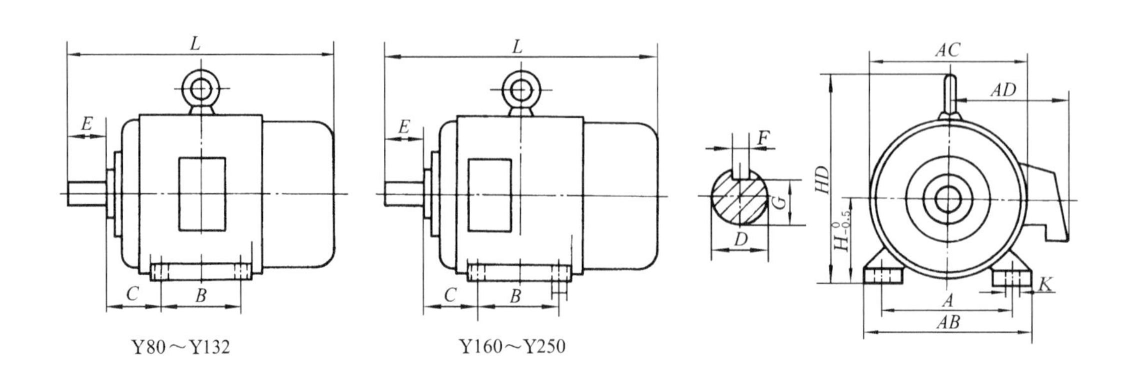

机座号	极数	A	B	C	D		E	F	G	H	K	AB	AC	AD	HD	BB	L
80M	2,4	125	100	50	19	+0.009 −0.004	40	6	15.5	80	10	165	175	150	175	130	290
90S	2,4,6	140		56	24		50	8	20	90		180	195	160	195		315
90L			125													155	340
100L		160	140	63	28		60		24	100	12	205	215	180	245	170	380
112M		190		70						112		245	240	190	265	180	400
132S	2,4,6,8	216		89	38	+0.018 +0.002	80	10	33	132		280	275	210	315	200	475
132M			178													238	515
160M		254	210	108	42		110	12	37	160	14.5	330	335	265	385	270	605
160L			254													314	650
180M		279	241	121	48			14	42.5	180		355	380	285	430	311	670
180L			279													349	710
200L		318	305	133	55	+0.030 +0.011		16	49	200	18.5	395	420	315	475	379	775
225S	4,8	356	286	149	60		140	18	53	225		435	475	345	530	368	820
225M	2		311		55		110	16	49								
	4,6,8				60		140	18	53							393	815
																	845
250M	2	406	349	168						250	24	490	515	385	575	455	930
	4,6,8				65				58								

附录C　联　轴　器

C1. 类型及代号

表 C-1　轴孔型式及代号(GB/T 3852—2008 摘录)

名　　称	型式及代号	图　　示	备　　注
圆柱形轴孔	Y 型	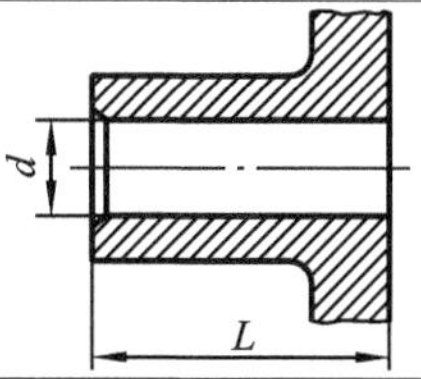	限用于长圆柱形轴伸电动机端
有沉孔的短圆柱形轴孔	J 型	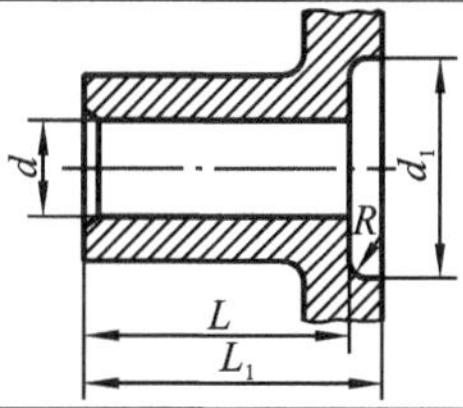	推荐选用
有沉孔的长圆锥形轴孔	Z 型	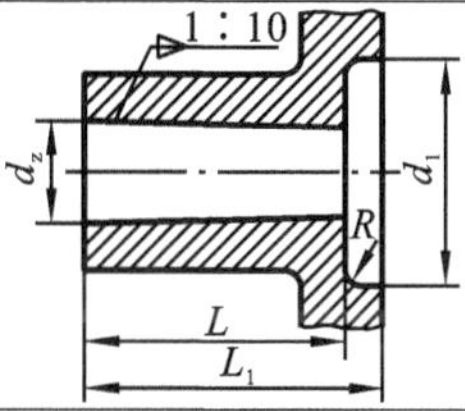	
圆锥形轴孔	Z_1 型	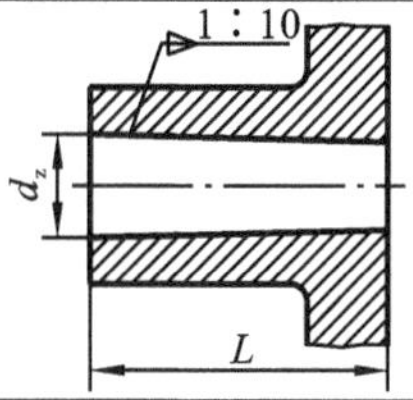	

表 C-2　联结型式及代号(GB/T 3852—2008 摘录)

名　　称	型式及代号	图　　示
平键单键槽	A 型	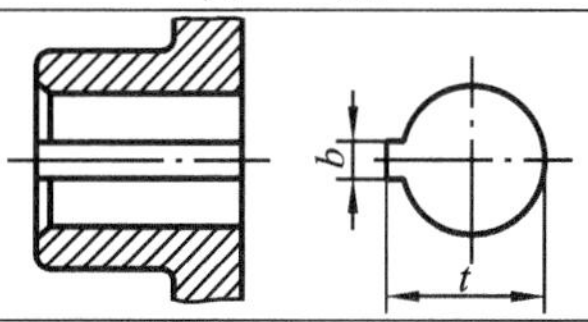
120°布置平键双键槽	B 型	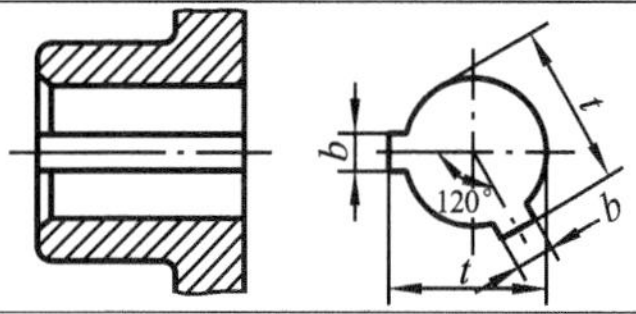
圆锥形轴孔平键单键槽	C 型	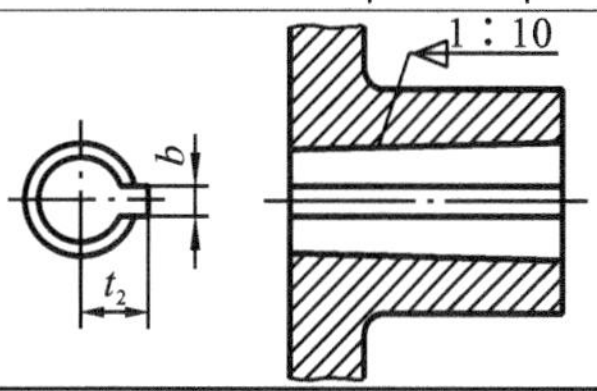

C2. 尺寸

表 C-3　Y 型、J 型圆柱形轴孔尺寸和 A、B 型键槽尺寸（GB/T 3852—2008 摘录）　(mm)

直径 d		长度			沉孔尺寸		A 型、B 型键槽				B 型键槽
		L					b		t		T
公称尺寸	极限偏差 H7	长系列	短系列	L_1	d_1	R	公称尺寸	极限偏差 P9	公称尺寸	极限偏差	位置度公差
16	+0.018 0	42	30	42	38	1.5	5	−0.012 −0.042	18.3	+0.10 0	0.03
18							6		20.8		
19	+0.021 0								21.8		
20		52	38	52					22.8		
22									24.8		
24							8	−0.015 −0.051	27.3	+0.20 0	0.04
25		62	44	62	48				28.3		
28									31.3		
30		82	60	82	55				33.3		
32	+0.025 0					2.0	10		35.3		
35									38.3		
38					65				41.3		
40		112	84	112			12	−0.018 −0.061	43.3		0.05
42									45.3		
45					80		14		48.8		
48									51.8		
50					95				53.8		
55	+0.030 0					2.5	16		59.3		
56									60.3		
60		142	107	142	105		18		64.4		
63									67.4		
65									69.4		
70					120		20	−0.022 −0.074	74.9		0.06
71									75.9		
75									79.9		
80		172	132	172	140		22		85.4		
85	+0.035 0					3.0			90.4		
90					160		25		95.4		
95		212	167	212					100.4		
100					180		28		106.4		
110									116.4		
120					210		32	−0.026 −0.088	127.4		0.08
125	+0.040 0					4.0			132.4		
130		252	202	252	235				137.4		

注：键槽宽度 b 的极限偏差，也可采用 GB/T 1095—2003 中规定的 JS9。

表 C-4　Z 型、Z_1 型圆柱形轴孔尺寸和 C 型键槽尺寸(GB/T 3852—2008 摘录)　(mm)

直径 d_z		长　度			沉孔尺寸		C 型键槽				
		L		L_1	d_1	R	b		t_2		
公称尺寸	极限偏差 H10	长系列	短系列				公称尺寸	极限偏差 P9	长系列	短系列	极限偏差
16	+0.070 0	30	18	42	38	1.5	3	−0.006 −0.031	8.7	9.0	+0.100 0
18							4	−0.012 −0.042	10.1	10.4	
19	+0.084 0								10.6	10.9	
20		38	24	52					10.9	11.2	
22									11.9	12.2	
24							5		13.4	13.7	
25		44	26	62	48				13.7	14.2	
28									15.2	15.7	
30		60	38	82	55				15.8	16.4	
32	+0.100 0					2.0	6		17.3	17.9	
35									18.8	19.4	
38					65				20.3	20.9	
40		84	56	112			10	−0.015 −0.051	21.2	21.9	+0.200 0
42									22.2	22.9	
45					80		12	−0.018 −0.061	23.7	24.4	
48									25.2	25.9	
50					95				26.2	26.9	
55	+0.120 0					2.5	14		29.2	29.9	
56									29.7	30.4	
60		107	72	142	105		16		31.7	32.5	
63									32.2	34.0	
65									34.2	35.0	
70					120		18		36.8	37.6	
71									37.3	38.1	
75									39.3	40.1	
80		132	92	172	140		20	−0.022 −0.074	41.6	42.6	
85	+0.140 0					3.0			44.1	45.1	
90					160		22		47.1	48.1	
95									49.6	50.6	
100		167	122	212	180		25		51.3	52.4	
110									56.3	57.4	
120					210	4.0	28		62.3	63.4	
125	+0.160 0								64.8	65.9	
130		202	152	252	235				66.4	67.6	

注:①键槽宽度 b 的极限偏差,也可采用 GB/T 1095—2003 中规定的 JS9。

②锥孔直径 d_z 的极限偏差值按 IT10 级选取。

表 C-5 圆柱形轴孔与轴伸的配合(GB/T 3852—2008 摘录)

直径 d/mm	配合代号	
>6～30	H7/j6	根据使用要求,也可采用 H7/n6、H7/p6、H7/r6
>30～50	H7/k6	
>50	H7/m6	

表 C-6 圆锥形轴孔直径及轴孔长度的极限偏差(GB/T 3852—2008 摘录) (mm)

圆锥孔直径 d_z	孔 d_z 极限偏差	长度 L 极限偏差	圆锥孔直径 d_z	孔 d_z 极限偏差	长度 L 极限偏差
>6～10	+0.058 0	0 −0.220	>50～80	+0.120 0	0 −0.460
>10～18	+0.070 0	0 −0.270	>80～120	+0.140 0	0 −0.540
>18～30	+0.084 0	0 −0.330	>120～180	+0.160 0	0 −0.630
>30～50	+0.100 0	0 −0.390	>180～250	+0.185 0	0 −0.720

注:孔 d_z 的极限偏差值按 IT10 选取,长度 L 的极限偏差值按 IT13 选取。

键连接联轴器标记示例

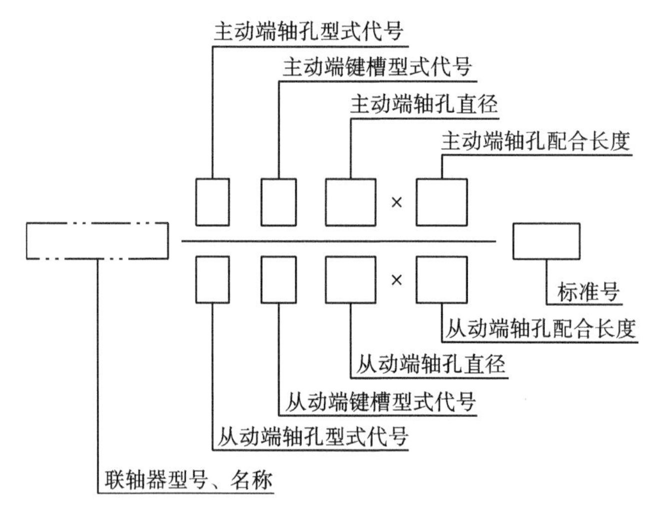

注:①Y 型孔、A 型键槽的代号,在标记中可省略不注;

②联轴器两端轴孔和键槽的型式与尺寸相同时,只标记一端,另一端省略不注。

示例 1:LX2 联轴器 $\dfrac{J_1B20\times38}{JB22\times38}$ GB/T 5014—2003

主动端:J_1 型轴孔,B 型键槽,d=20 mm,L=38 mm;从动端:J 型轴孔,B 型键槽,d=22 mm,L=38 mm

示例 2:LX5 联轴器 JB70×107 GB/T 5014—2003

主动端:J 型轴孔,B 型键槽,d=70 mm,L=107 mm;从动端:J 型轴孔,B 型键槽,d=70 mm,L=107 mm

C3. 联轴器

表 C-7 凸缘联轴器(GB/T 5843—2003 摘录) (mm)

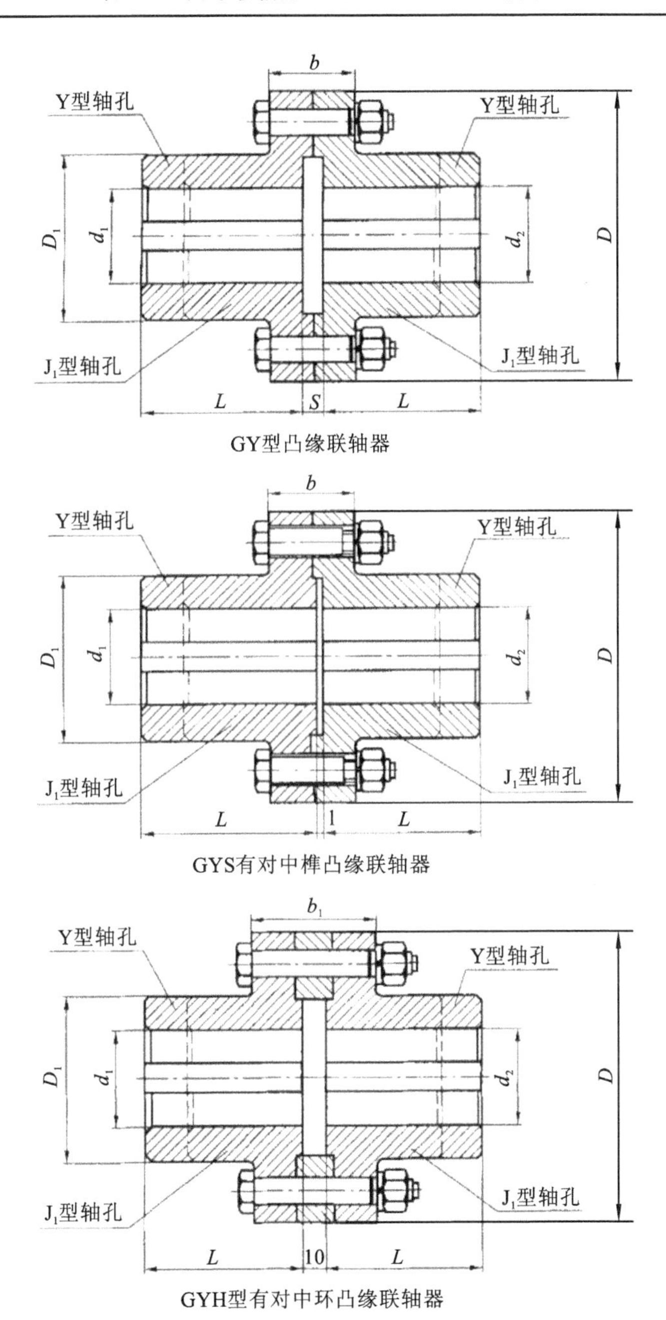

GY型凸缘联轴器

GYS有对中榫凸缘联轴器

GYH型有对中环凸缘联轴器

标记示例:

GY5 联轴器 $\frac{30\times82}{J_1B32\times60}$ GB/T 5843—2003

主动端为 Y 型轴孔,A 型键槽,d=30 mm,L=82 mm;从动端为 J_1 型轴孔,B 型键槽,d=32 mm,L=60 mm

续表

型号	公称转矩/(N·m)	许用转速/(r/min)	轴孔直径 d_1、d_2	轴孔长度 L		D	D_1	b	b_1	S	质量/kg	转动惯量/(kg·m²)
				Y型	J_1型							
GY1 GYS1 GYH1	25	12000	12,14	32	27	80	30	26	42	6	1.16	0.0008
			16,18,19	42	30							
GY2 GYS2 GYH2	63	10000	16,18,19	42	30	90	40	28	44	6	1.72	0.0015
			20,22,24	52	38							
			25	62	44							
GY3 GYS3 GYH3	112	9500	20,22,24	52	38	100	45	30	46	6	2.38	0.0025
			25,28	62	44							
GY4 GYS4 GYH4	224	9000	25,28	62	44	105	55	32	48	6	3.15	0.003
			30,32,35	82	60							
GY5 GYS5 GYH5	400	8000	30,32,35,38	82	60	120	68	36	52	8	5.43	0.007
			40,42	112	84							
GY6 GYS6 GYH6	900	6800	38	82	60	140	80	40	56	8	7.59	0.015
			40,42,45,48,50	112	84							
GY7 GYS7 GYH7	1600	6000	48,50,55,56	112	84	160	100	40	56	8	13.1	0.031
			60,63	142	107							
GY8 GYS8 GYH8	3150	4800	60,63,65,70,71,75	142	107	200	130	50	68	10	27.5	0.103
			80	172	132							
GY9 GYS9 GYH9	6300	3600	75	142	107	260	160	66	84	10	47.8	0.319
			80,85,90,95	172	132							
			100	212	167							

注：①J_1型轴孔型式详见 GB/T 3852—2008；

②本联轴器不具备径向、轴向和角向的补偿功能，刚度高，适用于两轴对中、精度良好的一般轴系传动。

表 C-8 GICL 型鼓形齿式联轴器(JB/T 8854.3—2001 摘录)　(mm)

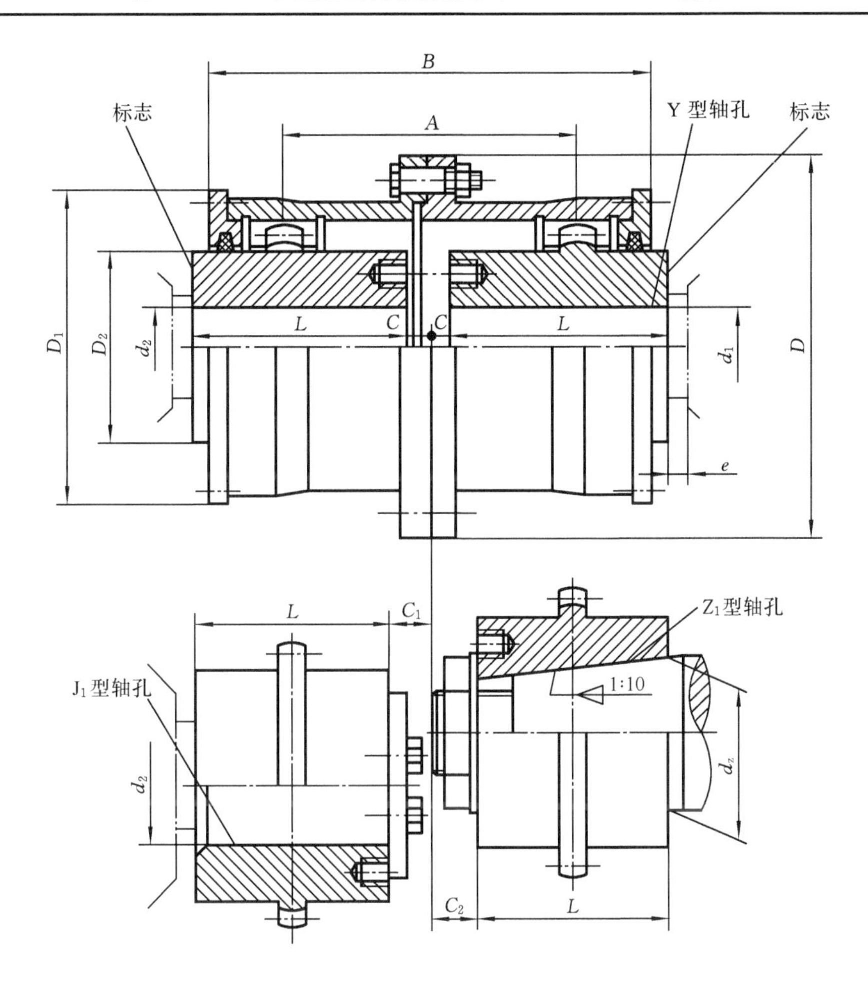

标记示例：

GICL4 联轴器 $\dfrac{50\times112}{J_1B45\times84}$ JB/T 8854.3—2001

主动端为 Y 型轴孔，A 型键槽，$d=50$ mm，$L=112$ mm；从动端为 J_1 型轴孔，B 型键槽，$d=45$ mm，$L=84$ mm

型号	公称转矩/(N·m)	许用转速/(r/min)	轴孔直径 d_1、d_2、d_z	孔轴长度 L		D	D_1	D_2	B	A	C	C_1	C_2	e	转动惯量/(kg·m^2)	质量/kg
				Y 型	J_1、Z_1 型											
GICL1	800	7100	16,18,19	42	—	125	95	60	115	75	20	—	—	30	0.009	5.9
			20,22,24	52	38						10	—	24			
			25,28	62	44						2.5	—	19			
			30,32,35,38	82	60							15	22			
GICL2	1400	6300	25,28	62	44	145	120	75	135	88	10.5	—	29	30	0.02	9.7
			30,32,35,38	82	60						2.5	12.5	30			
			40,42,45,48	112	84							13.5	28			

续表

型号	公称转矩/(N·m)	许用转速/(r/min)	孔轴直径 d_1、d_2、d_z	孔轴长度 L		D	D_1	D_2	B	A	C	C_1	C_2	e	转动惯量/(kg·m²)	质量/kg
				Y型	J_1、Z_1型											
GICL3	2800	5900	30,32,35,38	82	60	170	140	95	155	106	3	24.5	25	30	0.047	17.2
			40,42,45,48,50,55,56	112	84							17	28			
			60	142	107								35			
GICL4	5000	5400	32,35,38	82	60	195	165	115	178	125	14	37	32	30	0.091	24.9
			40,42,45,48,50,55,56	112	84						3	17	28			
			60,63,65,70	142	107								35			
GICL5	8000	5000	40,42,45,48,50,55,56	112	84	225	183	130	198	142	3	25	28	30	0.167	38
			60,63,65,70,71,75	142	107							20	35			
			80	172	132							22	43			
GICL6	11200	4800	48,50,55,56	112	84	240	200	145	218	160	6	35	35	30	0.267	48.2
			60,63,65,70,71,75	142	107						4	20	35			
			80,85,90	172	132							22	43			
GICL7	15000	4500	60,63,65,70,71,75	142	107	260	230	160	244	180	4	35	35	30	0.453	68.9
			80,85,90,95	172	132							22	43			
			100	212	167								48			
GICL8	21200	4000	65,70,71,75	142	107	280	245	175	264	193	5	35	35	30	0.646	83.3
			80,85,90,95	172	132							22	43			
			100,110	212	167								48			

注：①J_1型轴孔型式详见 GB/T 3852—2008，根据需要可以不使用轴端垫圈；

②本联轴器具有良好的补偿两轴综合位移的能力，外形尺寸小，承载能力高，能在高速下可靠地工作，适合用于重型机械及长轴连接，但不宜用于立轴的连接。

表 C-9　弹性套柱销联轴器(GB/T 4323—2002 摘录)　(mm)

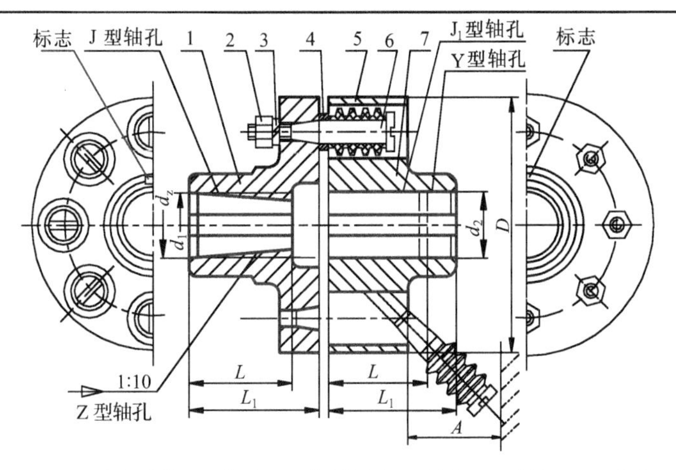

1、7—半联轴器；2—螺母；3—弹簧垫圈；4—挡圈；5—弹性套；6—柱销

标记示例：LT3 联轴器 $\dfrac{\mathrm{ZC}16\times30}{\mathrm{JB}18\times30}$ GB/T 4323—2002

主动端为 Z 型轴孔，C 型键槽，$d_z=16$ mm，$L=30$ mm；从动端为 J 型轴孔，B 型键槽，$d=18$ mm，$L=30$ mm

型号	公称转矩 /(N·m)	许用转速 /(r/min)	轴孔直径 d_1、d_2、d_z	轴孔长度			$L_{推荐}$	D	A	质量 /kg	转动惯量 /(kg·m²)
				Y 型	J、J_1、Z 型						
				L	L	L_1					
LT1	6.3	8800	9	20	14	—	25	71	18	0.82	0.0005
			10,11	25	17						
			12,14	32	20						
LT2	16	7600	12,14			42	35	80		1.20	0.0008
			16,18,19	42	30						
LT3	31.5	6300	16,18,19				38	95	35	2.20	0.0023
			20,22	52	38	52					
LT4	63	5700	20,22,24				40	106		2.84	0.0037
			25,28	62	44	62					
LT5	125	4600	25,28				50	130	45	6.05	0.0120
			30,32,35	82	60	82					
LT6	250	3800	32,35,38				55	160		9.57	0.0280
			40,42	112	84	112					
LT7	500	3600	40,42,45,48				65	190		14.01	0.0550
LT8	710	3000	45,48,50,55,56				70	224	65	23.12	0.1340
			60,63	142	107	142					
LT9	1000	2850	50,55,56	112	84	112	80	250		30.69	0.2130
			60,63,65,70,71	142	107	142					
LT10	2000	2300	63,65,70,71,75				100	315	80	61.40	0.6600
			80,85,90,95	172	132	172					
LT11	4000	1800	80,85,90,95				115	400	100	120.70	2.1220
			100,110	212	167	212					
LT12	8000	1450	100,110,120,125				135	475	130	210.34	5.3900
			130	252	202	252					
LT13	16000	1150	120,125	212	167	212	160	600	180	419.36	17.5800
			130,140,150	252	202	252					
			160,170	302	242	302					

注：①J_1型轴孔型式详见 GB/T 3852—2008；

②质量、转动惯量按材料为铸钢、无孔、$L_{推荐}$计算近似值；

③本联轴器具有一定的补偿两轴线相对偏移和减振缓冲能力，适用于安装底座刚度高、冲击载荷不大的中、小功率轴系传动，可用于经常正反转、启动频繁的场合，工作温度为−20～+70 ℃。

表 C-10　弹性柱销联轴器(GB/T 5014—2003 摘录)　　(mm)

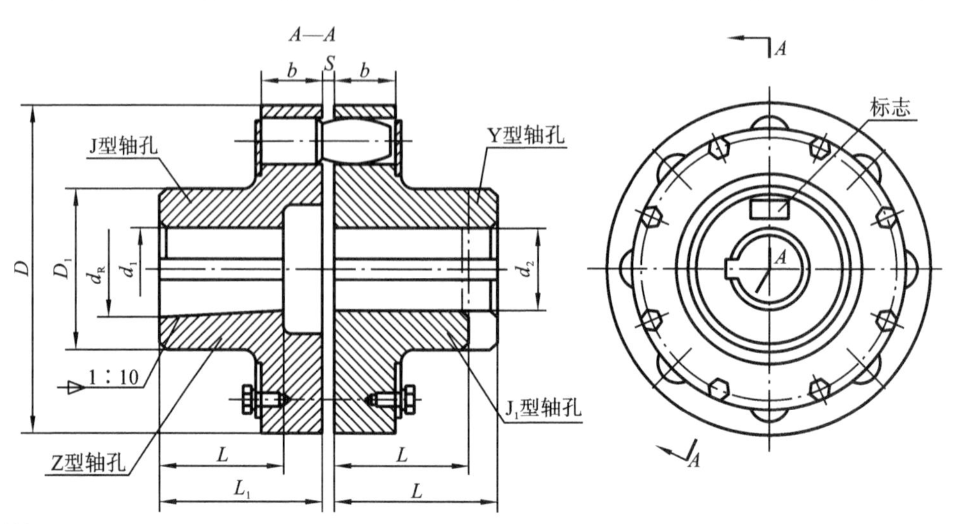

标记示例：

LX7 联轴器 $\frac{ZC75\times107}{JB70\times107}$ GB/T 5014—2003

主动端为 Z 型轴孔，C 型键槽，d_z=75 mm，L=107 mm；从动端为 J 型轴孔，B 型键槽，d=70 mm，L=107 mm

型号	公称转矩 /(N·m)	许用转速 /(r/min)	轴孔直径 d_1、d_2、d_z	轴孔长度 Y 型	轴孔长度 J、J_1、Z 型		D	D_1	b	S	质量 /kg	转动惯量 /(kg·m²)
				L	L	L_1						
LX1	250	8500	12,14	32	27	—	90	40	20	2.5	2	0.002
			16,18,19	42	30	42						
			20,22,24	52	38	52						
LX2	560	6300	20,22,24				120	55	28	2.5	5	0.009
			25,28	62	44	62						
			30,32,35	82	60	82						
LX3	1250	4700	30,32,35,38				160	75	36	2.5	8	0.026
			40,42,45,48	112	84	112						
LX4	2500	3870	40,42,45,48,50,55,56				195	100	45	3	22	0.109
			60,63	142	107	142						
LX5	3150	3450	50,55,56	112	84	112	220	120	45	3	30	0.191
			60,63,65,70,71,75	142	107	142						
LX6	6300	2720	60,63,65,70,71,75				280	140	56	4	53	0.543
			80,85	172	132	172						
LX7	11200	2360	70,71,75	142	107	142	320	170	56	4	98	1.314
			80,85,90,95	172	132	172						
			100,110	212	167	212						
LX8	16000	2120	80,85,90,95	172	132	172	360	200	56	4	119	2.023
			100,110,120,125	212	167	212						
LX9	22400	1850	100,110,120,125				410	230	63	5	197	4.386
			130,140	252	202	252						
LX10	35500	1600	110,120,125	212	167	212	480	280	75	6	322	9.760
			130,140,150	252	202	252						
			160,170,180	302	242	302						

注：①J_1型轴孔型式详见 GB/T 3852—2008；

②本联轴器适用于连接两同轴线的传动轴系，并具有补偿两轴相对位移和一般减振性能，工作温度为−20～+70 ℃。

表 C-11 滑块联轴器(JB/ZQ 4384—2006 摘录) (mm)

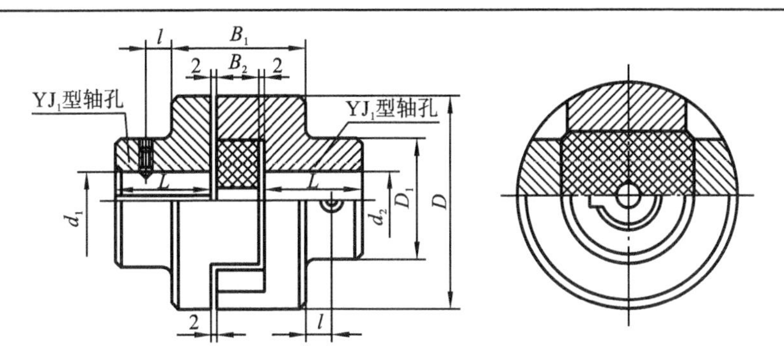

标记示例:

WH6 联轴器 45×112 JB/ZQ 4384—2006

主动端为 Y 型轴孔,A 型键槽,d=45 mm,L=112 mm;从动端为 Y 型轴孔,A 型键槽,d=45 mm,L=112 mm

型号	公称转矩/(N·m)	许用转速/(r/min)	轴孔直径 d_1、d_2	轴孔长度 L		D	D_1	B_1	B_2	l	质量/kg	转动惯量/(kg·m^2)
				Y	J_1							
WH1	16	10000	10,11	25	22	40	30	52	13	5	0.6	0.0007
			12,14	32	27							
WH2	31.5	8200	12,14	32	27	50	32	56	18	5	1.5	0.0038
			16,(17),18	42	30							
WH3	63	7000	(17),18,19	42	30	70	40	60	18	5	1.8	0.0063
			20,22	52	38							
WH4	160	5700	20,22,24	52	38	80	50	64	18	8	2.5	0.013
			25,28	62	44							
WH5	280	4700	25,28	62	44	100	70	75	23	10	5.8	0.045
			30,32,35	82	60							
WH6	500	3800	30,32,35,38	82	60	120	80	90	33	15	9.5	0.12
			40,42,45	112	84							
WH7	900	3200	40,42,45,48	112	84	150	100	120	38	25	25	0.43
			50,55	112	84							
WH8	1800	2400	50,55	112	84	190	120	150	48	25	55	1.98
			60,63,65,70	142	107							
WH9	3550	1800	65,70,75	142	107	250	150	180	58	25	85	4.9
			80,85	172	132							
WH10	5000	1500	80,85,90,95	172	132	330	190	180	58	40	120	7.5
			100	212	167							

注:①J_1型轴孔型式详见 GB/T 3852—2008;

②表中联轴器质量和转动惯量是按最小轴孔直径和最大长度计算的近似值;

③装配时两轴的许用补偿量:轴向 Δx=1~2 mm;径向 $\Delta y \leqslant 0.2$ mm;角向 $\Delta\alpha \leqslant 40'$;

④括号内的数值尽量不选用;

⑤本联轴器具有一定补偿两轴相对偏移量、减振和缓冲性能,适用于中、小功率,转速较高,转矩较小的轴系传动,工作温度为−20~+70 ℃。

附录D 螺 纹

D1. 普通螺纹

表 D-1 普通螺纹基本尺寸（GB/T 196—2003 摘录） （mm）

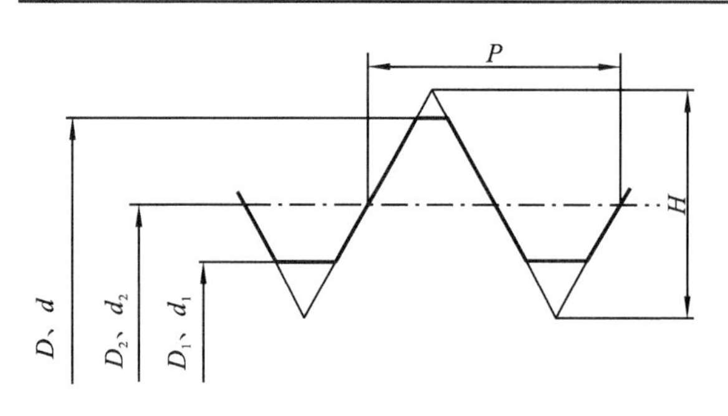

D、d—内、外螺纹大径（公称直径）

D_2、d_2—内、外螺纹中径

D_1、d_1—内、外螺纹小径

P—螺距

H—原始三角形高度

$H=0.866025404P$

$D_2=D-0.75H=D-0.6495P$

$d_2=d-0.75H=d-0.6495P$

$D_1=D-1.25H=D-1.0825P$

$d_1=d-1.25H=d-1.0825P$

公称直径 D、d		螺距	中径	小径
第一系列	第二系列	P	D_2或d_2	D_1或d_1
1.6		0.35	1.373	1.221
		0.2	1.470	1.383
	1.8	0.35	1.573	1.421
		0.2	1.670	1.583
2		0.4	1.740	1.567
		0.25	1.838	1.729
	2.2	0.45	1.908	1.713
		0.25	2.038	1.929
2.5		0.45	2.208	2.013
		0.35	2.273	2.121
3		0.5	2.675	2.459
		0.35	2.773	2.621
	3.5	(0.6)	3.110	2.850
		0.35	3.273	3.121
4		0.7	3.545	3.242
		0.5	3.675	3.459
	4.5	(0.75)	4.013	3.688
		0.5	4.175	3.959
5		0.8	4.480	4.134
		0.5	4.675	4.459
6		1	5.350	4.917
		0.75	5.513	5.188
	7	1	6.350	5.917
		0.75	6.513	6.188
8		1.25	7.188	6.647
		1	7.350	6.917
		0.75	7.513	7.188
10		1.5	9.026	8.376
		1.25	9.188	8.647
		1	9.350	8.917
		0.75	9.513	9.188

公称直径 D、d		螺距	中径	小径
第一系列	第二系列	P	D_2或d_2	D_1或d_1
12		1.75	10.863	10.106
		1.5	11.026	10.376
		1.25	11.188	10.647
		1	11.350	10.917
	14	2	12.071	11.835
		1.5	13.026	12.376
		(1.25)	13.188	12.647
		1	13.350	12.917
16		2	14.701	13.835
		1.5	15.026	14.376
		1	15.350	14.917
	18	2.5	16.376	15.294
		2	16.701	15.825
		1.5	17.026	16.376
		1	17.350	16.917
20		2.5	18.376	17.294
		2	18.701	17.835
		1.5	19.026	18.376
		1	19.350	18.917
	22	2.5	20.376	19.294
		2	20.701	19.835
		1.5	21.036	20.376
		1	21.350	20.917
24		3	22.051	20.752
		2	22.701	21.835
		1.5	23.026	22.376
		1	23.350	22.917
	27	3	25.051	23.752
		2	25.701	24.835
		1.5	26.026	25.376
		1	26.350	25.917

注：①优先选用第一系列，其次是第二系列，第三系列（表中未列出）尽可能不用；

②括号内尺寸尽可能不用。

D2. 螺栓

表 D-2　六角头螺栓——A 级和 B 级(GB/T 5782—2000 摘录)　　(mm)

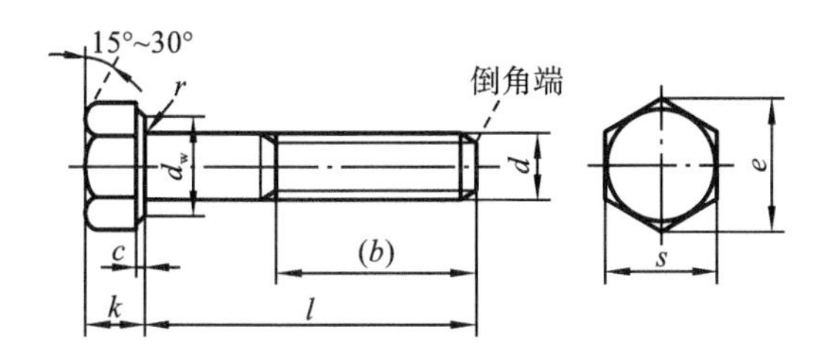

标记示例：

螺纹规格 d=12、公称长度 l=80 mm、性能等级为 8.8 级、表面氧化、产品等级为 A 级的六角头螺栓的标记为

螺栓 GB/T 5782　M12×80

螺纹规格 d			M3	M4	M5	M6	M8	M10	M12	M16	M20	M24	M30	M36
螺距 P			0.5	0.7	0.8	1	1.25	1.5	1.75	2	2.5	3	3.5	4
b 参考	l≤125		12	14	16	18	22	26	30	38	46	54	66	—
	125<l≤200		18	20	22	24	28	32	36	44	52	60	72	84
	l>200		31	33	35	37	41	45	49	57	65	73	85	97
c	max		0.4	0.4	0.5	0.5	0.6	0.6	0.6	0.8	0.8	0.8	0.8	0.8
	min		0.15	0.15	0.15	0.15	0.15	0.15	0.15	0.2	0.2	0.2	0.2	0.2
d_w	min	A	4.57	5.88	6.88	8.88	11.63	14.63	16.63	22.49	28.19	33.61	—	—
		B	4.45	5.74	6.74	8.74	11.47	14.47	16.47	22	27.7	33.25	42.75	51.11
e	min	A	6.01	7.66	8.79	11.05	14.38	17.77	20.03	26.75	33.53	39.98	—	—
		B	5.88	7.50	8.63	10.89	14.20	17.59	19.85	26.17	32.95	39.55	50.85	60.79
k	公称		2	2.8	3.5	4	5.3	6.4	7.5	10	12.5	15	18.7	22.5
r	min		0.1	0.2	0.2	0.25	0.4	0.4	0.6	0.6	0.8	0.8	1	1
s	公称		5.5	7	8	10	13	16	18	24	30	36	46	55
l 范围			20~30	25~40	25~50	30~60	40~80	45~100	50~120	65~160	80~200	90~240	110~300	140~360
l 系列			12,16,20,25,30,35,40,45,50,55,60,65,70,80,90,100,110,120,130,140,150,160,180,200,220,240,260,280,300,320,340,360,380,400,420,440,460,480,500											

注：A、B 为产品等级，A 级用于 1.6 mm≤d≤24 mm 和 l≤10d 或 l≤150 mm(按较小值)的螺栓；B 级用于 d>24 mm 或 l>10d 或 l>150 mm(按较小值)的螺栓。

D3. 螺钉

表 D-3 吊环螺钉(GB 825—1988 摘录) (mm)

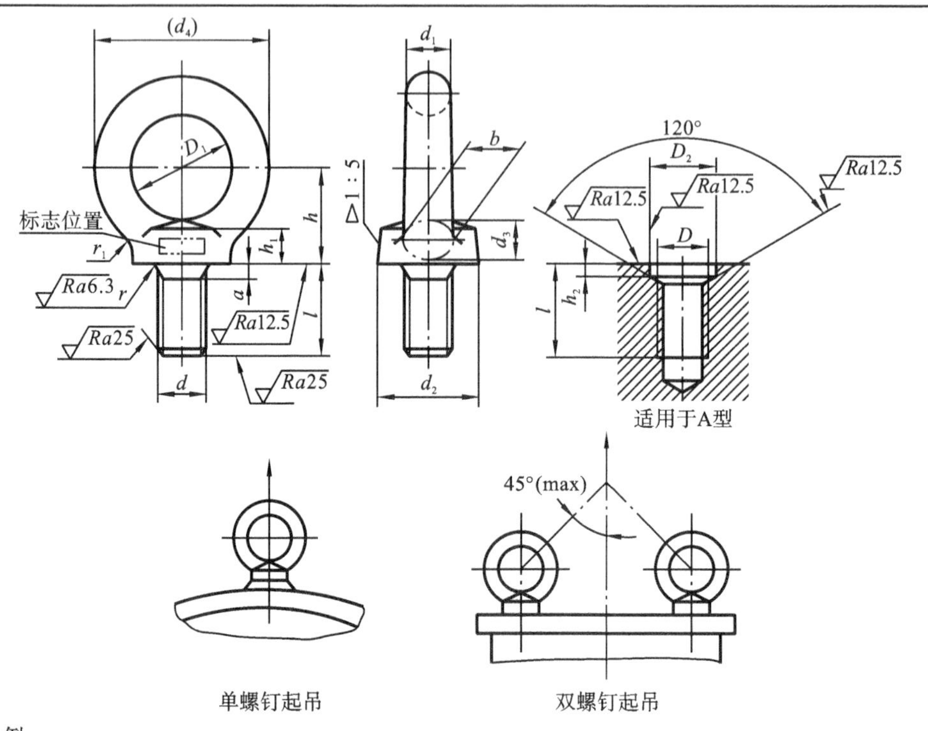

标记示例:

规格为 M20 mm,材料为 20 钢,经正火处理,不经表面处理的 A 型吊环螺钉的标记为

螺钉 GB 825—1988 M20

规格(d)		M8	M10	M12	M16	M20	M24	M30	M36	M42	M48
d_1	max	9.1	11.1	13.1	15.2	17.4	21.4	25.7	30	34.4	40.7
D_1	公称	20	24	28	34	40	48	56	67	80	95
d_2	max	21.1	25.1	29.1	35.2	41.4	49.4	57.7	69	82.4	97.7
h_1	max	7	9	11	13	15.1	19.1	23.2	27.4	31.7	36.9
l	公称	16	20	22	28	35	40	45	55	65	70
d_4	参考	36	44	52	62	72	88	104	123	144	171
h		18	22	26	31	36	44	53	63	74	87
r_1		4	4	6	6	8	12	15	18	20	22
r	min	1	1	1	1	1	2	2	3	3	3
d_3	公称(max)	6	7.7	9.4	13	16.4	19.6	25	30.8	35.6	41
a	max	2.5	3	3.5	4	5	6	7	8	9	10
b		10	12	14	16	19	24	28	32	38	46
D_2	公称(min)	13	15	17	22	28	32	38	45	52	60
h_2	公称(min)	2.5	3	3.5	4.5	5	7	8	9.5	10.5	11.5
单螺钉起吊最大质量/t		0.16	0.25	0.4	0.63	1	1.6	2.5	4	6.3	8
双螺钉起吊最大质量/t		0.08	0.125	0.2	0.32	0.5	0.8	1.25	2	3.2	4

D4. 螺母

表 D-4　1 型六角螺母——A 和 B 级(GB/T 6170—2000 摘录)　(mm)

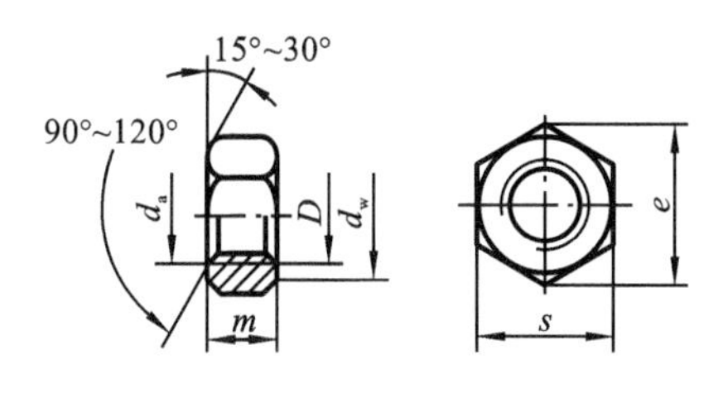

标记示例：

螺纹规格 D＝M12、性能等级为 8 级、不经表面处理、产品等级为 A 级的 1 型六角螺母的标记为

螺母 GB/T 6170　M12

螺纹规格 D		M3	M4	M5	M6	M8	M10	M12	M16	M20	M24	M30	M36
螺距 P		0.5	0.7	0.8	1	1.25	1.5	1.75	2	2.5	3	3.5	4
d_a	max	3.45	4.6	5.75	6.75	8.75	10.8	13	17.3	21.6	25.9	32.4	38.9
d_w	min	4.6	5.9	6.9	8.9	11.6	14.6	16.6	22.5	27.7	33.3	42.8	51.1
m	max	2.4	3.2	4.7	5.2	6.8	8.4	10.8	14.8	18	21.5	25.6	31
e	min	6.01	7.66	8.79	11.05	14.38	17.77	20.03	26.75	32.95	39.55	50.85	60.79
s	max	5.5	7	8	10	13	16	18	24	30	36	46	55
性能等级	钢	6、8、10											
	不锈钢	A2-70、A4-70										A2-50、A4-50	
	有色金属	CU2、CU3、AL4											

注：①螺纹的公差为 6H；

②A、B 为产品等级，A 级用于 $D \leqslant 16$ mm，B 级用于 $d > 16$ mm。

D5. 垫圈

表 D-5　平垫圈　A 级(GB/T 97.1—2002 摘录)　(mm)

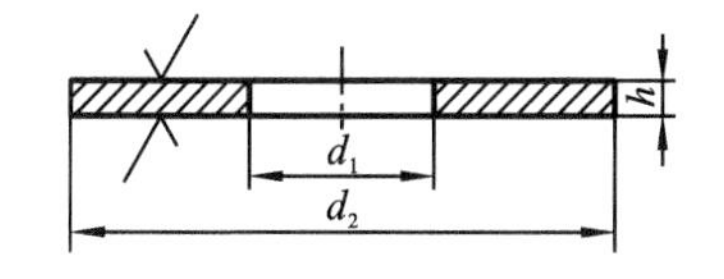

$\sqrt{}$ = { $\sqrt{Ra\ 1.6}$ 用于 $h \leqslant 3$ mm；$\sqrt{Ra\ 3.2}$ 用于 3 mm $< h \leqslant 6$ mm；$\sqrt{Ra\ 6.3}$ 用于 $h > 6$ mm

标记示例：

标准系列、公称规格 8 mm、由钢制造的硬度等级为 200HV 级、不经表面处理、产品等级为 A 级的平垫圈的标记为

垫圈 GB/T 97.1　8

公称规格（螺纹大径 d）		1.6	2	2.5	3	4	5	6	8	10	12	16	20	24	30	36
d_1	公称(min)	1.7	2.2	2.7	3.2	4.3	5.3	6.4	8.4	10.5	13	17	21	25	31	37
d_2	公称(max)	4	5	6	7	9	10	12	16	20	24	30	37	44	56	66
h	公称	0.3	0.3	0.5	0.5	0.8	1	1.6	1.6	2	2.5	3	3	4	4	5

表 D-6　平垫圈倒角型 A 级(GB/T 97.2—2002 摘录)　(mm)

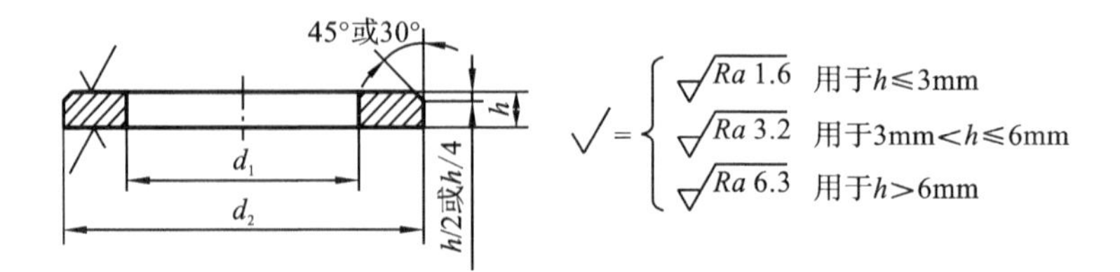

标记示例：

标准系列、公称规格 8 mm、由钢制造的硬度等级为 200HV 级、不经表面处理、产品等级为 A 级的倒角型平垫圈的标记为

垫圈 GB/T 97.2　8

公称规格（螺纹大径 d）		5	6	8	10	12	16	20	24	30	36
d_1	公称(min)	5.3	6.4	8.4	10.5	13	17	21	25	31	37
d_2	公称(max)	10	12	16	20	24	30	37	44	56	66
h	公称	1	1.6	1.6	2	2.5	3	3	4	4	5

表 D-7　小垫圈 A 级(GB/T 848—2002 摘录)　(mm)

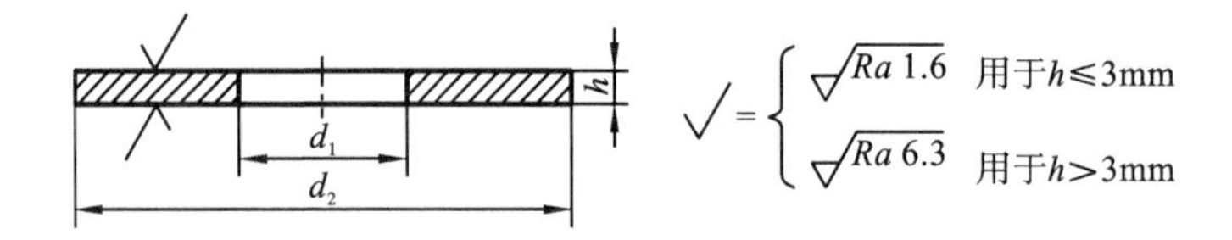

标记示例：

小系列、公称规格 8 mm、由钢制造的硬度等级为 200HV 级、不经表面处理、产品等级为 A 级的平垫圈的标记为

垫圈 GB/T 848　8

公称规格（螺纹大径 d）		1.6	2	2.5	3	4	5	6	8	10	12	16	20	24	30	36
d_1	公称(min)	1.7	2.2	2.7	3.2	4.3	5.3	6.4	8.4	10.5	13	17	21	25	31	37
d_2	公称(max)	3.5	4.5	5	6	8	9	11	15	18	20	28	34	39	50	60
h	公称	0.3	0.3	0.5	0.5	0.5	1	1.6	1.6	1.6	2	2.5	3	4	4	5

表 D-8　标准型弹簧垫圈(GB 93—1987 摘录)　(mm)

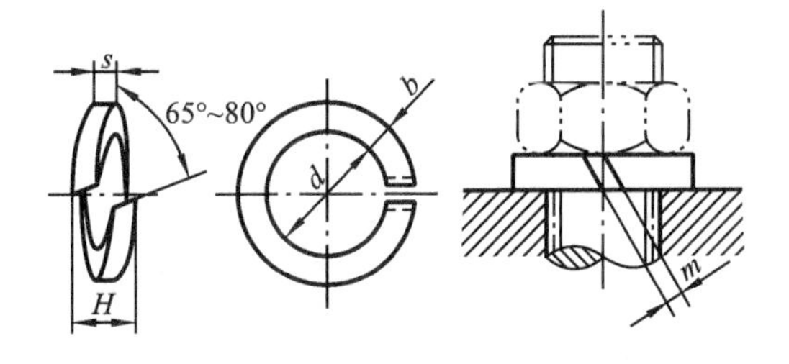

标记示例：

规格 16 mm、材料为 65Mn、表面氧化的标准型弹簧垫圈的标记为

垫圈 GB 93—1987　16

规格(螺纹大径)		3	4	5	6	8	10	12	16	20	24	30	36
d	min	3.1	4.1	5.1	6.1	8.1	10.2	12.2	16.2	20.2	24.5	30.5	36.5
s	公称	0.8	1.1	1.3	1.6	2.1	2.6	3.1	4.1	5	6	7.5	9
b	公称	0.8	1.1	1.3	1.6	2.1	2.6	3.1	4.1	5	6	7.5	9
H	min	1.6	2.2	2.6	3.2	4.2	5.2	6.2	8.2	10	12	15	18
	max	2	2.75	3.25	4	5.25	6.5	7.75	10.25	12.5	15	18.75	22.5
$m\leqslant$		0.4	0.55	0.65	0.8	1.05	1.3	1.55	2.05	2.5	3	3.75	4.5

表 D-9　轻型弹簧垫圈(GB 859—1987 摘录)　(mm)

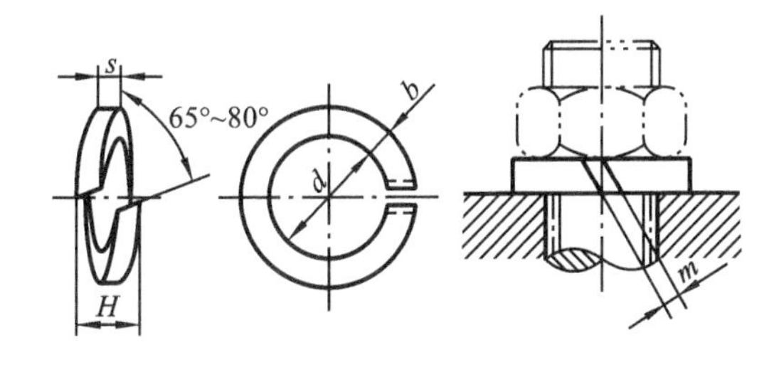

标记示例：

规格 16 mm、材料为 65Mn、表面氧化的轻型弹簧垫圈的标记为

垫圈 GB 859——1987 16

规格(螺纹大径)		3	4	5	6	8	10	12	16	20	24	30
d	min	3.1	4.1	5.1	6.1	8.1	10.2	12.2	16.2	20.2	24.5	30.5
s	公称	0.6	0.8	1.1	1.3	1.6	2	2.5	3.2	4	5	6
b	公称	1	1.2	1.5	2	2.5	3	3.5	4.5	5.5	7	9
H	min	1.2	1.6	2.2	2.6	3.2	4	5	6.4	8	10	12
	max	1.5	2	2.75	3.25	4	5	6.25	8	10	12.5	15
$m\leqslant$		0.3	0.4	0.55	0.65	0.8	1.0	1.25	1.6	2.0	2.5	3.0

附录E 键 连 接

E1. 普通平键

表 E-1 普通型平键（GB/T 1096—2003 摘录）**及平键、键槽的剖面尺寸**（GB/T 1095—2003 摘录）（mm）

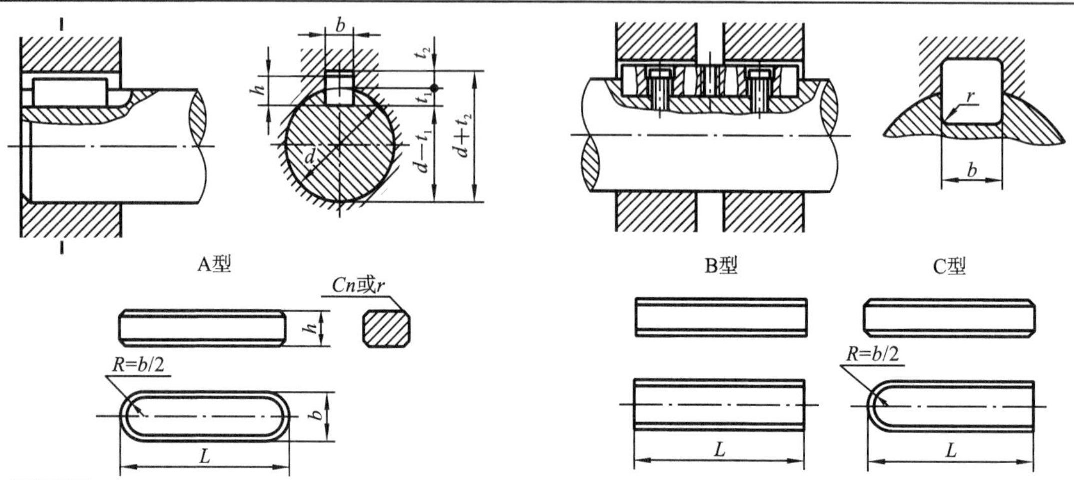

标记示例：

宽度 $b=16$ mm、高度 $h=10$ mm、长度 $L=100$ mm 普通 A 型平键的标记为 GB/T 1096 键 16×10×100

宽度 $b=16$ mm、高度 $h=10$ mm、长度 $L=100$ mm 普通 B 型平键的标记为 GB/T 1096 键 B16×10×100

宽度 $b=16$ mm、高度 $h=10$ mm、长度 $L=100$ mm 普通 C 型平键的标记为 GB/T 1096 键 C16×10×100

轴径 d	键尺寸		键槽尺寸												
			宽度 b						深度				半径 r	
	$b\times h$	L	基本尺寸	极限偏差					轴 t_1		毂 t_2			
				松连接		正常连接		紧密连接						
				轴 H9	毂 D10	轴 N9	毂 JS9	轴和毂 P9	基本尺寸	极限偏差	基本尺寸	极限偏差	min	max
自 6～8	2×2	6～20	2	+0.025 0	+0.060 +0.020	−0.004 −0.029	±0.0125	−0.006 −0.031	1.2	+0.1 0	1	+0.1 0	0.08	0.16
>8～10	3×3	6～36	3						1.8		1.4			
>10～12	4×4	8～45	4	+0.030 0	+0.078 +0.030	0 −0.030	±0.015	−0.012 −0.042	2.5		1.8			
>12～17	5×5	10～56	5						3.0		2.3		0.16	0.25
>17～22	6×6	14～70	6						3.5		2.8			
>22～30	8×7	18～90	8	+0.036 0	+0.098 +0.040	0 −0.036	±0.018	−0.015 −0.051	4.0	+0.2 0	3.3	+0.2 0		
>30～38	10×8	22～110	10						5.0		3.3		0.25	0.40
>38～44	12×8	28～140	12	+0.043 0	+0.120 +0.050	0 −0.043	±0.0215	−0.018 −0.061	5.0		3.3			
>44～50	14×9	36～160	14						5.5		3.8			
>50～58	16×10	45～180	16						6.0		4.3			
>58～65	18×11	50～200	18						7.0		4.4			
>65～75	20×12	56～220	20	+0.052 0	+0.149 +0.065	0 −0.052	±0.026	−0.022 −0.074	7.5		4.9		0.40	0.60
>75～85	22×14	63～250	22						9.0		5.4			
>85～95	25×14	70～280	25						9.0		5.4			
>95～110	28×16	80～320	28						10.0		6.4			
L 的系列	6,8,10,12,14,16,18,20,22,25,28,32,36,40,45,50,56,63,70,80,90,100,110,125,140,160,180,200,220,250,280,320,360,400,450,500													

注：①键尺寸的极限偏差 b 为 h8，h 矩形为 h11，方形为 h8，L 为 h14；

②在工作图中，轴槽深用 $d-t_1$ 标注，轮毂槽深用 $d+t_2$ 标注；

③$d-t_1$ 和 $d+t_2$ 两组组合尺寸的极限偏差按相应的 t_1 和 t_2 极限偏差选取，但 $d-t_1$ 极限偏差值应取负号（−）；

④轴槽、轮毂槽的键槽宽度 b 上两侧面的表面粗糙度 Ra 值推荐为 1.6～3.2 μm，轴槽底面、轮毂槽底面的表面粗糙度 Ra 值为 6.3 μm。

E2. 半圆键

表 E-2　普通型半圆键(GB/T 1099.1—2003 摘录)、**半圆键键槽的剖面尺寸**(GB/T 1098—2003 摘录)

(mm)

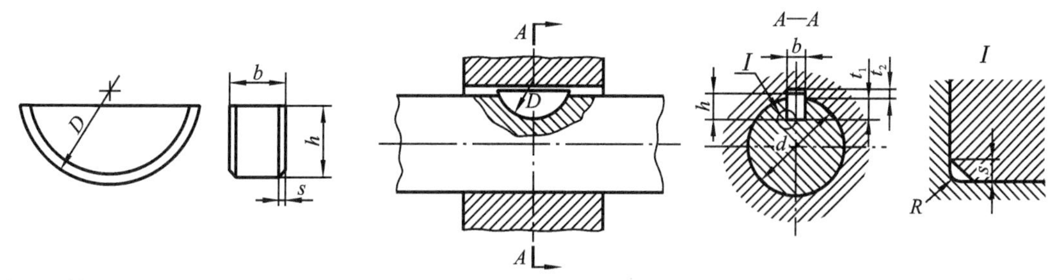

标记示例:

宽度 b=6 mm、高度 h=10 mm、直径 D=25 mm 普通型半圆键的标记为 GB/T 1099.1 键 6×10×25

轴径 d		键尺寸		键槽尺寸										
				宽度 b						深度				半径 R
				基本尺寸	极限偏差					轴 t_1		毂 t_2		
					松连接		正常连接		紧密连接					
传递转矩用	定位用	$b\times h\times D$	s		轴 H9	毂 D10	轴 N9	毂 JS9	轴和毂 P9	基本尺寸	极限偏差	基本尺寸	极限偏差	
自 3~4	自 3~4	1×1.4×4	0.16~0.25	1	+0.025 0	+0.060 +0.020	−0.004 −0.029	±0.0125	−0.006 −0.031	1.0	+0.1 0	0.6	+0.1 0	0.08~0.16
4~5	4~6	1.5×2.6×7		1.5						2.0		0.8		
5~6	6~8	2×2.6×7		2						1.8		1.0		
6~7	8~10	2×3.7×10		2						2.9		1.0		
7~8	10~12	2.5×3.7×10		2.5						2.7		1.2		
8~10	12~15	3×5×13		3						3.8	+0.2 0	1.4		
10~12	15~18	3×6.5×16		3						5.3		1.4		0.16~0.25
12~14	18~20	4×6.5×16	0.25~0.4	4	+0.030 0	+0.078 +0.030	0 −0.030	±0.015	−0.012 −0.042	5.0		1.8		
14~16	20~22	4×7.5×19		4						6.0		1.8		
16~18	22~25	5×6.5×16		5						4.5		2.3		
18~20	25~28	5×7.5×19		5						5.5		2.3		
20~22	28~32	5×9×22		5						7.0		2.3		
22~25	32~36	6×9×22		6						6.5	+0.3 0	2.8		
25~28	36~40	6×10×25		6						7.5		2.8	+0.2 0	
28~32	40	8×11×28	0.4~0.6	8	+0.036 0	+0.098 +0.040	0 −0.036	±0.018	−0.015 −0.051	8.0		3.3		0.25~0.4
32~38	—	10×13×32		10						10		3.3		

注:①键尺寸的极限偏差:b 为 $_{-0.025}^{\ 0}$,h 为 h12,D 为 h12;

②在工作图中,轴槽深用 $d-t_1$ 标注,轮毂槽深用 $d+t_2$ 标注;

③$d-t_1$ 和 $d+t_2$ 两组组合尺寸的极限偏差按相应的 t_1 和 t_2 极限偏差选取,但 $d-t_1$ 极限偏差值应取负号(−);

④轴槽、轮毂槽的键槽宽度 b 上两侧面的表面粗糙度 Ra 值推荐为 1.6~3.2 μm,轴槽底面、轮毂槽底面的表面粗糙度 Ra 值为 6.3 μm。

附录F 销连接

表 F-1 圆柱销(GB/T 119.1—2000 摘录) (mm)

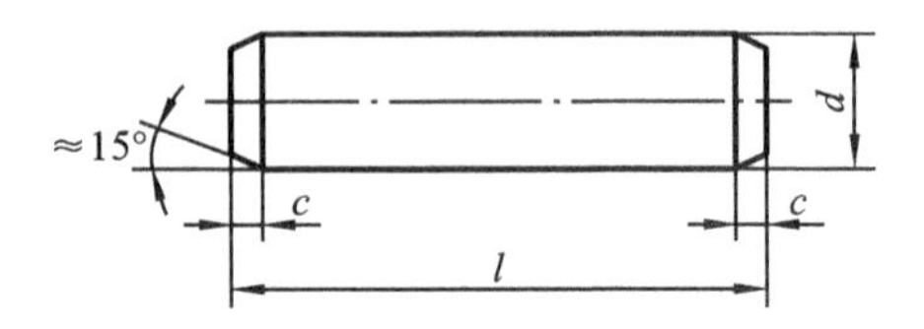

标记示例：

公称直径 d=6 mm、公差为 m6、公称长度 l=30 mm、材料为钢、不经淬火、不经表面处理的圆柱销的标记为

销 GB/T 119.1 6 m6×30

公称直径 d=6 mm、公差为 m6、公称长度 l=30 mm、材料为 A1 组奥氏体不锈钢、表面简单处理的圆柱销的标记为

销 GB/T 119.1 6 m6×30—A1

直径 d	3	4	5	6	8	10	12	16	20	25
c≈	0.5	0.63	0.8	1.2	1.6	2.0	2.5	3.0	3.5	4.0
l 的范围	8～30	8～40	10～50	12～60	14～80	18～95	22～140	26～180	35～200	50～200
l 的系列	8,10,12,14,16,18,20,22,24,26,28,30,32,35,40,45,50,55,60,65,70,75,80,85,90,95,100,120,140,160,180,200									

注：d 的公差等级有 m6 和 h8 两种，公差等级为 m6 时 Ra≤0.8 μm，公差等级为 h8 时 Ra≤1.6 μm。

表 F-2 圆锥销(GB/T 117—2000 摘录) (mm)

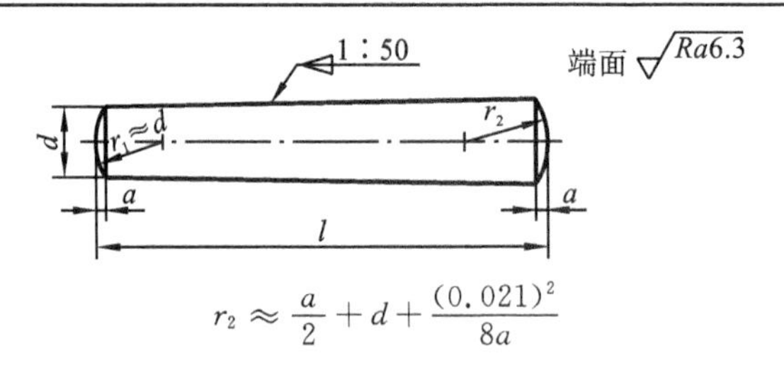

$$r_2 \approx \frac{a}{2} + d + \frac{(0.021)^2}{8a}$$

标记示例：

公称直径 d=6 mm、公称长度 l=30 mm、材料为 35 钢、热处理硬度 28～38 HRC、表面氧化处理的 A 型圆锥销的标记为

销 GB/T 117 6×30

直径 d	3	4	5	6	8	10	12	16	20	25
a≈	0.4	0.5	0.63	0.8	1.0	1.2	1.6	2.0	2.5	3.0
l 的范围	12～45	14～55	18～60	22～90	22～120	26～160	32～180	40～200	45～200	50～200
l 的系列	12,14,16,18,20,22,24,26,28,30,32,35,40,45,50,55,60,65,70,75,80,85,90,95,100,120,140,160,180,200									

注：①d 的公差等级为 h10，其他公差，如 a11、c11 和 f8，由供需双方协议；

②A 型(磨削)锥面表面粗糙度 Ra=0.8 μm，B 型(切削或冷镦)锥面表面粗糙度 Ra=3.2 μm。

表 F-3　内螺纹圆柱销(GB/T 120.1—2000 摘录)　(mm)

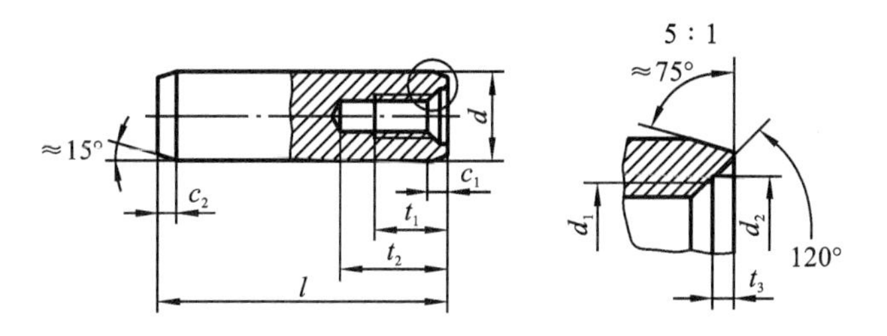

标记示例：

公称直径 d=6 mm、公差为 m6、公称长度 l=30 mm、材料为钢、不经淬火、不经表面处理的内螺纹圆柱销的标记为

销 GB/T 120.1 6×30

公称直径 d=6 mm、公差为 m6、公称长度 l=30 mm、材料为 A1 组奥氏体不锈钢、表面简单处理的内螺纹圆柱销的标记为

销 GB/T 120.1 6×30—A1

公称直径 d	6	8	10	12	16	20	25	30	40	50
c_1≈	0.8	1	1.2	1.6	2	2.5	3	4	5	6.3
c_2≈	1.2	1.6	2	2.5	3	3.5	4	5	6.3	8
d_1	M4	M5	M6	M6	M8	M10	M16	M20	M20	M24
螺距 P	0.7	0.8	1	1	1.25	1.5	2	2.5	2.5	3
d_2	4.3	5.3	6.4	6.4	8.4	10.5	17	21	21	25
t_1	6	8	10	12	16	18	24	30	30	36
t_2(min)	10	12	16	20	25	28	35	40	40	50
t_3	1	1.2	1.2	1.2	1.5	1.5	2	2	2.5	2.5
l 的范围	16～60	18～80	22～100	26～120	32～160	40～200	50～200	60～200	80～200	100～200
l 的系列	16,18,20,22,24,26,28,30,32,35,40,45,50,55,60,65,70,75,80,85,90,95,100,120,140,160,180,200									

注：①d 的公差等级为 m6，其他公差由供需双方协议；

②表面粗糙度 Ra≤0.8 μm。

表 F-4　内螺纹圆锥销（GB/T 118—2000 摘录）　（mm）

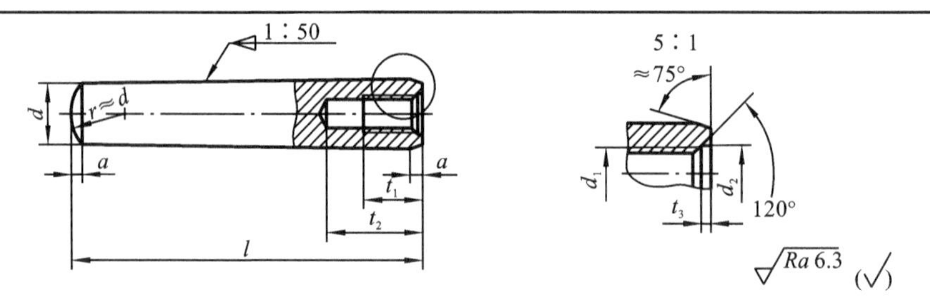

标记示例：

公称直径 d=6 mm、公称长度 l=30 mm、材料为 35 钢、热处理硬度 28～38 HRC、表面氧化处理的 A 型内螺纹圆锥销的标记为

销 GB/T 118 6×30

公称直径 d	6	8	10	12	16	20	25	30	40	50
$a\approx$	0.8	1	1.2	1.6	2	2.5	3	4	5	6.3
d_1	M4	M5	M6	M8	M10	M12	M16	M20	M20	M24
螺距 P	0.7	0.8	1	1.25	1.5	1.75	2	2.5	2.5	3
d_2	4.3	5.3	6.4	8.4	10.5	13	17	21	21	25
t_1	6	8	10	12	16	18	24	30	30	36
t_2(min)	10	12	16	20	25	28	35	40	40	50
t_3	1	1.2	1.2	1.2	1.5	1.5	2	2	2.5	2.5
l 的范围	16～60	18～80	22～100	26～120	32～160	40～200	50～200	60～200	80～200	100～200
l 的系列	16,18,20,22,24,26,28,30,32,35,40,45,50,55,60,65,70,75,80,85,90,95,100,120,140,160,180,200									

注：①d 的公差等级为 h10，其他公差，如 a11、c11 和 f8，由供需双方协议；

②A 型（磨削）锥面表面粗糙度 Ra=0.8 μm，B 型（切削或冷镦）锥面表面粗糙度 Ra=3.2 μm。

表 F-5　开口销（GB/T 91—2000 摘录）　（mm）

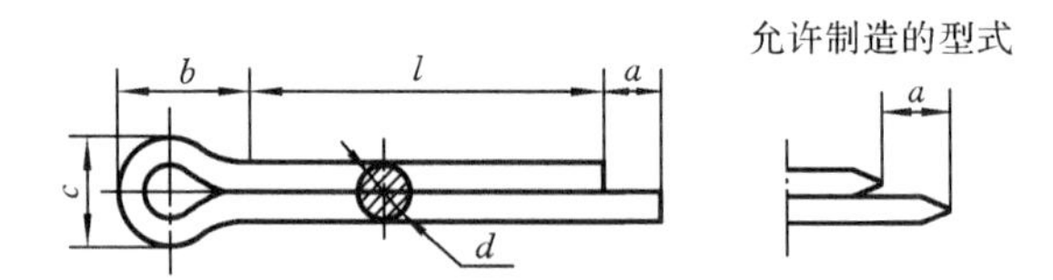

标记示例：

公称直径 d=5 mm、公称长度 l=50 mm、材料为低碳钢、不经表面处理的开口销的标记为

销 GB/T 91 5×50

公称直径 d		0.6	0.8	1	1.2	1.6	2	2.5	3.2	4	5	6.3	8	10	13
a	max	1.6			2.5				3.2	4				6.3	
c	max	1	1.4	1.8	2	2.8	3.6	4.6	5.8	7.4	9.2	11.8	15	19	24.8
	min	0.9	1.2	1.6	1.7	2.4	3.2	4	5.1	6.5	8	10.3	13.1	16.6	21.7
$b\approx$		2	2.4	3	3	3.2	4	5	6.4	8	10	12.6	16	20	26
l 的范围		4～12	5～16	6～20	8～25	8～32	10～40	12～50	14～63	18～80	22～100	32～125	40～160	45～200	71～250
l 的系列		4,5,6,8,10,12,14,16,18,20,22,25,28,32,36,40,45,50,56,63,71,80,90,100,112,125,140,160,180,200,224,250													

注：销孔的公称直径等于销的公称直径 d。

附录G　滚动轴承

G1．常用滚动轴承

表 G-1　深沟球轴承（GB/T 276—2013 摘录）

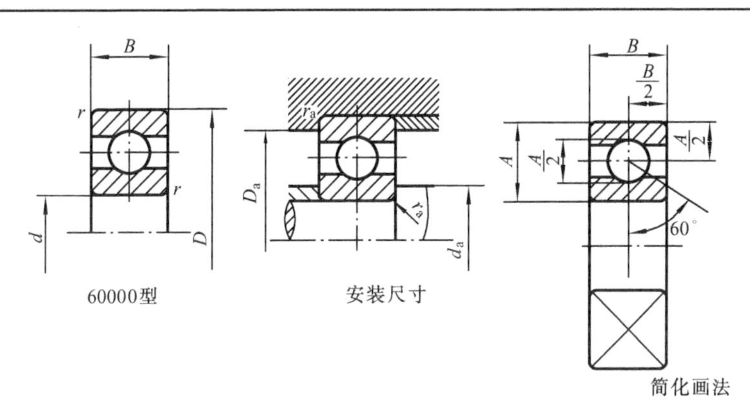

标记示例：滚动轴承 6210 GB/T 276—2013

F_a/C_{0r}	e	Y	径向当量动载荷	径向当量静载荷
0.014	0.19	2.30	当 $F_a/F_r \leqslant e, P_r=F_r$ 当 $F_a/F_r > e, P_r=0.56F_r+YF_a$	$P_{0r}=F_r$ $P_{0r}=0.6F_r+0.5F_a$ 取上列两式计算结果的较大值
0.028	0.22	1.99		
0.056	0.26	1.71		
0.084	0.28	1.55		
0.11	0.30	1.45		
0.17	0.34	1.31		
0.28	0.38	1.15		
0.42	0.42	1.04		
0.56	0.44	1.00		

轴承代号	基本尺寸/mm				安装尺寸/mm			基本额定		极限转速/(r/min)	
	d	D	B	r_{smin}	$d_{a\,min}$	$D_{a\,max}$	r_{asmax}	动载荷 C_r/kN	静载荷 C_{0r}/kN	脂润滑	油润滑
(1)0 尺寸系列											
6000	10	26	8	0.3	12.4	23.6	0.3	4.58	1.98	20000	28000
6001	12	28	8	0.3	14.4	25.6	0.3	5.10	2.38	19000	26000
6002	15	32	9	0.3	17.4	29.6	0.3	5.58	2.85	18000	24000
6003	17	35	10	0.3	19.4	32.6	0.3	6.00	3.25	17000	22000
6004	20	42	12	0.6	25	37	0.6	9.38	5.02	15000	19000
6005	25	47	12	0.6	30	42	0.6	10.0	5.85	13000	17000
6006	30	55	13	1	36	49	1	13.2	8.30	10000	14000
6007	35	62	14	1	41	56	1	16.2	10.5	9000	12000

续表

轴承代号	基本尺寸/mm				安装尺寸/mm			基本额定		极限转速/(r/min)	
	d	D	B	r_{smin}	$d_{a\ min}$	$D_{a\ max}$	r_{asmax}	动载荷 C_r/kN	静载荷 C_{0r}/kN	脂润滑	油润滑
6008	40	68	15	1	46	62	1	17.0	11.8	8500	11000
6009	45	75	16	1	51	69	1	21.0	14.8	8000	10000
6010	50	80	16	1	56	74	1	22.0	16.2	7000	9000
6011	55	90	18	1.1	62	83	1.1	30.2	21.8	6300	8000
6012	60	95	18	1.1	67	88	1.1	31.5	24.2	6000	7500
6013	65	100	18	1.1	72	93	1.1	32.0	24.8	5600	7000
6014	70	110	20	1.1	77	103	1.1	38.5	30.5	5300	6700
6015	75	115	20	1.1	82	108	1.1	40.2	33.2	5000	6300
6016	80	125	22	1.1	87	118	1.1	47.5	39.8	4800	6000
6017	85	130	22	1.1	92	123	1.1	50.8	42.8	4500	5600
6018	90	140	24	1.5	99	131	1.5	58.0	49.8	4300	5300
6019	95	145	24	1.5	104	136	1.5	57.8	50.0	4000	5000
6020	100	150	24	1.5	109	141	1.5	64.5	56.2	3800	4800
(0)2尺寸系列											
6200	10	30	9	0.6	15	25	0.6	5.10	2.38	19000	26000
6201	12	32	10	0.6	17	27	0.6	6.82	3.05	18000	24000
6202	15	35	11	0.6	20	30	0.6	7.65	3.72	17000	22000
6203	17	40	12	0.6	22	35	0.6	9.58	4.78	16000	20000
6204	20	47	14	1	26	41	1	12.8	6.65	14000	18000
6205	25	52	15	1	31	46	1	14.0	7.88	12000	16000
6206	30	62	16	1	36	56	1	19.5	11.5	9500	13000
6207	35	72	17	1.1	42	65	1.1	25.5	15.2	8500	11000
6208	40	80	18	1.1	47	73	1.1	29.5	18.0	8000	10000
6209	45	85	19	1.1	52	78	1.1	31.5	20.5	7000	9000
6210	50	90	20	1.1	57	83	1.1	35.0	23.2	6700	8500
6211	55	100	21	1.5	64	91	1.5	43.2	29.2	6000	7500
6212	60	110	22	1.5	69	101	1.5	47.8	32.8	5600	7000
6213	65	120	23	1.5	74	111	1.5	57.2	40.0	5000	6300
6214	70	125	24	1.5	79	116	1.5	60.8	45.0	4800	6000
6215	75	130	25	1.5	84	121	1.5	66.0	49.5	4500	5600
6216	80	140	26	2	90	130	2	71.5	54.2	4300	5300
6217	85	150	28	2	95	140	2	83.2	63.8	4000	5000
6218	90	160	30	2	100	150	2	95.8	71.5	3800	4800

续表

轴承代号	基本尺寸/mm				安装尺寸/mm			基本额定		极限转速/(r/min)	
	d	D	B	r_{smin}	d_{amin}	D_{amax}	r_{asmax}	动载荷 C_r/kN	静载荷 C_{0r}/kN	脂润滑	油润滑
6219	95	170	32	2.1	107	158	2	110	82.8	3600	4500
6220	100	180	34	2.1	112	168	2	122	92.8	3400	4300
(0)3 尺寸系列											
6300	10	35	11	0.6	15	30	0.6	7.65	3.48	18000	24000
6301	12	37	12	1	18	31	1	9.72	5.08	17000	22000
6302	15	42	13	1	21	36	1	11.5	5.42	16000	20000
6303	17	47	14	1	23	41	1	13.5	6.58	15000	19000
6304	20	52	15	1.1	27	45	1.1	15.8	7.88	13000	17000
6305	25	62	17	1.1	32	55	1.1	22.2	11.5	10000	14000
6306	30	72	19	1.1	37	65	1.1	27.0	15.2	9000	12000
6307	35	80	21	1.5	44	71	1.5	33.2	19.2	8000	10000
6308	40	90	23	1.5	49	81	1.5	40.8	24.0	7000	9000
6309	45	100	25	1.5	54	91	1.5	52.8	31.8	6300	8000
6310	50	110	27	2	60	100	2	61.8	38.0	6000	7500
6311	55	120	29	2	65	110	2	71.5	44.8	5300	6700
6312	60	130	31	2.1	72	118	2	81.8	51.8	5000	6300
6313	65	140	33	2.1	77	128	2	93.8	60.5	4500	5600
6314	70	150	35	2.1	82	138	2	105	68.0	4300	5300
6315	75	160	37	2.1	87	148	2	112	76.8	4000	5000
6316	80	170	39	2.1	92	158	2	122	86.5	3800	4800
6317	85	180	41	3	99	166	2.5	132	96.5	3600	4500
6318	90	190	43	3	104	176	2.5	145	108	3400	4300
6319	95	200	45	3	109	186	2.5	155	122	3200	4000
6320	100	215	47	3	114	201	2.5	172	140	2800	3600
(0)4 尺寸系列											
6403	17	62	17	1.1	24	55	1.1	22.5	10.8	11000	15000
6404	20	72	19	1.1	27	65	1.1	31.0	15.2	9500	13000
6405	25	80	21	1.5	34	71	1.5	38.2	19.2	8500	11000
6406	30	90	23	1.5	39	81	1.5	47.5	24.5	8000	10000
6407	35	100	25	1.5	44	91	1.5	56.8	29.5	6700	8500
6408	40	110	27	2	50	100	2	65.5	37.5	6300	8000
6409	45	120	29	2	55	110	2	77.5	45.5	5600	7000
6410	50	130	31	2.1	62	118	2	92.2	55.2	5300	6700

续表

轴承代号	基本尺寸/mm				安装尺寸/mm			基本额定		极限转速/(r/min)	
	d	D	B	r_{smin}	d_{amin}	D_{amax}	r_{asmax}	动载荷 C_r/kN	静载荷 C_{0r}/kN	脂润滑	油润滑
6411	55	140	33	2.1	67	128	2	100	62.5	4800	6000
6412	60	150	35	2.1	72	138	2	108	70.0	4500	5600
6413	65	160	37	2.1	77	148	2	118	78.5	4300	5300
6414	70	180	42	3	84	166	2.5	140	99.5	3800	4800
6415	75	190	45	3	89	176	2.5	155	115	3600	4500
6416	80	200	48	3	94	186	2.5	162	125	3400	4300
6417	85	210	52	4	103	192	3	175	138	3200	4000
6418	90	225	54	4	108	207	3	192	158	2800	3600
6420	100	250	58	4	118	232	3	222	195	2400	3200

注:①表中 C_r 值适用于轴承为真空脱气轴承钢材料。如为普通电炉钢,C_r 值降低;如为真空重熔或电渣重熔轴承钢,C_r 值提高;

②r_{smin} 为 r 的最小单一倒角尺寸;r_{asmax} 为 r_a 的最大单一圆角半径。

表 G-2 圆锥滚子轴承(GB/T 297—1994 摘录)

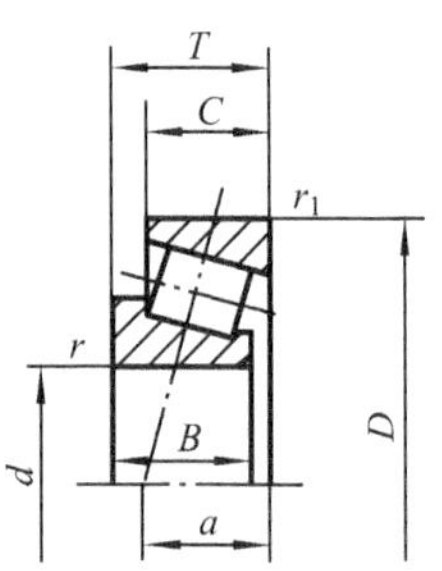

30000型 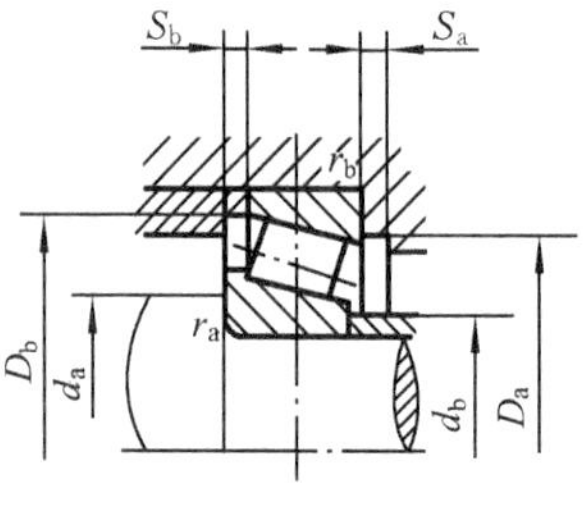　　安装尺寸 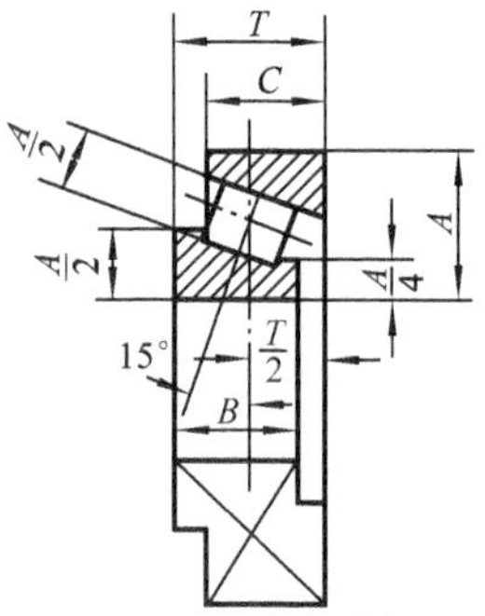　　简化画法

径向当量动载荷	当 $F_a/F_r \leqslant e$, $P_r = F_r$ 当 $F_a/F_r > e$, $P_r = 0.4F_r + YF_a$
径向当量静载荷	$P_{0r} = F_r$ $P_{0r} = 0.5F_r + Y_0F_a$ 取上列两式计算结果的较大值

标记示例:

滚动轴承 30310 GB/T 297—1994

轴承代号	基本尺寸/mm								安装尺寸/mm									计算系数			基本额定载荷		极限转速/(r/min)	
	d	D	T	B	C	r_{smin}	r_{1smin}	$a\approx$	d_{amin}	d_{bmax}	D_{amin}	D_{amax}	D_{bmin}	S_{amin}	S_{bmin}	r_{asmax}	r_{bsmax}	e	Y	Y_0	动载荷 C_r/kN	静载荷 C_{0r}/kN	脂润滑	油润滑
02尺寸系列																								
30203	17	40	13.25	12	11	1	1	9.9	23	23	34	34	37	2	2.5	1	1	0.35	1.7	1	20.8	21.8	9000	12000
30204	20	47	15.25	14	12	1	1	11.2	26	27	40	41	43	2	3.5	1	1	0.35	1.7	1	28.2	30.5	8000	10000
30205	25	52	16.25	15	13	1	1	12.5	31	31	44	46	48	2	3.5	1	1	0.37	1.6	0.9	32.2	37.0	7000	9000
30206	30	62	17.25	16	14	1	1	13.8	36	37	53	56	57	2	3.5	1	1	0.37	1.6	0.9	43.2	50.5	6000	7500
30207	35	72	18.25	17	15	1.5	1.5	15.3	42	44	62	65	67	3	3.5	1.5	1.5	0.37	1.6	0.9	54.2	63.5	5300	6700
30208	40	80	19.75	18	16	1.5	1.5	16.9	47	49	69	73	74	3	4	1.5	1.5	0.37	1.6	0.9	63.0	74.0	5000	6300
30209	45	85	20.75	19	16	1.5	1.5	18.6	52	54	74	78	80	3	5	1.5	1.5	0.4	1.5	0.8	67.8	83.5	4500	5600
30210	50	90	21.75	20	17	1.5	1.5	20	57	58	79	83	85	3	5	1.5	1.5	0.42	1.4	0.8	73.2	92.0	4300	5300
30211	55	100	22.75	21	18	2	1.5	21	64	64	88	91	94	4	5	2	1.5	0.4	1.5	0.8	90.8	115	3800	4800
30212	60	110	23.75	22	19	2	1.5	22.3	69	70	96	101	103	4	5	2	1.5	0.4	1.5	0.8	102	130	3600	4500

续表

轴承代号	基本尺寸/mm								安装尺寸/mm									计算系数			基本额定载荷		极限转速/(r/min)	
	d	D	T	B	C	r_{smin}	r_{1smin}	$a\approx$	d_{amin}	d_{bmax}	D_{amin}	D_{amax}	D_{bmin}	S_{amin}	S_{bmin}	r_{asmax}	r_{bsmax}	e	Y	Y_0	动载荷 C_r/kN	静载荷 C_{0r}/kN	脂润滑	油润滑
30213	65	120	24.75	23	20	2	1.5	23.8	74	77	106	111	113	4	5	2	1.5	0.4	1.5	0.8	120	152	3200	4000
30214	70	125	26.25	24	21	2	1.5	25.8	79	81	110	116	118	4	5.5	2	1.5	0.42	1.4	0.8	132	175	3000	3800
30215	75	130	27.25	25	22	2	1.5	27.4	84	86	115	121	124	4	5.5	2	1.5	0.44	1.4	0.8	138	185	2800	3600
30216	80	140	28.25	26	22	2.5	2	28.1	90	91	124	130	133	4	6	2.1	2	0.42	1.4	0.8	160	212	2600	3400
30217	85	150	30.5	28	24	2.5	2	30.3	95	97	132	140	141	5	6.5	2.1	2	0.42	1.4	0.8	178	238	2400	3200
30218	90	160	32.5	30	26	2.5	2	32.3	100	103	140	150	151	5	6.5	2.1	2	0.42	1.4	0.8	200	270	2200	3000
30219	95	170	34.5	32	27	3	2.5	34.2	107	109	149	158	160	5	7.5	2.5	2.1	0.42	1.4	0.8	228	308	2000	2800
30220	100	180	37	34	29	3	2.5	36.4	112	115	157	168	169	5	8	2.5	2.1	0.42	1.4	0.8	255	350	1900	2600
03尺寸系列																								
30302	15	42	14.25	13	11	1	1	9.6	21	22	36	36	38	2	3.5	1	1	0.29	2.1	1.2	22.8	21.5	9000	12000
30303	17	47	15.25	14	12	1	1	10.4	23	25	40	41	42	3	3.5	1	1	0.29	2.1	1.2	28.2	27.2	8500	11000
30304	20	52	16.25	15	13	1.5	1.5	11.1	27	28	44	45	47	3	3.5	1.5	1.5	0.3	2	1.1	33.0	33.2	7500	9500
30305	25	62	18.25	17	15	1.5	1.5	13	32	35	54	55	57	3	3.5	1.5	1.5	0.3	2	1.1	46.8	48.0	6300	8000
30306	30	72	20.75	19	16	1.5	1.5	15.3	37	41	62	65	66	3	5	1.5	1.5	0.31	1.9	1	59.0	63.0	5600	7000
30307	35	80	22.75	21	18	2	1.5	16.8	44	45	70	71	74	3	5	2	1.5	0.31	1.9	1	75.2	82.5	5000	6300
30308	40	90	25.25	23	20	2	1.5	19.5	49	52	77	81	82	3	5.5	2	1.5	0.35	1.7	1	90.8	108	4500	5600
30309	45	100	27.25	25	22	2	1.5	21.3	54	59	86	91	92	3	5.5	2	1.5	0.35	1.7	1	108	130	4000	5000
30310	50	110	29.25	27	23	2.5	2	23	60	65	95	100	102	4	6.5	2	2	0.35	1.7	1	130	158	3800	4800
30311	55	120	31.5	29	25	2.5	2	24.9	65	71	104	110	112	4	6.5	2.5	2	0.35	1.7	1	152	188	3400	4300
30312	60	130	33.5	31	26	3	2.5	26.6	72	77	112	118	121	5	7.5	2.5	2.1	0.35	1.7	1	170	210	3200	4000
30313	65	140	36	33	28	3	2.5	28.7	77	83	122	128	131	5	8	2.5	2.1	0.35	1.7	1	195	242	2800	3600
30314	70	150	38	35	30	3	2.5	30.7	82	89	130	138	140	5	8	2.5	2.1	0.35	1.7	1	218	272	2600	3400
30315	75	160	40	37	31	3	2.5	32	87	95	139	148	149	5	9	2.5	2.1	0.35	1.7	1	252	318	2400	3200
30316	80	170	42.5	39	33	3	2.5	34.4	92	102	148	158	159	5	9.5	2.5	2.1	0.35	1.7	1	278	352	2200	3000
30317	85	180	44.5	41	34	4	3	35.9	99	107	156	166	168	6	10.5	3	2.5	0.35	1.7	1	305	388	2000	2800
30318	90	190	46.5	43	36	4	3	37.5	104	113	165	176	177	6	10.5	3	2.5	0.35	1.7	1	342	440	1900	2600
30319	95	200	49.5	45	38	4	3	40.1	109	118	172	186	185	6	11.5	3	2.5	0.35	1.7	1	370	478	1800	2400
30320	100	215	51.5	47	39	4	3	42.2	114	127	184	201	198	6	12.5	3	2.5	0.35	1.7	1	405	525	1600	2000
22尺寸系列																								
32206	30	62	21.25	20	17	1	1	15.6	36	37	52	56	58	3	4.5	1	1	0.37	1.6	0.9	51.8	63.8	6000	7500
32207	35	72	24.25	23	19	1.5	1.5	17.9	42	43	61	65	67	3	5.5	1.5	1.5	0.37	1.6	0.9	70.5	89.5	5300	6700
32208	40	80	24.75	23	19	1.5	1.5	18.9	47	48	68	73	75	3	6	1.5	1.5	0.37	1.6	0.9	77.8	97.2	5000	6300
32209	45	85	24.75	23	19	1.5	1.5	20.1	52	53	73	78	80	3	6	1.5	1.5	0.4	1.5	0.8	80.8	105	4500	5600
32210	50	90	24.75	23	19	1.5	1.5	21	57	58	78	83	85	3	6	1.5	1.5	0.42	1.4	0.8	82.8	108	4300	5300
32211	55	100	26.75	25	21	2	1.5	22.8	64	63	87	91	95	4	6	2	1.5	0.4	1.5	0.8	108	142	3800	4800
32212	60	110	29.75	28	24	2	1.5	25	69	69	95	101	104	4	6	2	1.5	0.4	1.5	0.8	132	180	3600	4500
32213	65	120	32.75	31	27	2	1.5	27.3	74	75	104	111	115	4	6	2	1.5	0.4	1.5	0.8	160	222	3200	4000
32214	70	125	33.25	31	27	2	1.5	28.8	79	80	108	116	119	4	6.5	2	1.5	0.42	1.4	0.8	168	238	3000	3800

续表

轴承代号	基本尺寸/mm								安装尺寸/mm									计算系数			基本额定载荷		极限转速/(r/min)	
	d	D	T	B	C	r_{smin}	r_{1smin}	$a\approx$	d_{amin}	d_{bmax}	D_{amin}	D_{amax}	D_{bmin}	S_{amin}	S_{bmin}	r_{asmax}	r_{bsmax}	e	Y	Y_0	动载荷 C_r/kN	静载荷 C_{0r}/kN	脂润滑	油润滑
32215	75	130	33.25	31	27	2	1.5	30	84	85	115	121	125	4	6.5	2	1.5	0.44	1.4	0.8	170	242	2800	3600
32216	80	140	35.25	33	28	2.5	2	31.4	90	90	122	130	134	5	7.5	2.1	2	0.42	1.4	0.8	198	278	2600	3400
32217	85	150	38.5	36	30	2.5	2	33.9	95	96	130	140	143	5	8.5	2.1	2	0.42	1.4	0.8	228	325	2400	3200
32218	90	160	42.5	40	34	2.5	2	36.8	100	101	138	150	153	5	8.5	2.1	2	0.42	1.4	0.8	270	395	2200	3000
32219	95	170	45.5	43	37	3	2.5	39.2	107	107	145	158	162	5	8.5	2.5	2.1	0.42	1.4	0.8	302	448	2000	2800
32220	100	180	49	46	39	3	2.5	41.9	112	113	154	168	171	5	10	2.5	2.1	0.42	1.4	0.8	340	512	1900	2600
23尺寸系列																								
32303	17	47	20.25	19	16	1	1	12.3	23	24	39	41	43	3	4.5	1	1	0.29	2.1	1.2	35.2	36.2	8500	11000
32304	20	52	22.25	21	18	1.5	1.5	13.6	27	27	43	45	47	3	4.5	1.5	1.5	0.3	2	1.1	42.8	46.2	7500	9500
32305	25	62	25.25	24	20	1.5	1.5	15.9	32	33	52	55	57	3	5.5	1.5	1.5	0.3	2	1.1	61.5	68.8	6300	8000
32306	30	72	28.75	27	23	1.5	1.5	18.9	37	39	59	65	66	4	6	1.5	1.5	0.31	1.9	1.1	81.5	96.5	5600	7000
32307	35	80	32.75	31	25	2	1.5	20.4	44	44	66	71	74	4	8.0	2	1.5	0.31	1.9	1.1	99.0	118	5000	6300
32308	40	90	35.25	33	27	2	1.5	23.3	49	50	73	81	82	4	8.5	2	1.5	0.35	1.7	1	115	148	4500	5600
32309	45	100	38.25	36	30	2	1.5	25.6	54	56	82	91	93	4	8.5	2	1.5	0.35	1.7	1	145	188	4000	5000
32310	50	110	42.25	40	33	2.5	2	28.2	60	62	90	100	102	5	9.5	2	2	0.35	1.7	1	178	235	3800	4800
32311	55	120	45.5	43	35	2.5	2	30.4	65	68	99	110	111	5	10.5	2.5	2	0.35	1.7	1	202	270	3400	4300
32312	60	130	48.5	46	37	3	2.5	32	72	73	107	118	121	6	11.5	2.5	2.1	0.35	1.7	1	228	302	3200	4000
32313	65	140	51	48	39	3	2.5	34.3	77	80	117	128	131	6	12	2.5	2.1	0.35	1.7	1	260	350	2800	3600
32314	70	150	54	51	42	3	2.5	36.5	82	86	125	138	140	6	12	2.5	2.1	0.35	1.7	1	298	408	2600	3400
32315	75	160	58	55	45	3	2.5	39.4	87	91	133	148	150	7	13	2.5	2.1	0.35	1.7	1	348	482	2400	3200
32316	80	170	61.5	58	48	3	2.5	42.1	92	98	142	158	160	7	13.5	2.5	2.1	0.35	1.7	1	388	542	2200	3000
32317	85	180	63.5	60	49	4	3	43.5	99	103	150	166	168	8	14.5	3	2.5	0.35	1.7	1	422	592	2000	2800
32318	90	190	67.5	64	53	4	3	46.2	104	108	157	176	178	8	14.5	3	2.5	0.35	1.7	1	478	682	1900	2600
32319	95	200	71.5	67	55	4	3	49	109	114	166	186	187	8	16.5	3	2.5	0.35	1.7	1	515	738	1800	2400
32320	100	215	77.5	73	60	4	3	52.9	114	123	177	201	201	8	17.5	3	2.5	0.35	1.7	1	600	872	1600	2000

注：①表中 C_r 值适用于轴承为真空脱气轴承钢材料，如为普通电炉钢，C_r 值降低；如为真空重熔或电渣重熔轴承钢，C_r 值提高；

②r_{smin}、r_{1smin} 分别为 r、r_1 的最小单一倒角尺寸；r_{asmax}、r_{bsmax} 分别为 r_a、r_b 的最大单一圆角半径。

表 G-3　角接触球轴承(GB/T 292—2007 摘录)

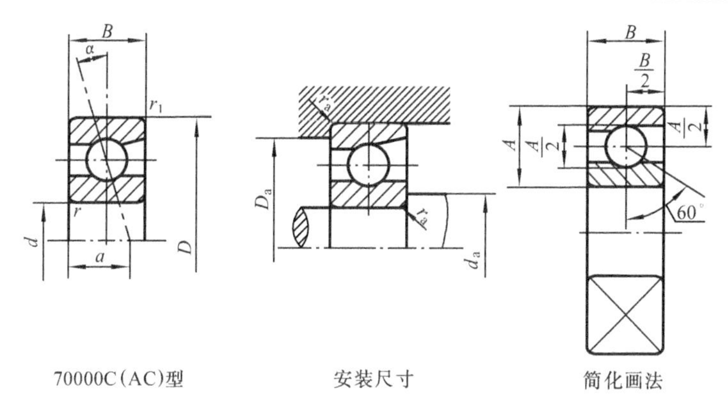

70000C(AC)型　　安装尺寸　　简化画法

标记示例:滚动轴承 7210C　GB/T 292—2007

F_a/C_{0r}	e	Y	70000C 型	70000AC 型
0.015	0.38	1.47	径向当量动载荷 当 $F_a/F_r \leqslant e, P_r=F_r$ 当 $F_a/F_r>e, P_r=0.44F_r+YF_a$	径向当量动载荷 当 $F_a/F_r \leqslant 0.68, P_r=F_r$ 当 $F_a/F_r>0.68, P_r=0.41F_r+0.87F_a$
0.029	0.40	1.40		
0.058	0.43	1.30		
0.087	0.46	1.23		
0.12	0.47	1.19	径向当量静载荷 $P_{0r}=0.5F_r+0.46F_a$ 当 $P_{0r}<F_r$,取 $P_{0r}=F_r$	径向当量静载荷 $P_{0r}=0.5F_r+0.38F_a$ 当 $P_{0r}<F_r$,取 $P_{0r}=F_r$
0.17	0.50	1.12		
0.29	0.55	1.02		
0.44	0.56	1.00		
0.58	0.56	1.00		

轴承代号		基本尺寸/mm					安装尺寸/mm			70000C($\alpha=15°$)			70000AC($\alpha=25°$)			极限转速/(r/min)	
		d	D	B	r_{smin}	r_{1smin}	d_{amin}	D_{amax}	r_{asmax}	a/mm	基本额定动载荷 C_r/kN	基本额定静载荷 C_{0r}/kN	a/mm	基本额定动载荷 C_r/kN	基本额定静载荷 C_{0r}/kN	脂润滑	油润滑
(1)0 尺寸系列																	
7000C	7000AC	10	26	8	0.3	0.1	12.4	23.6	0.3	6.4	4.92	2.25	8.2	4.75	2.12	19000	28000
7001C	7001AC	12	28	8	0.3	0.1	14.4	25.6	0.3	6.7	5.42	2.65	8.7	5.20	2.55	18000	26000
7002C	7002AC	15	32	9	0.3	0.1	17.4	29.6	0.3	7.6	6.25	3.42	10	5.59	3.25	17000	24000
7003C	7003AC	17	35	10	0.3	0.1	19.4	32.6	0.3	8.5	6.60	3.85	11.1	6.30	3.68	16000	22000
7004C	7004AC	20	42	12	0.6	0.3	25	37	0.6	10.2	10.5	6.08	13.2	10.0	5.78	14000	19000
7005C	7005AC	25	47	12	0.6	0.3	30	42	0.6	10.8	11.5	7.45	14.4	11.2	7.08	12000	17000
7006C	7006AC	30	55	13	1	0.3	36	49	1	12.2	15.2	10.2	16.4	14.5	9.85	9500	14000
7007C	7007AC	35	62	14	1	0.3	41	56	1	13.5	19.5	14.2	18.3	18.5	13.5	8500	12000
7008C	7008AC	40	68	15	1	0.3	46	62	1	14.7	20.0	15.2	20.1	19.0	14.5	8000	11000

续表

轴承代号		基本尺寸/mm					安装尺寸/mm			70000C(α=15°)			70000AC(α=25°)			极限转速/(r/min)	
		d	D	B	r_{smin}	r_{1smin}	d_{amin}	D_{amax}	r_{asmax}	a/mm	基本额定动载荷 C_r/kN	基本额定静载荷 C_{0r}/kN	a/mm	基本额定动载荷 C_r/kN	基本额定静载荷 C_{0r}/kN	脂润滑	油润滑
7009C	7009AC	45	75	16	1	0.3	51	69	1	16	25.8	20.5	21.9	25.8	19.5	7500	10000
7010C	7010AC	50	80	16	1	0.3	56	74	1	16.7	26.5	22.0	23.2	25.2	21.0	6700	9000
7011C	7011AC	55	90	18	1.1	0.6	62	83	1.1	18.7	37.2	30.5	25.9	35.2	29.2	6000	8000
7012C	7012AC	60	95	18	1.1	0.6	67	88	1.1	19.4	38.2	32.8	27.1	36.2	31.5	5600	7500
7013C	7013AC	65	100	18	1.1	0.6	72	93	1.1	20.1	40.0	35.5	28.2	38.0	33.8	5300	7000
7014C	7014AC	70	110	20	1.1	0.6	77	103	1.1	22.1	48.2	43.5	30.9	45.8	41.5	5000	6700
7015C	7015AC	75	115	20	1.1	0.6	82	108	1.1	22.7	49.5	46.5	32.2	46.8	44.2	4800	6300
7016C	7016AC	80	125	22	1.1	0.6	89	116	1.1	24.7	58.5	55.8	34.9	55.5	53.2	4500	6000
7017C	7017AC	85	130	22	1.1	0.6	94	121	1.1	25.4	62.5	60.2	36.1	59.2	57.2	4300	5600
7018C	7018AC	90	140	24	1.5	0.6	99	131	1.5	27.4	71.5	69.8	38.8	67.5	66.5	4000	5300
7019C	7019AC	95	145	24	1.5	0.6	104	136	1.5	28.1	73.5	73.2	40	69.5	69.8	3800	5000
7020C	7020AC	100	150	24	1.5	0.6	109	141	1.5	28.7	79.2	78.5	41.2	75	74.8	3800	5000
(0)2尺寸系列																	
7200C	7200AC	10	30	9	0.6	0.3	15	25	0.6	7.2	5.82	2.95	9.2	5.58	2.82	18000	26000
7201C	7201AC	12	32	10	0.6	0.3	17	27	0.6	8	7.35	3.52	10.2	7.10	3.35	17000	24000
7202C	7202AC	15	35	11	0.6	0.3	20	30	0.6	8.9	8.68	4.62	11.4	8.35	4.40	16000	22000
7203C	7203AC	17	40	12	0.6	0.3	22	35	0.6	9.9	10.8	5.95	12.8	10.5	5.65	15000	20000
7204C	7204AC	20	47	14	1	0.3	26	41	1	11.5	14.5	8.22	14.9	14.0	7.82	13000	18000
7205C	7205AC	25	52	15	1	0.3	31	46	1	12.7	16.5	10.5	16.4	15.8	9.88	11000	16000
7206C	7206AC	30	62	16	1	0.3	36	56	1	14.2	23.0	15.0	18.7	22.0	14.2	9000	13000
7207C	7207AC	35	72	17	1.1	0.3	42	65	1.1	15.7	30.5	20.0	21	29.0	19.2	8000	11000
7208C	7208AC	40	80	18	1.1	0.6	47	73	1.1	17	36.8	25.8	23	35.2	24.5	7500	10000
7209C	7209AC	45	85	19	1.1	0.6	52	78	1.1	18.2	38.5	28.5	24.7	36.8	27.2	6700	9000
7210C	7210AC	50	90	20	1.1	0.6	57	83	1.1	19.4	42.8	32.0	26.3	40.8	30.5	6300	8500
7211C	7211AC	55	100	21	1.5	0.6	64	91	1.5	20.9	52.8	40.5	28.6	50.5	38.5	5600	7500
7212C	7212AC	60	110	22	1.5	0.6	69	101	1.5	22.4	61.0	48.5	30.8	58.2	46.2	5300	7000
7213C	7213AC	65	120	23	1.5	0.6	74	111	1.5	24.2	69.8	55.2	33.5	66.5	52.5	4800	6300
7214C	7214AC	70	125	24	1.5	0.6	79	116	1.5	25.3	70.2	60.0	35.1	69.2	57.5	4500	6000
7215C	7215AC	75	130	25	1.5	0.6	84	121	1.5	26.4	79.2	65.8	36.6	75.2	63.0	4300	5600
7216C	7216AC	80	140	26	2	1	90	130	2	27.7	89.5	78.2	38.9	85.0	74.5	4000	5300

续表

轴承代号		基本尺寸/mm					安装尺寸/mm			70000C(α=15°)			70000AC(α=25°)			极限转速/(r/min)	
		d	D	B	r_{smin}	r_{1smin}	d_{amin}	D_{amax}	r_{asmax}	a/mm	基本额定动载荷 C_r/kN	基本额定静载荷 C_{0r}/kN	a/mm	基本额定动载荷 C_r/kN	基本额定静载荷 C_{0r}/kN	脂润滑	油润滑
7217C	7217AC	85	150	28	2	1	95	140	2	29.9	99.8	85.0	41.6	94.8	81.5	3800	5000
7218C	7218AC	90	160	30	2	1	100	150	2	31.7	122	105	44.2	118	100	3600	4800
7219C	7219AC	95	170	32	2.1	1.1	107	158	2	33.8	135	115	46.9	128	108	3400	4500
7220C	7220AC	100	180	34	2.1	1.1	112	168	2	35.8	148	128	49.7	142	122	3200	4300
(0)3 尺寸系列																	
7301C	7301AC	12	37	12	1	0.3	18	31	1	8.6	8.10	5.22	12	8.08	4.88	16000	22000
7302C	7302AC	15	42	13	1	0.3	21	36	1	9.6	9.38	5.95	13.5	9.08	5.58	15000	20000
7303C	7303AC	17	47	14	1	0.3	23	41	1	10.4	12.8	8.62	14.8	11.5	7.08	14000	19000
7304C	7304AC	20	52	15	1.1	0.6	27	45	1	11.3	14.2	9.68	16.8	13.8	9.10	12000	17000
7305C	7305AC	25	62	17	1.1	0.6	32	55	1	13.1	21.5	15.8	19.1	20.8	14.8	9500	14000
7306C	7306AC	30	72	19	1.1	0.6	37	65	1	15	26.5	19.8	22.2	25.2	18.5	8500	12000
7307C	7307AC	35	80	21	1.5	0.6	44	71	1.5	16.6	34.2	26.8	24.5	32.8	24.8	7500	10000
7308C	7308AC	40	90	23	1.5	0.6	49	81	1.5	18.5	40.2	32.3	27.5	38.5	30.5	6700	9000
7309C	7309AC	45	100	25	1.5	0.6	54	91	1.5	20.2	49.2	39.8	30.2	47.5	37.2	6000	8000
7310C	7310AC	50	110	27	2	1	60	100	2	22	53.5	47.2	33	55.5	44.5	5600	7500
7311C	7311AC	55	120	29	2	1	65	110	2	23.8	70.5	60.5	35.8	67.2	56.8	5000	6700
7312C	7312AC	60	130	31	2.1	1.1	72	118	2	25.6	80.5	70.2	38.7	77.8	65.8	4800	6300
7313C	7313AC	65	140	33	2.1	1.1	77	128	2	27.4	91.5	80.5	41.5	89.8	75.5	4300	5600
7314C	7314AC	70	150	35	2.1	1.1	82	138	2	29.2	102	91.5	44.3	98.5	86.0	4000	5300
7315C	7315AC	75	160	37	2.1	1.1	87	148	2	31	112	105	47.2	108	97.0	3800	5000
7316C	7316AC	80	170	39	2.1	1.1	92	158	2	32.8	122	118	50	118	108	3600	4800
7317C	7317AC	85	180	41	3	1.1	99	166	2.5	34.6	132	128	52.8	125	122	3400	4500
7318C	7318AC	90	190	43	3	1.1	104	176	2.5	36.4	142	142	55.6	135	135	3200	4300
7319C	7319AC	95	200	45	3	1.1	109	186	2.5	38.2	152	158	58.5	145	148	3000	4000
7320C	7320AC	100	215	47	3	1.1	114	201	2.5	40.2	162	175	61.9	165	178	2600	3600

注:①表中 C_r值,对(1)0、(0)2 系列为真空脱气轴承钢的负荷能力,对(0)3 系列为电炉轴承钢的负荷能力;

②r_{smin}、r_{1smin}分别为 r、r_1的最小单一倒角尺寸;r_{asmax}为 r_a的最大单一圆角半径。

表 G-4　圆柱滚子轴承（GB/T 283—2007 摘录）

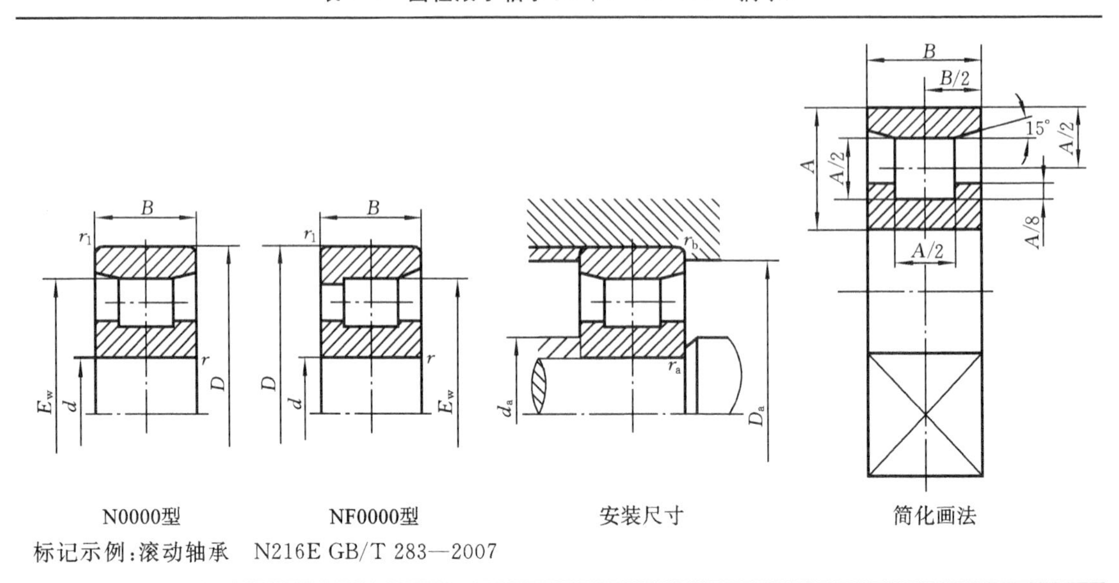

N0000型　　NF0000型　　安装尺寸　　简化画法

标记示例：滚动轴承　N216E GB/T 283—2007

径向当量动载荷		径向当量静载荷
$P_r=F_r$	对轴向承载的轴承（NF 型 2、3 系列） $P_r=F_r+0.3F_a(0\leqslant F_a/F_r\leqslant 0.12)$ $P_r=0.94F_r+0.8F_a(0.12\leqslant F_a/F_r\leqslant 0.3)$	$P_{0r}=F_r$

轴承代号		基本尺寸/mm							安装尺寸/mm				基本额定动载荷 C_r/kN		基本额定静载荷 C_{0r}/kN		极限转速/(r/min)	
		d	D	B	r_{smin}	r_{1smin}	E_w N 型	E_w NF 型	$d_{a\,min}$	$D_{a\,min}$	r_{asmax}	r_{bsmax}	N 型	NF 型	N 型	NF 型	脂润滑	油润滑
(0)2 尺寸系列																		
N204E	NF204	20	47	14	1	0.6	41.5	40	25	42	1	0.6	25.8	12.5	24.0	11.0	12000	16000
N205E	NF205	25	52	15	1	0.6	46.5	45	30	47	1	0.6	27.5	14.2	26.8	12.8	10000	14000
N206E	NF206	30	62	16	1	0.6	55.5	53.5	36	56	1	0.6	36.0	19.5	35.5	18.2	8500	11000
N207E	NF207	35	72	17	1.1	0.6	64	61.8	42	64	1.1	0.6	46.5	28.5	48.0	28.0	7500	9500
N208E	NF208	40	80	18	1.1	1.1	71.5	70	47	72	1.1	1.1	51.5	37.5	53.0	38.2	7000	9000
N209E	NF209	45	85	19	1.1	1.1	76.5	75	52	77	1.1	1.1	58.5	39.8	63.8	41.0	6300	8000
N210E	NF210	50	90	20	1.1	1.1	81.5	80.4	57	83	1.1	1.1	61.2	43.2	69.2	48.5	6000	7500
N211E	NF211	55	100	21	1.5	1.1	90	88.5	64	91	1.5	1.1	80.2	52.8	95.5	60.2	5300	6700
N212E	NF212	60	110	22	1.5	1.5	100	97.5	69	100	1.5	1.5	89.8	62.8	102	73.5	5000	6300
N213E	NF213	65	120	23	1.5	1.5	108.5	105.6	74	109	1.5	1.5	102	73.2	118	87.5	4500	5600
N214E	NF214	70	125	24	1.5	1.5	113.5	110.5	79	114	1.5	1.5	112	73.2	135	87.5	4300	5300
N215E	NF215	75	130	25	1.5	1.5	116.5	116.5	84	120	1.5	1.5	125	89.0	155	110	4000	5000
N216E	NF216	80	140	26	2	2	127.3	125.3	90	128	2	2	132	102	165	125	3800	4800
N217E	NF217	85	150	28	2	2	136.5	135.8	95	137	2	2	158	115	192	145	3600	4800

续表

轴承代号		基本尺寸/mm							安装尺寸/mm				基本额定动载荷 C_r/kN		基本额定静载荷 C_{0r}/kN		极限转速/(r/min)	
		d	D	B	r_{smin}	r_{1smin}	E_w		d_{amin}	D_{amin}	r_{asmax}	r_{bsmax}						
							N型	NF型					N型	NF型	N型	NF型	脂润滑	油润滑
N218E	NF218	90	160	30	2	2	145	143	100	146	2	2	172	142	215	178	3400	4300
N219E	NF219	95	170	32	2.1	2.1	154.5	151.5	107	155	2	2	208	152	262	190	3200	4000
N220E	NF220	100	180	34	2.1	2.1	163	160	112	164	2	2	235	168	302	212	3000	3800
(0)3尺寸系列																		
N304E	NF304	20	52	15	1.1	0.6	45.5	44.5	26.5	47	1.1	0.6	29.0	18.0	25.5	15.0	11000	15000
N305E	NF305	25	62	17	1.1	1.1	54	53	31.5	55	1.1	1.1	38.5	25.5	35.8	22.5	9000	12000
N306E	NF306	30	72	19	1.1	1.1	62.5	62	37	64	1.1	1.1	49.2	33.5	48.2	31.5	8000	10000
N307E	NF307	35	80	21	1.5	1.1	70.2	68.2	44	71	1.5	1.1	62.0	41.0	63.2	39.2	7000	9000
N308E	NF308	40	90	23	1.5	1.5	80	77.5	49	80	1.5	1.5	76.8	48.8	77.8	47.5	6300	8000
N309E	NF309	45	100	25	1.5	1.5	88.5	86.5	54	89	1.5	1.5	93.0	66.8	98.0	66.8	5600	7000
N310E	NF310	50	110	27	2	2	97	95	60	98	2	2	105	76.0	112	79.5	5300	6700
N311E	NF311	55	120	29	2	2	106.5	104.5	65	107	2	2	128	97.8	138	105	4800	6000
N312E	NF312	60	130	31	2.1	2.1	115	113	72	116	2	2	142	118	155	128	4500	5600
N313E	NF313	65	140	33	2.1	2.1	124.5	121.5	77	125	2	2	170	125	188	135	4000	5000
N314E	NF314	70	150	35	2.1	2.1	133	130	82	134	2	2	195	145	220	162	3800	4800
N315E	NF315	75	160	37	2.1	2.1	143	139.5	87	143	2	2	228	165	260	188	3600	4500
N316E	NF316	80	170	39	2.1	2.1	151	147	92	151	2	2	245	175	282	200	3400	4300
N317E	NF317	85	180	41	3	3	160	156	99	160	2.5	2.5	280	212	332	242	3200	4000
N318E	NF318	90	190	43	3	3	169.5	165	104	170	2.5	2.5	298	228	348	265	3000	3800
N319E	NF319	95	200	45	3	3	177.5	173.5	109	178	2.5	2.5	315	245	380	288	2800	3600
N320E	NF320	100	215	47	3	3	191.5	185.5	114	192	2.5	2.5	365	282	425	340	2600	3200

注:①表中 C_r 值适用于轴承为真空脱气轴承钢材料。如为普通电炉钢,C_r 值降低;如为真空重熔或电渣重熔轴承钢,C_r 值提高;

② r_{smin}、r_{1smin} 分别为 r、r_1 的最小单一倒角尺寸;r_{asmax}、r_{bsmax} 分别为 r_a、r_b 的最大单一圆角半径;

③后缀带 E 的为加强型圆柱滚子轴承,应优先选用。

表 G-5　推力球轴承（GB/T 301—1995 摘录）

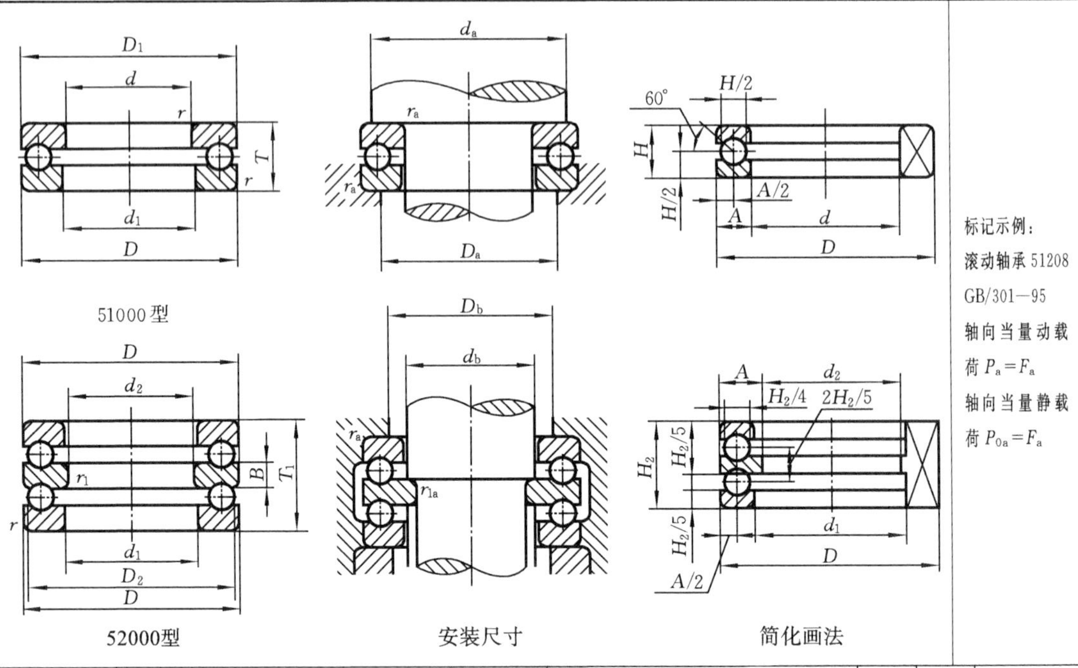

52000型　　安装尺寸　　简化画法

标记示例：滚动轴承 51208 GB/301—95

轴向当量动载荷 $P_a = F_a$

轴向当量静载荷 $P_{0a} = F_a$

轴承代号		基本尺寸/mm											安装尺寸/mm						基本额定动载荷	基本额定静载荷	极限转速/(r/min)	
		d	d_2	D	T	T_1	d_{1smin}	D_{1smax}	D_{2smax}	B	r_{smin}	r_{1smin}	d_{amin}	D_{amax}	D_{bmin}	d_{bmax}	r_{asmax}	r_{1asmax}	C_a/kN	C_{0a}/kN	脂润滑	油润滑
12(51000型),22(52000型)尺寸系列																						
51200	—	10	—	26	11	—	12	26	—	—	0.6	—	20	16	16	—	0.6	—	12.5	17.0	6000	8000
51201	—	12	—	28	11	—	14	28	—	—	0.6	—	22	18	18	—	0.6	—	13.2	19.0	5300	7500
51202	52202	15	10	32	12	22	17	32	32	5	0.6	0.3	25	22	22	15	0.6	0.3	16.5	24.8	4800	6700
51203	—	17	—	35	12	—	19	35	—	—	0.6	—	28	24	24	—	0.6	—	17.0	27.2	4500	6300
51204	52204	20	15	40	14	26	22	40	40	6	0.6	0.3	32	28	28	20	0.6	0.3	22.2	37.5	3800	5300
51205	52205	25	20	47	15	28	27	47	47	7	0.6	0.3	38	34	34	25	0.6	0.3	27.8	50.5	3400	4800
51206	52206	30	25	52	16	29	32	52	52	7	0.6	0.3	43	39	39	30	0.6	0.3	28.0	54.2	3200	4500
51207	52207	35	30	62	18	34	37	62	62	8	1	0.3	51	46	46	35	1	0.3	39.2	78.2	2800	4000
51208	52208	40	30	68	19	36	42	68	68	9	1	0.6	57	51	51	40	1	0.6	47.0	98.2	2400	3600
51209	52209	45	35	73	20	37	47	73	73	9	1	0.6	62	56	56	45	1	0.6	47.8	105	2200	3400
51210	52210	50	40	78	22	39	52	78	78	9	1	0.6	67	61	61	50	1	0.6	48.5	112	2000	3200
51211	52211	55	45	90	25	45	57	90	90	10	1	0.6	76	69	69	55	1	0.6	67.5	158	1900	3000
51212	52212	60	50	95	26	46	62	95	95	10	1	0.6	81	74	74	60	1	0.6	73.5	178	1800	2800
51213	52213	65	55	100	27	47	67	100	100	10	1	0.6	86	79	79	65	1	0.6	74.8	188	1700	2600
51214	52214	70	55	105	27	47	72	105	105	10	1	1	91	84	84	70	1	1	73.5	188	1600	2400
51215	52215	75	60	110	27	47	77	110	110	10	1	1	96	89	89	75	1	1	74.8	198	1500	2200
51216	52216	80	65	115	28	48	82	115	115	10	1	1	101	94	94	80	1	1	83.8	222	1400	2000
51217	52217	85	70	125	31	55	88	125	125	12	1	1	109	101	109	85	1	1	102	280	1300	1900
51218	52218	90	75	135	35	62	93	135	135	14	1.1	1	117	108	108	90	1.1	1	115	315	1200	1800
51220	52220	100	85	150	38	67	103	150	150	15	1.1	1	130	120	120	100	1.1	1	132	375	1100	1700

续表

轴承代号		基本尺寸/mm											安装尺寸/mm						基本额定动载荷 C_a/kN	基本额定静载荷 C_{0a}/kN	极限转速/(r/min)	
		d	d_2	D	T	T_1	d_{1min}	D_{1max}	D_{2max}	B	r_{smin}	r_{1smin}	d_{amin}	D_{amax}	D_{bmin}	d_{bmax}	r_{asmax}	r_{1asmax}			脂润滑	油润滑
13(51000型),23(52000型)尺寸系列																						
51304	—	20	—	—	18	—	22	47	—	—	1	—	36	31	—	—	1	—	35.0	55.8	3600	4500
51305	52305	25	20	52	18	34	27	52	52	8	1	0.3	41	36	36	25	1	0.3	35.5	61.5	3000	4300
51306	52306	30	25	60	21	38	32	60	60	9	1	0.3	48	42	42	30	1	0.3	42.8	78.5	2400	3600
51307	52307	35	30	68	24	44	37	68	68	10	1	0.3	55	48	48	35	1	0.3	55.2	105	2000	3200
51308	52308	40	30	78	26	49	42	78	78	12	1	0.6	63	55	55	40	1	0.6	69.2	135	1900	3000
51309	52309	45	35	85	28	52	47	85	85	12	1	0.6	69	61	61	45	1	0.6	75.8	150	1700	2600
51310	52310	50	40	95	31	58	52	95	95	14	1.1	0.6	77	68	68	50	1.1	0.6	96.5	202	1600	2400
51311	52311	55	45	105	35	64	57	105	105	15	1.1	0.6	85	75	75	55	1.1	0.6	115	242	1500	2200
51312	52312	60	50	110	35	64	62	110	110	15	1.1	0.6	90	80	80	60	1.1	0.6	118	262	1400	2000
51313	52313	65	55	115	36	65	67	115	115	15	1.1	0.6	95	85	85	65	1.1	0.6	115	262	1300	1900
51314	52314	70	55	125	40	72	72	125	125	16	1.1	1	103	92	92	70	1.1	1	148	340	1200	1800
51315	52315	75	60	135	44	79	77	135	135	18	1.5	1	111	99	99	75	1.5	1	162	380	1100	1700
51316	52316	80	65	140	44	79	82	140	140	18	1.5	1	116	104	104	80	1.5	1	162	380	1000	1600
51317	52317	85	70	150	49	87	88	150	150	19	1.5	1	124	111	114	85	1.5	1	208	495	950	1500
51318	52318	90	75	155	50	88	93	155	155	19	1.5	1	129	116	116	90	1.5	1	205	495	900	1400
51320	52320	100	85	170	55	97	103	170	170	21	1.5	1	142	128	128	100	1.5	1	235	595	800	1200
14(51000型),24(52000型)尺寸系列																						
51405	52405	25	15	60	24	45	27	60	60	11	1	0.6	46	39	39	25	1	0.6	55.5	89.2	2200	3400
51406	52406	30	20	70	28	52	32	70	70	12	1	0.6	54	46	46	30	1	0.6	72.5	125	1900	3000
51407	52407	35	25	80	32	59	37	80	80	14	1.1	0.6	62	53	53	35	1.1	0.6	86.8	155	1700	2600
51408	52408	40	30	90	36	65	42	90	90	15	1.1	0.6	70	60	60	40	1.1	0.6	112	205	1500	2200
51409	52409	45	35	100	39	72	47	100	100	17	1.1	0.6	78	67	67	45	1.1	0.6	140	262	1400	2000
51410	52410	50	40	110	43	78	52	110	110	18	1.5	0.6	86	74	74	50	1.5	0.6	160	302	1300	1900
51411	52411	55	45	120	48	87	57	120	120	20	1.5	0.6	94	81	81	55	1.5	0.6	182	355	1100	1700
51412	52412	60	50	130	51	93	62	130	130	21	1.5	0.6	102	88	88	60	1.5	0.6	200	395	1000	1600
51413	52413	65	50	140	56	101	68	140	140	23	2	1	110	95	95	65	2.0	1	215	448	900	1400
51414	52414	70	55	150	60	107	73	150	150	24	2	1	118	102	102	70	2.0	1	255	560	850	1300
51415	52415	75	60	160	65	115	78	160	160	26	2	1	125	110	110	75	2.0	1	268	615	800	1200
51416	52416	80	65	170	68	120	83	170	170	27	2.1	1	133	117	117	80	2.0	1	292	692	750	1100
51417	52417	85	65	180	72	128	88	177	179.5	29	2.1	1.1	141	124	124	85	2.0	1	318	782	700	1000
51418	52418	90	70	190	77	135	93	187	189.5	30	2.1	1.1	149	131	131	90	2.0	1	325	825	670	950
51420	52420	100	80	210	85	150	103	205	209.5	33	3	1.1	165	145	145	100	2.5	1	400	1080	600	850

注:①表中 C_r 值适用于轴承为真空脱气轴承钢材料。如为普通电炉钢,C_r 值降低;如为真空重熔或电渣重熔轴承钢,C_r 值提高;

②r_{smin}、r_{1smin} 分别为 r、r_1 的最小单一倒角尺寸;r_{asmax}、r_{1asmax} 分别为 r_a、r_{1a} 的最大单一圆角半径;

③本标准已作废,仅供参考。

G2. 滚动轴承的配合(GB/T 275—1993 摘录)

表 G-6 向心轴承载荷的区分

载荷大小	轻载荷	正常载荷	重载荷
$\frac{P_r(\text{径向当量动载荷})}{C_r(\text{径向额定动载荷})}$	≤0.07	>0.07~0.15	>0.15

表 G-7 安装向心轴承的轴公差带代号

运转状态		载荷状态	深沟球轴承 调心球轴承 角接触球轴承	圆柱滚子轴承 圆锥滚子轴承	调心滚子轴承	公差带
说明	举例		轴承公称内径/mm			
旋转的内圈载荷及摆动载荷	一般通用机械、电动机、机床主轴、泵、内燃机、直齿轮传动装置、铁路机车车辆轴箱、破碎机等	轻载荷	≤18 >18~100 >100~200	— ≤40 >40~140	— ≤40 >40~100	h5 j6① k6①
		正常载荷	≤18 >18~100 >100~140 >140~200	— ≤40 >40~100 >100~140	— ≤40 >40~65 >65~100	j5、js5 k5② m5② m6
		重载荷	— —	>50~140 >140~200	>50~100 >100~140	n6 p6③
固定的内圈载荷	静止轴上的各种轮子,张紧轮、绳轮、振动筛、惯性振动器	所有载荷	所有尺寸			f6 g6① h6 j6
仅有轴向载荷			所有尺寸			j6、js6

注:①凡对精度有较高要求场合,应用 j5、k5…代替 j6、k6…;

②圆锥滚子轴承、角接触球轴承配合对游隙影响不大,可用 k6、m6 代替 k5、m5;

③重载荷下轴承游隙应选大于 0 组。

表 G-8　安装向心轴承的孔公差带代号

运转状态		载荷状态	其他状况	公差带[①]	
说明	举例			球轴承	滚子轴承
固定外圈载荷	一般机械、铁路机车车辆轴箱、电动机、泵、曲轴主轴承	轻、正常、重	轴向易移动，可采用剖分式外壳	H7,G7[②]	
		冲击	轴向能移动，可采用整体或剖分式外壳	J7、Js7	
摆动载荷		轻、正常			
		正常、重	轴向不移动，采用整体式外壳	K7	
		冲击		M7	
旋转的外圈载荷	张紧滑轮、轮毂轴承	轻		J7	K7
		正常		K7、M7	M7、N7
		重		—	N7、P7

注：①并列公差带随尺寸的增大从左至右选择，对旋转精度有较高要求时，可相应提高一个公差等级；
②不适合于剖分式外壳。

表 G-9　安装推力轴承的轴和孔公差带代号

运转状态	载荷状态	安装推力轴承的轴公差带		安装推力轴承的外壳孔公差带	
		轴承类型	公差带	轴承类型	公差带
仅有轴向载荷		推力球轴承 推力滚子轴承	j6、js6	推力球轴承	H8
				推力圆柱轴承 圆锥滚子轴承	H7

表 G-10　轴和外壳的几何公差

基本尺寸/mm		圆柱度 t				端面圆跳动 t_1			
		轴颈		外壳孔		轴肩		外壳孔肩	
		轴承公差等级							
		/P0	/P6(/P6x)	/P0	/P6(/P6x)	/P0	/P6(/P6x)	/P0	/P6(/P6x)
大于	至	公差值/μm							
	6	2.5	1.5	4	2.5	5	3	8	5
6	10	2.5	1.5	4	2.5	6	4	10	6
10	18	3.0	2.0	5	3.0	8	5	12	8
18	30	4.0	2.5	6	4.0	10	6	15	10
30	50	4.0	2.5	7	4.0	12	8	20	12
50	80	5.0	3.0	8	5.0	15	10	25	15
80	120	6.0	4.0	10	6.0	15	10	25	15
120	180	8.0	5.0	12	8.0	20	12	30	20
180	250	10.0	7.0	14	10.0	20	12	30	20
250	315	12.0	8.0	16	12.0	25	15	40	25

注：轴承公差等级新、旧标准代号对照

/P0—G 级；/P6—E 级；/P6x—Ex 级

表 G-11　配合表面的表面粗糙度

<table>
<tr><th colspan="2" rowspan="2">轴或轴承座
直径/mm</th><th colspan="9">轴或外壳配合表面直径公差等级</th></tr>
<tr><th colspan="3">IT7</th><th colspan="3">IT6</th><th colspan="3">IT5</th></tr>
<tr><th colspan="2"></th><th colspan="9">表面粗糙度/μm</th></tr>
<tr><th rowspan="2">超过</th><th rowspan="2">到</th><th rowspan="2">Rz</th><th colspan="2">Ra</th><th rowspan="2">Rz</th><th colspan="2">Ra</th><th rowspan="2">Rz</th><th colspan="2">Ra</th></tr>
<tr><th>磨</th><th>车</th><th>磨</th><th>车</th><th>磨</th><th>车</th></tr>
<tr><td></td><td>80</td><td>10</td><td>1.6</td><td>3.2</td><td>6.3</td><td>0.8</td><td>1.6</td><td>4</td><td>0.4</td><td>0.8</td></tr>
<tr><td>80</td><td>500</td><td>16</td><td>1.6</td><td>3.2</td><td>10</td><td>1.6</td><td>3.2</td><td>6.3</td><td>0.8</td><td>1.6</td></tr>
<tr><td colspan="2">端面</td><td>25</td><td>3.2</td><td>6.3</td><td>25</td><td>3.2</td><td>6.3</td><td>10</td><td>1.6</td><td>3.2</td></tr>
</table>

注：与/P0、/P6(/P6x)级公差轴承配合的轴，其公差等级一般为 IT6，外壳孔一般为 IT7。

G3．滚动轴承座

表 G-12　滚动轴承座（GB 7813—2008 摘录）

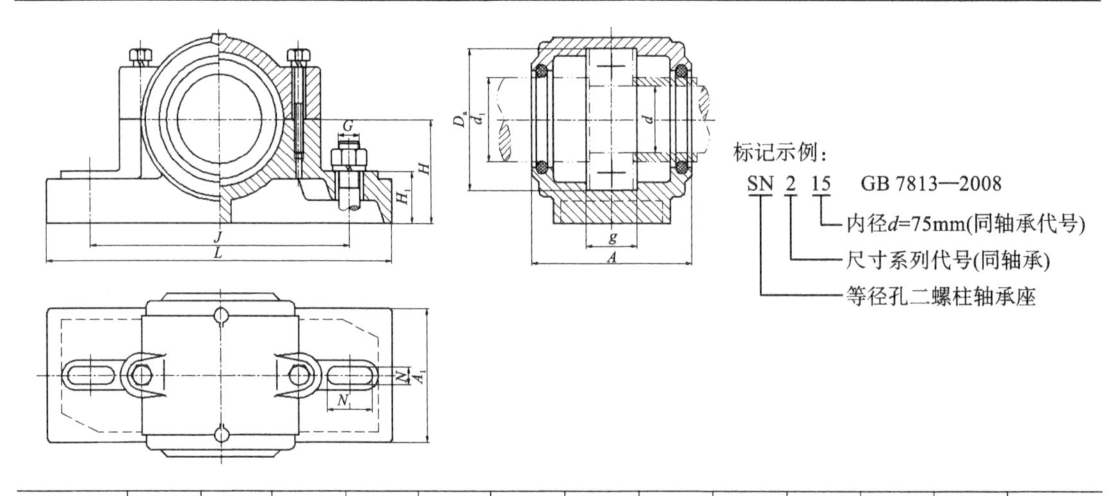

<table>
<tr><th>型号</th><th>d</th><th>d_1</th><th>D_a</th><th>g</th><th>A_{max}</th><th>A_1</th><th>H</th><th>$H_{1\,max}$</th><th>L_{max}</th><th>J</th><th>G</th><th>N</th><th>$N_{1\,min}$</th></tr>
<tr><td>SN205</td><td>25</td><td>30</td><td>52</td><td>25</td><td>72</td><td>46</td><td>40</td><td rowspan="3">22</td><td>170</td><td>130</td><td rowspan="6">M12</td><td rowspan="6">15</td><td rowspan="6">15</td></tr>
<tr><td>SN206</td><td>30</td><td>35</td><td>62</td><td>30</td><td>82</td><td rowspan="2">52</td><td rowspan="2">50</td><td rowspan="2">190</td><td rowspan="2">150</td></tr>
<tr><td>SN207</td><td>35</td><td>45</td><td>72</td><td>33</td><td>85</td></tr>
<tr><td>SN208</td><td>40</td><td>50</td><td>80</td><td>33</td><td rowspan="2">92</td><td rowspan="3">60</td><td rowspan="3">60</td><td rowspan="3">25</td><td rowspan="3">210</td><td rowspan="3">170</td></tr>
<tr><td>SN209</td><td>45</td><td>55</td><td>85</td><td>31</td></tr>
<tr><td>SN210</td><td>50</td><td>60</td><td>90</td><td>33</td><td>100</td></tr>
<tr><td>SN211</td><td>55</td><td>65</td><td>100</td><td>33</td><td>105</td><td rowspan="2">70</td><td rowspan="2">70</td><td>28</td><td rowspan="2">270</td><td rowspan="2">210</td><td rowspan="5">M16</td><td rowspan="5">18</td><td rowspan="5">18</td></tr>
<tr><td>SN212</td><td>60</td><td>70</td><td>110</td><td>38</td><td>115</td><td>30</td></tr>
<tr><td>SN213</td><td>65</td><td>75</td><td>120</td><td>43</td><td rowspan="2">120</td><td rowspan="3">80</td><td rowspan="3">80</td><td rowspan="3">30</td><td rowspan="3">290</td><td rowspan="3">230</td></tr>
<tr><td>SN214</td><td>70</td><td>80</td><td>125</td><td>44</td></tr>
<tr><td>SN215</td><td>75</td><td>85</td><td>130</td><td>41</td><td>125</td></tr>
</table>

续表

<table>
<tr><th>型号</th><th>d</th><th>d_1</th><th>D_a</th><th>g</th><th>A_{max}</th><th>A_1</th><th>H</th><th>$H_{1\ max}$</th><th>L_{max}</th><th>J</th><th>G</th><th>N</th><th>$N_{1\ min}$</th></tr>
<tr><td>SN216</td><td>80</td><td>90</td><td>140</td><td>43</td><td>135</td><td rowspan="2">90</td><td rowspan="2">95</td><td rowspan="2">32</td><td rowspan="2">330</td><td rowspan="2">260</td><td rowspan="3">M20</td><td rowspan="3">22</td><td rowspan="3">22</td></tr>
<tr><td>SN217</td><td>85</td><td>95</td><td>150</td><td>46</td><td>140</td></tr>
<tr><td>SN218</td><td>90</td><td>100</td><td>160</td><td>62.4</td><td>145</td><td>100</td><td>100</td><td>35</td><td>360</td><td>290</td></tr>
<tr><td>SN220</td><td>100</td><td>115</td><td>180</td><td>70.3</td><td>165</td><td>110</td><td>112</td><td>40</td><td>400</td><td>320</td><td>M24</td><td>26</td><td>26</td></tr>
<tr><td>SN305</td><td>25</td><td>30</td><td>62</td><td>34</td><td>82</td><td rowspan="2">52</td><td rowspan="2">50</td><td rowspan="2">22</td><td rowspan="2">185</td><td rowspan="2">150</td><td rowspan="4">M12</td><td rowspan="4">15</td><td rowspan="4">20</td></tr>
<tr><td>SN306</td><td>30</td><td>35</td><td>72</td><td>37</td><td>85</td></tr>
<tr><td>SN307</td><td>35</td><td>45</td><td>80</td><td>41</td><td>92</td><td rowspan="2">60</td><td rowspan="2">60</td><td rowspan="2">25</td><td rowspan="2">205</td><td rowspan="2">170</td></tr>
<tr><td>SN308</td><td>40</td><td>50</td><td>90</td><td>43</td><td>100</td></tr>
<tr><td>SN309</td><td>45</td><td>55</td><td>100</td><td>46</td><td>105</td><td rowspan="2">70</td><td rowspan="2">70</td><td>28</td><td rowspan="2">255</td><td rowspan="2">210</td><td rowspan="4">M16</td><td rowspan="4">18</td><td rowspan="4">23</td></tr>
<tr><td>SN310</td><td>50</td><td>60</td><td>110</td><td>50</td><td>115</td><td rowspan="3">30</td></tr>
<tr><td>SN311</td><td>55</td><td>65</td><td>120</td><td>53</td><td>120</td><td rowspan="2">80</td><td rowspan="2">80</td><td>275</td><td rowspan="2">230</td></tr>
<tr><td>SN312</td><td>60</td><td>70</td><td>130</td><td>56</td><td>125</td><td>280</td></tr>
<tr><td>SN313</td><td>65</td><td>75</td><td>140</td><td>58</td><td>135</td><td rowspan="2">90</td><td rowspan="2">95</td><td rowspan="2">32</td><td>315</td><td rowspan="2">260</td><td rowspan="4">M20</td><td rowspan="4">22</td><td rowspan="4">27</td></tr>
<tr><td>SN314</td><td>70</td><td>80</td><td>150</td><td>61</td><td>140</td><td>320</td></tr>
<tr><td>SN315</td><td>75</td><td>85</td><td>160</td><td>65</td><td>145</td><td rowspan="2">100</td><td>100</td><td rowspan="2">35</td><td rowspan="2">345</td><td rowspan="2">290</td></tr>
<tr><td>SN316</td><td>80</td><td>90</td><td>170</td><td>68</td><td>150</td><td rowspan="2">112</td></tr>
<tr><td>SN317</td><td>85</td><td>95</td><td>180</td><td>70</td><td>165</td><td>110</td><td>40</td><td>380</td><td>320</td><td>M24</td><td>26</td><td>32</td></tr>
</table>

附录H 润滑剂

H1. 润滑剂

表 H-1 工业常用润滑油的性能和用途

名称	牌号	运动黏度/(mm²/s)		倾点/℃ (≤)	闪点(开口)/℃(≥)	主要用途
		40/℃	100/℃			
全损耗系统用油 (GB 443—1989)	L-AN5	4.14～5.06		−5	80	主要适用于对润滑油无特殊要求的全损耗润滑系统，不适用于循环润滑系统
	L-AN7	6.12～7.48			110	
	L-AN10	9.00～11.0			130	
	L-AN15	13.5～16.5			150	
	L-AN22	19.8～24.2				
	L-AN32	28.8～35.2				
工业闭式齿轮油 (GB 5903—2011)	L-CKC68	61.2～74.8		−12	180	主要适用于保持在正常或中等恒定油温和重负荷下运转的齿轮的润滑
	L-CKC100	90.0～110			200	
	L-CKC150	135～165				
	L-CKC220	198～242				
	L-CKC320	288～352				
	L-CKC460	414～506				
	L-CKC680	612～748		−9		
液压油 (GB 11118.1—2011)	L-HL15	13.5～16.5		−12	140	常用于低压液压系统，也可适用于要求换油期较长的轻负荷机械的油浴式非循环润滑系统。无本产品时可用 L—HM 油或用其他抗氧防锈型润滑油
	L-HL22	19.8～24.2		−9	165	
	L-HL32	28.8～35.2		−6	175	
	L-HL46	41.4～50.6			185	
	L-HL68	61.2～74.8			195	
	L-HL100	90.0～110			205	
汽轮机油 (GB 11120—2011)	L-TSA32	28.8～35.2		−6	186	适用于电力、船舶及其他工业汽轮机组、水轮机组的润滑和密封
	L-TSA46	41.4～50.6				
	L-TSA68	61.2～74.8			195	
	L-TSA100	90.0～110				
L-CKE/P 蜗轮蜗杆油 (SH/T 0094—1991)	220	198～242		−12	200	极压型蜗轮蜗杆油，用于铜-钢配对的圆柱形承受重负荷、传动中有振动和冲击的蜗轮蜗杆副，包括该设备的齿轮和直齿圆柱齿轮等部件的润滑，及其他机械设备的润滑
	320	288～352				
	460	414～506			220	
	680	612～748				
	1000	900～1100				
普通开式齿轮油 (SH/T 0363—1992)	68		60～75		200	适用于开式齿轮、链条和钢丝绳的润滑
	100		90～100			
	150		135～165			
	220		200～245		210	
	320		290～350			

表 H-2　常用润滑脂的主要性质和用途

名　称	牌号（或代号）	滴点/℃（不低于）	工作锥入度/(1/10 mm)	主要用途
钙基润滑脂（GB/T 491—2008）	1号	80	310～340	适用于冶金、纺织等机械设备和拖拉机等农用机械的润滑与防护，使用温度范围为－10～60 ℃
	2号	85	265～295	
	3号	90	220～250	
	4号	95	175～205	
钠基润滑脂（GB 492—1989）	2号	160	265～295	适用于－10～110 ℃温度范围内一般中等负荷机械设备的润滑，不适用于与水相接触的润滑部位
	3号		220～250	
通用锂基润滑脂（GB/T 7324—2010）	1号	170	310～340	适用于工作温度在－20～120 ℃的各种机械设备的滚动轴承和滑动轴承及其他摩擦部位的润滑
	2号	175	265～295	
	3号	180	220～250	
钙钠基润滑脂（SH/T 0368—1992）	2号	120	250～290	适用于铁路机车和列车的滚动轴承、小电动机和发电机的滚动轴承以及其他高温轴承等的润滑。上限工作温度为100 ℃，在低温情况下不适用
	3号	135	200～240	
石墨钙基润滑脂（SH/T 0369—1992）		80		适用于压延机的人字齿轮，汽车弹簧，起重机齿轮转盘，矿山机械，绞车和钢丝绳等高负荷、低转速的粗糙机械的润滑
7407号齿轮润滑脂（SH/T 0469—1994）		160	75～90	适用于各种低速，中、重负荷齿轮、链轮和联轴器等部位的润滑，适宜采用涂刷润滑方式。使用温度范围为－10～120 ℃
精密机床主轴润滑脂（SH/T 0382—1992）	2号	180	265～295	适用于精密机床和磨床的高速磨头主轴的长期润滑
	3号		220～250	

H2. 润滑装置

表 H-3　直通式压注油杯(JB/T 7940.1—1995 摘录)　(mm)

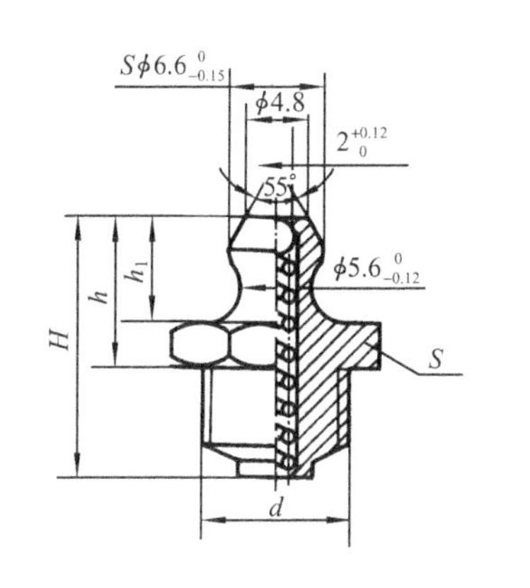

d	H	h	h_1	S	钢球(按 GB/T 308—2002)
M6	13	8	6	8	3
M8×1	16	9	6.5	10	
M10×1	18	10	10	11	

标记示例：

连接螺纹 M10×1，直通式压注油杯的标记为

油杯 M10×1 JB/T 7940.1—1995

表 H-4 接头式压注油杯(JB/T 7940.2—1995 摘录) (mm)

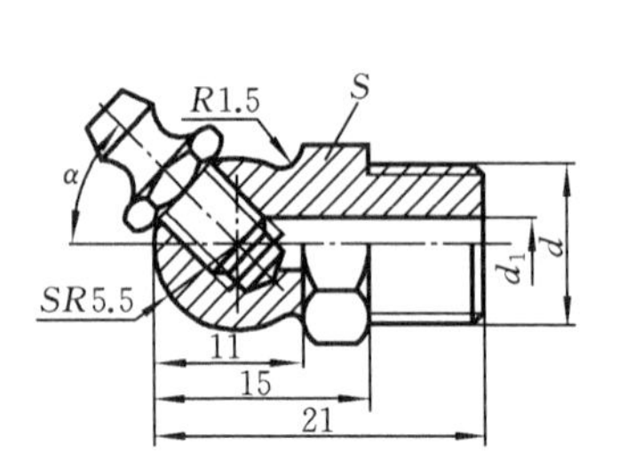

d	d_1	α	S	直通式压注油杯(按 JB/T 7940.1—1995)
M6	3	45°,90°	11	M6
M8×1	4			
M10×1	5			

标记示例:

连接螺纹 M10×1,45°接头式压注油杯的标记为

油杯 45° M10×1 JB/T 7940.2—1995

表 H-5 旋盖式油杯(JB/T 7940.3—1995 摘录) (mm)

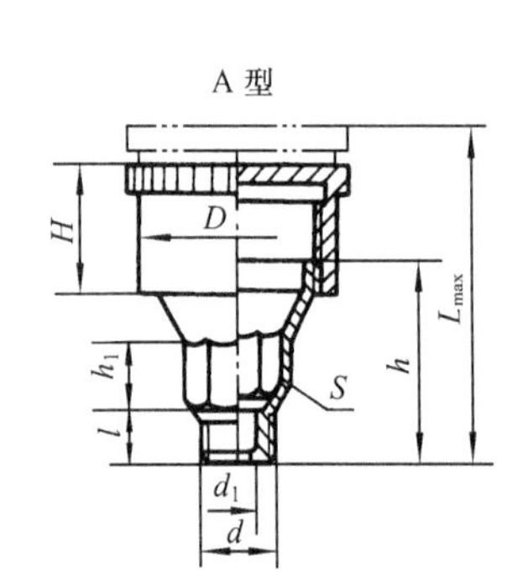

最小容量 /cm³	d	l	H	h	h_1	d_1	D	L_{max}	S
1.5	M8×1	8	14	22	7	3	16	33	10
3	M10×1		15	23	8	4	20	35	13
6			17	26			26	40	
12	M14×1.5	12	20	30	10	5	32	47	18
18			22	32			36	50	
25			24	34			41	55	
50	M16×1.5		30	44			51	70	21
100			38	52			68	85	

标记示例:

最小容量 25 cm³,A 型旋盖式油杯的标记为

油杯 A25 JB/T 7940.3—1995

表 H-6 压配式压注油杯(JB/T 7940.4—1995 摘录) (mm)

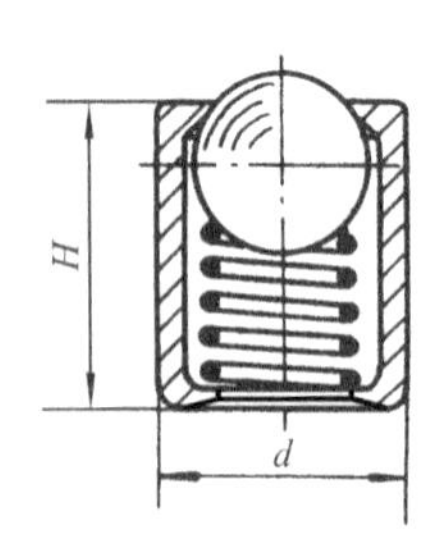

d 基本尺寸	d 极限偏差	H	钢球(按 GB/T308—2002)
6	+0.040 +0.028	6	4
8	+0.049 +0.034	10	5
10	+0.058 +0.040	12	6
16	+0.063 +0.045	20	11
25	+0.085 +0.064	30	12

标记示例:

d=8 mm,压配式压注油杯的标记为

油杯 8 JB/T 7940.4—1995

附录I　密　封　件

表 I-1　毡圈油封及槽(JB/ZQ 4606—1986 摘录)　　(mm)

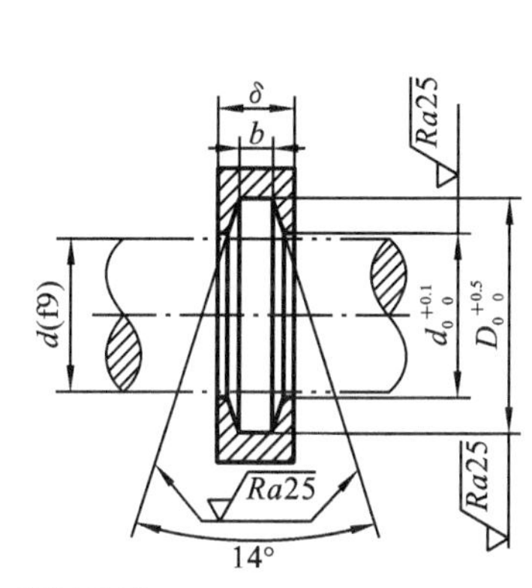

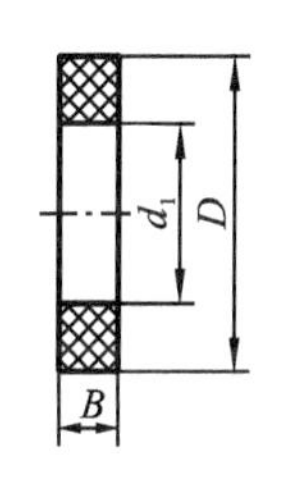

标记示例：

d=50 mm 的毡圈油封标记为

毡圈 50 JB/ZQ 4606—1986

材料为半粗羊毛毡

轴径 d	毡圈 D	毡圈 d_1	毡圈 B	槽 D_0	槽 d_0	槽 b	槽 δ_{min} 钢	槽 δ_{min} 铸铁
15	29	14	6	28	16	5	10	12
20	33	19		32	21			
25	39	24	7	38	26	6	12	15
30	45	29		44	31			
35	49	34		48	36			
40	53	39		52	41			
45	61	44	8	60	46	7		
50	69	49		68	51			
55	74	53		72	56			
60	80	58		78	61			
65	84	63		82	66			
70	90	68		88	71			
75	94	73		92	77			
80	102	78	9	100	82	8	15	18
85	107	83		105	87			
90	112	88		110	92			
95	117	93	10	115	97			
100	122	98		120	102			

表 I-2　液压气动用 O 形橡胶密封圈(GB/T 3452.1—2005 摘录)　　(mm)

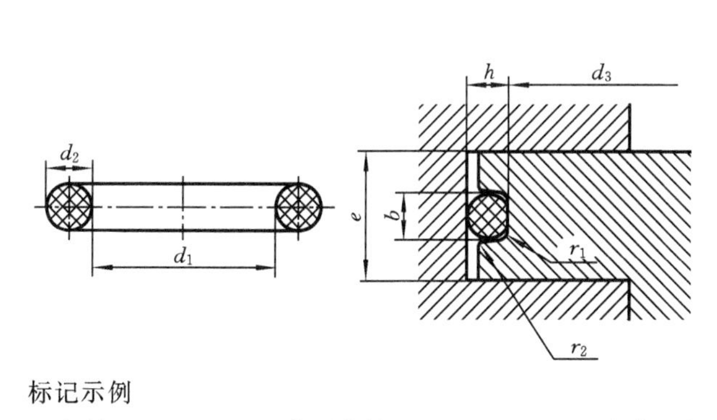

标记示例

内径 d_1=32.5 mm,截面直径 d_2=2.65 mm,A 系列 N 级 O 形密封圈的标记为

O 形圈 32.5×2.65-A-N-GB/T 3452.1—2005

沟槽尺寸(GB/T 3452.3—2005)					
d_2	$b^{+0.25}_{0}$	$h^{+0.10}_{0}$	d_3 偏差值	r_1	r_2
1.8	2.4	1.38	0 −0.04	0.2～0.4	0.1～0.3
2.65	3.6	2.07	0 −0.05	0.4～0.8	
3.55	4.8	2.74	0 −0.06		
5.3	7.1	4.19	0 −0.07	0.8～1.2	
7.0	9.5	5.67	0 −0.09		

续表

d_1		d_2				d_1		d_2			
尺寸	公差±	1.8±0.08	2.65±0.09	3.55±0.10	5.3±0.13	尺寸	公差±	2.65±0.09	3.55±0.10	5.3±0.13	7.0±0.15
10	0.19	*				51.5	0.49	*	*	*	
10.6	0.19	*	*			53	0.50	*	*	*	
11.2	0.20	*	*			54.5	0.51	*	*	*	
11.6	0.20	*	*			56	0.52	*	*	*	
11.8	0.20	*	*			58	0.54	*	*	*	
12.1	0.21	*	*			60	0.55	*	*	*	
12.5	0.21	*	*			61.5	0.56	*	*	*	
12.8	0.21	*	*			63	0.57	*	*	*	
13.2	0.21	*	*			65	0.58	*	*	*	
14	0.22	*	*			67	0.60	*	*	*	
14.5	0.22	*	*			69	0.61	*	*	*	
15	0.22	*	*			71	0.63	*	*	*	
15.5	0.23	*	*			73	0.64	*	*	*	
16	0.23	*	*			75	0.65	*	*	*	
17	0.24	*	*			77.5	0.67	*	*	*	
18	0.25	*	*	*		80	0.69	*	*	*	
19	0.25	*	*	*		82.5	0.71	*	*	*	
20	0.26	*	*	*		85	0.72	*	*	*	
20.6	0.26	*	*	*		87.5	0.74	*	*	*	
21.2	0.27	*	*	*		90	0.76	*	*	*	
22.4	0.28	*	*	*		92.5	0.77	*	*	*	
23	0.29	*	*	*		95	0.79	*	*	*	
23.6	0.29	*	*	*		97.5	0.81	*	*	*	
24.3	0.30	*	*	*		100	0.82	*	*	*	
25	0.30	*	*	*		103	0.85	*	*	*	
25.8	0.31	*	*	*		106	0.87	*	*	*	*
26.5	0.31	*	*	*		109	0.89	*	*	*	*
27.3	0.32	*	*	*		112	0.91	*	*	*	*
28	0.32	*	*	*		115	0.93	*	*	*	*
29	0.33	*	*	*		118	0.95	*	*	*	*
30	0.34	*	*	*		122	0.97	*	*	*	*
31.5	0.35	*	*	*		125	0.99	*	*	*	*
32.5	0.36	*	*	*		128	1.01	*	*	*	*
33.5	0.36	*	*	*		132	1.04	*	*	*	*
34.5	0.37	*	*	*		136	1.07	*	*	*	*
35.5	0.38	*	*	*		140	1.09	*	*	*	*
36.5	0.38	*	*	*		142.5	1.11	*	*	*	*

续表

尺寸	公差±	1.8±0.08	2.65±0.09	3.55±0.10	5.3±0.13	尺寸	公差±	2.65±0.09	3.55±0.10	5.3±0.13	7.0±0.15
37.5	0.39	*	*	*		145	1.13	*	*	*	*
38.7	0.40	*	*	*		147.5	1.14	*	*	*	*
40	0.41	*	*	*	*	150	1.16	*	*	*	*
41.2	0.42	*	*	*	*	152.5	1.18		*	*	*
42.5	0.43	*	*	*	*	155	1.19		*	*	*
43.7	0.44	*	*	*	*	157.5	1.21		*	*	*
45	0.44	*	*	*	*	160	1.23		*	*	*
46.2	0.45	*	*	*	*	162.5	1.24		*	*	*
47.5	0.46	*	*	*	*	165	1.26		*	*	*
48.7	0.47	*	*	*	*	167.5	1.28		*	*	*
50	0.48	*	*	*	*	170	1.29		*	*	*

注：表中“ * ”表示包括的规格。

表 I-3 旋转轴唇形密封圈(GB 13871.1—2007 摘录) (mm)

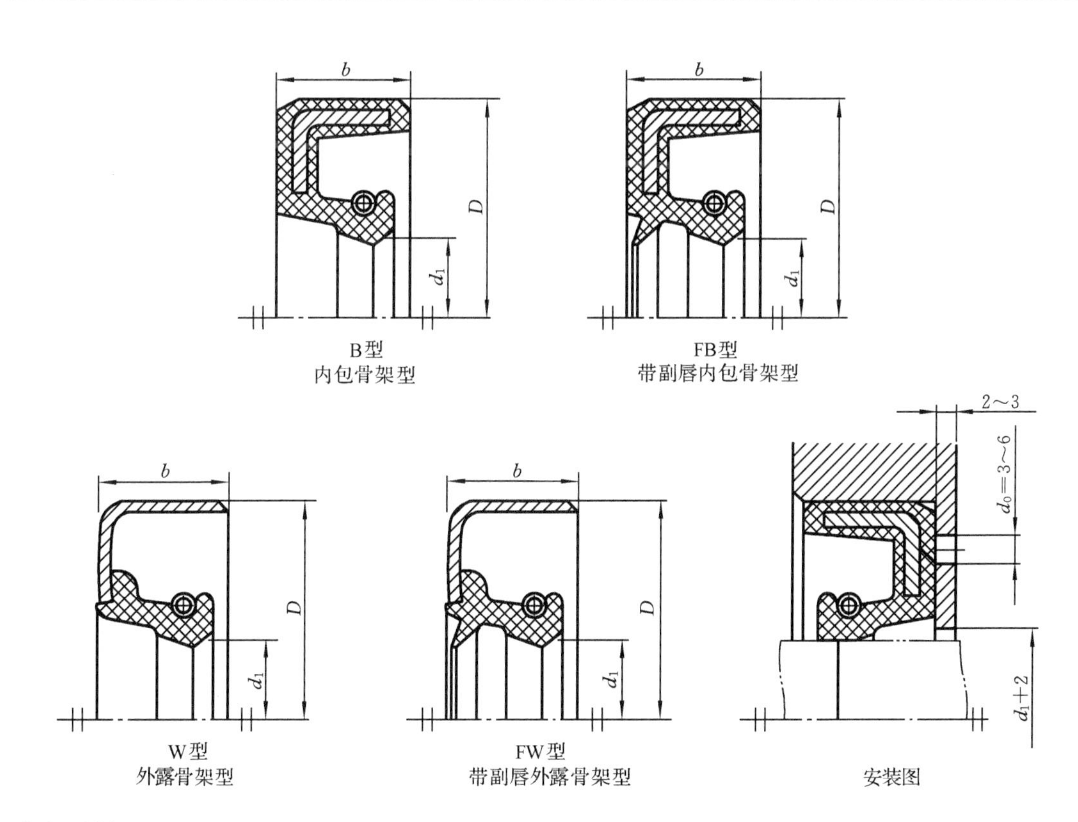

标记示例：

d_1=30 mm，D=52 mm 的带副唇的内包骨架型旋转轴唇型密封圈的标记为 FB 030052 GB/T 13871.1—2007

续表

d_1	D	b	d_1	D	b	d_1	D	b
6	16,22		25	40,47,52		60	80,85	8
7	22		28	40,47,52	7	65	85,90	
8	22,24		30	42,47,(50),52		70	90,95	
9	22		32	45,47,52		75	95,100	10
10	22,25		35	50,52,55		80	100,110	
12	24,25,30	7	38	55,58,62		85	110,120	
15	26,30,35		40	55,(60),62		90	(115),120	
16	30,(35)		42	55,62	8	95	120	
18	30,35		45	62,65		100	125	12
20	35,40,(45)		50	68,(70),72		105	(130)	
22	35,40,47		55	72,(75),80		110	140	

轴导入倒角

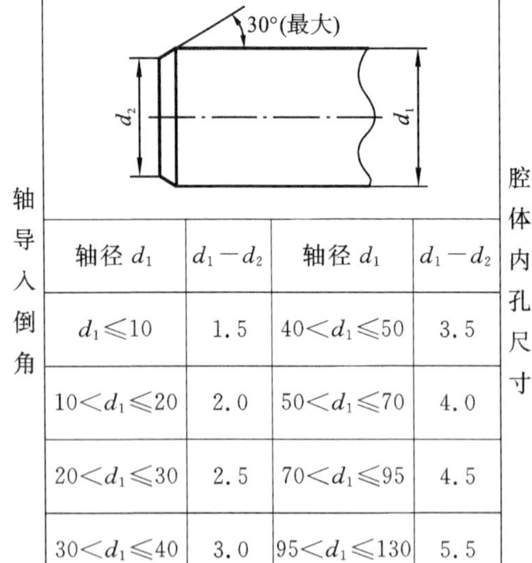

轴径 d_1	d_1-d_2	轴径 d_1	d_1-d_2
$d_1\leqslant 10$	1.5	$40<d_1\leqslant 50$	3.5
$10<d_1\leqslant 20$	2.0	$50<d_1\leqslant 70$	4.0
$20<d_1\leqslant 30$	2.5	$70<d_1\leqslant 95$	4.5
$30<d_1\leqslant 40$	3.0	$95<d_1\leqslant 130$	5.5

腔体内孔尺寸

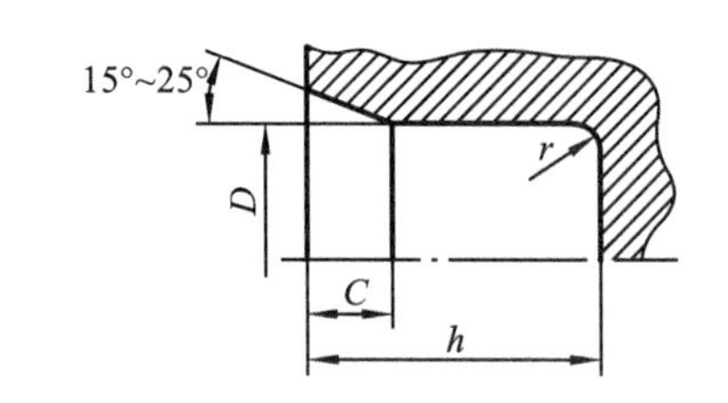

密封圈公称总宽度 b	腔体内孔深度 h	倒角长度 C	r_{max}
≤10	b+0.9	0.70～1.00	0.50
>10	b+1.2	1.20～1.50	0.75

注:①括号内的的值为国内用到而 ISO 6194-1—1982 中没有的规格；

②轴的直径公差不得超过 h11,腔体内孔公差不应超过 H8；

③与密封圈唇口接触的轴表面粗糙度 $Ra=(0.2\sim0.63)\mu m$,$Rz=(0.8\sim2.5)\mu m$,腔体内孔表面粗糙度 $Ra=(1.6\sim3.2)\mu m$,$Rz=(6.3\sim12.5)\mu m$。

表 I-4　J 型无骨架橡胶油封(HG 4-338—1966 摘录,1988 年确认继续执行)　(mm)

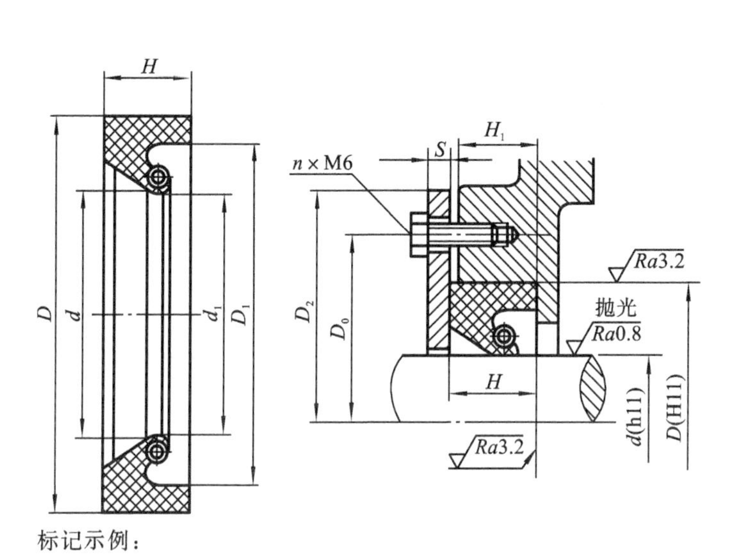

标记示例:

d=50 mm,D=75 mm,H=12 mm,耐油橡胶 I—1,J 型无骨架橡胶油封的标记为

J 型油封 50×75×12 橡胶 I—1 HG 4-338—1966

轴径 d		30～95(按 5 进位)	100～170(按 10 进位)
油封尺寸	D	$d+25$	$d+30$
	D_1	$d+16$	$d+20$
	d_1	$d-1$	
	H	12	16
油封槽尺寸	S	6～8	8～10
	D_0	$D+15$	
	D_2	D_0+15	
	n	4	6
	H_1	$H-(1\sim2)$	

表 I-5　迷宫式密封槽(JB/ZQ 4245—2006 摘录)　(mm)

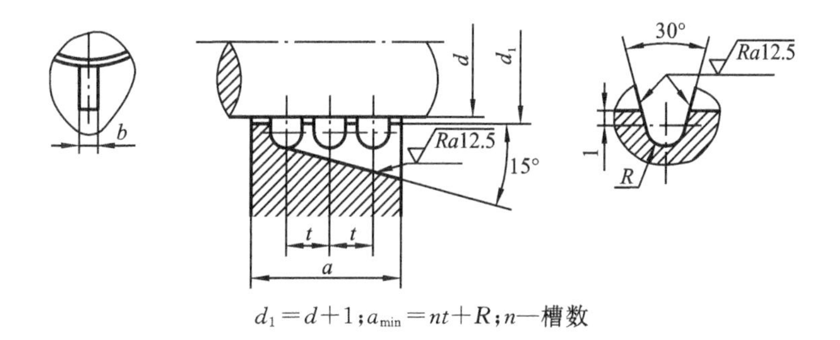

$d_1=d+1$;$a_{min}=nt+R$;n—槽数

轴径 d	R	t	b	轴径 d	R	t	b
25～80	1.5	4.5	4	120～180	2.5	7.5	6
80～120	2	6	5	>180	3	9	7

注:①表中 R,t,b 尺寸,在个别情况下可用于与表中不相对应的轴径上;

②一般 n=2～4 个,使用 3 个的较多。

参 考 文 献

[1] 贾北平，韩贤武. 机械设计基础课程设计[M]. 2 版. 武汉：华中科技大学出版社，2012.

[2] 秦大同，谢里阳. 现代机械设计手册(第 2 卷、第 3 卷)[M]. 北京：化学工业出版社，2011.

[3] 机械设计手册编委会. 机械设计手册(第 2 卷、第 3 卷)[M]. 新版. 北京：机械工业出版社，2004.

[4] 濮良贵，等. 机械设计[M]. 9 版. 北京：高等教育出版社，2013.

[5] 吴宗泽，罗圣国. 机械设计课程设计手册[M]. 4 版. 北京：高等教育出版社，2012.

[6] 宋宝玉. 机械设计课程设计指导书[M]. 北京：高等教育出版社，2010.

[7] 张峰，古乐. 机械设计课程设计手册[M]. 北京：高等教育出版社，2010.

[8] 毛谦德，等. 袖珍机械设计师手册[M]. 3 版. 北京：机械工业出版社，2006.

[9] 龚溎义. 机械设计课程设计图册[M]. 3 版. 北京：高等教育出版社，1989.

[10] 龚溎义. 机械设计课程设计指导[M]. 2 版. 北京：高等教育出版社，1990.

[11] 陈立德. 机械设计基础课程设计指导书[M]. 4 版. 北京：高等教育出版社，2011.

[12] 杨可桢，等. 机械设计基础[M]. 6 版. 北京：高等教育出版社，2014.

[13] 汪信远，奚鹰. 机械设计基础[M]. 4 版. 北京：高等教育出版社，2010.

[14] 王继焕. 机械设计基础[M]. 2 版. 武汉：华中科技大学出版社，2010.

[15] 王为，汪建晓. 机械设计[M]. 2 版. 武汉：华中科技大学出版社，2011.

[16] 王少怀. 机械设计师手册[M]. 北京：电子工业出版社，2006.

[17] 骆素军，朱诗顺. 机械课程设计简明手册[M]. 2 版. 北京：化学工业出版社，2011.

[18] 成大先. 机械设计手册[M]. 5 版. 北京：化学工业出版社，2009.

[19] 王启义. 机械设计大典[M]. 南昌：江西科学技术出版社，2002.

[20] 张建中，何晓玲. 机械设计课程设计、机械设计基础课程设计[M]. 北京：高等教育出版社，2009.

[21] 朱文坚，黄平. 机械设计课程设计[M]. 广州：华南理工大学出版社，2004.

[22] 吴相宪，等. 实用机械设计手册[M]. 徐州：中国矿业大学出版社，1993.

[23] 任金泉. 机械设计课程设计[M]. 西安：西安交通大学出版社，2003.

[24] 李靖华. 机械设计[M]. 重庆：重庆大学出版社，2002.

[25] 黄珊秋. 机械设计课程设计[M]. 北京：机械工业出版社，2000.

[26] 周元康. 机械设计课程设计[M]. 2 版. 重庆：重庆大学出版社，2007.